220kV 智能变电站实训指导书

主　编　于　传

副主编　舒永志　康　臣　张　晟

参　编　房雪雷　赵岱平　吴义纯

徐　华　贺丹丹　张红飞

边　强　陈　银　梁　皓

合肥工业大学出版社

图书在版编目(CIP)数据

220kV 智能变电站实训指导书/于传主编 .—合肥:合肥工业大学出版社，2017.12

ISBN 978－7－5650－3698－9

Ⅰ.①2…　Ⅱ.①于…　Ⅲ.①智能系统—变电所　Ⅳ.①TM63

中国版本图书馆 CIP 数据核字(2017)第 289412 号

220kV 智能变电站实训指导书

于　传　主编

责任编辑　张择瑞
出版发行　合肥工业大学出版社
地　　址　(230009)合肥市屯溪路 193 号
网　　址　www.hfutpress.com.cn
电　　话　理工编辑部:0551－62903204
　　　　　　市场营销部:0551－62903198
开　　本　710 毫米×1000 毫米　1/16
印　　张　23
字　　数　412 千字
版　　次　2017 年 12 月第 1 版
印　　次　2017 年 12 月第 1 次印刷
印　　刷　合肥现代印务有限公司
书　　号　ISBN 978－7－5650－3698－9
定　　价　48.00 元

前　言

智能变电站是坚强智能电网的基石和重要支撑，是承载和推动新一轮能源革命的基础平台之一。智能变电站是采用先进、可靠、集成、低碳、环保的智能设备，以全站信息数字化、通信平台网络化、信息共享标准化为基本要求，自动完成信息采集、测量、控制、保护、计量和监测等基本功能，并支持电网实时自动控制、智能调节、在线分析决策、协同互动的变电站。近年来，我国一直在不断地大力推进智能变电站的发展和建设。

我国智能变电站建设成果在国际推广时，具有极强的适应性和兼容性。在当前以及未来的一段时期内，我国会大力开展智能变电站配置的标准化、规范化工作。未来智能变电站将助力实现微电网与特高压骨干电网协同发展、电网与用户友好互动，从而促使智能电网更好地为国民经济和社会发展服务。

随着智能变电站的建设不断推进，智能变电站相关实训工作也迫切需要加强，《220kV智能变电站实训指导书》的编写出版，旨在为提高智能站运维人员的素质，针对从事220kV智能变电站运维人员及相关人员，让变电运维人员在懂结构、知操作和会运维的原则下展开工作；同时变电运维人员作为设备的主人，设备管理也是其日常运维的重要工作，因此本书也增添不少变电管理的知识模块，选择出具有代表性的安徽省内典型设计的一座220kV智能站为样板范本，真实地反映现场的巡视、操作、异常处理、相关变电站的管理等环节。

在目录章节编排秩序上也根据由浅入深、循序渐进，体现人性化的培训教学理念和方针，将实践和实训相结合；同时根据智能站运维人员的实际需求、实用效果，为满足新进人员需要，本书穿插了一定常规站的知识内容，形成常规站和智能站相结合的培训模块方式。

全书从具体实践、实训、实用三个方面相结合，基于实践、利于实训、益于实用，由初识到了解，再到掌握，每一个模块内容形成一个知识节点，撇开了深层次的理论和数据，正如现场是怎么样、实际怎么干，都取之现场、用之现场。同时根据以往国网安徽电力培训中心历次所办的智能变电站培训班，总结相关培训经验和成果，为该书编写助上一臂之力。

全书附录上增加了智能变电站相关的术语解释、关键智能设备异常情况影响范围表以及巧用数字认知智能站等，不仅丰富了内容，更体现了参编人员的用心良苦和辛劳付出。

由于作者水平有限，加之时间紧迫仓促，书中难免会有不妥之处，恳请诸位电网专家和读者批评指正！

编者

2017年10月

目　录

第一章　智能变电站基础知识

本章共9个模块实训项目内容，主要介绍智能变电站的基础情况、体系结构、合并单元、智能终端、智能继电保护及安全自动装置、软压板、智能测控装置、电子式互感器等相关设备的特征、构成，一些主要智能组件及计算机网络的原理和性质。

模块一　智能变电站的基本情况

智能变电站是坚强智能电网建设中实现能源转型和控制的核心平台和重要节点之一，其主要作用就是为智能电网提供高效的、可靠的节点支撑。这种支撑应理解为包含一、二次设备和系统在内的功能支撑。变电站的智能化应该理解为是变电站自动化功能的一个不断向前发展的过程。

目前一般认为，智能变电站是采用先进、可靠、集成、低碳、环保的智能设备组成的，以全站信息数字化、通信平台网络化、信息共享标准化为基本要求，自动完成信息采集、测量、控制、保护、计量和监测等基本功能，并可根据需要支持电网实时自动控制、智能调节、在线分析决策、协同互动等高级功能的变电站。智能变电站是由电子式互感器、智能化开关等智能化一次设备、二次设备分层构建，建立在IEC61850通信规范基础上，能够实现变电站内智能电气设备间信息共享和互操作的现代化变电站。

智能变电站的主要特征有以下几方面：

1. 一次设备智能化

采用数字输出的电子式互感器、智能开关（或配智能组件）等智能一次设备。一次设备和二次设备间用光纤传输数字编码信息的方式样值、状态量、控制命令等信息。

2. 二次设备网络化

二次设备间用通信网络交换模拟量、开关量和控制命令等信息，取消常规自动化系统一次设备和二次设备之间的控制电缆,采用光纤网络直接通信。

3. 数据交换标准化

IEC 61850 通信标准或 DL/T 860 是目前应用于变电站通信网络和系统的唯一无缝通信国际标准,此标准不仅定义了间隔层设备与站控层设备间的通信标准,而且新增了过程层设备与间隔层设备间的通信标准,不仅仅适用于变电内,也适用于变电站与调度控制中心以及各级调度控制中心之间。

4. 设备检修状态化

设备检修状态主要体现在高压设备监测,主要集中在变压器、断路器方面,开始逐步从外挂式互感器向内嵌式互感器技术发展。二次系统状态监视,主要是由 IED 设备、电缆、光缆及连接器件组成。

5. 管理运维自动化

包括自动故障分析系统、设备健康状态监测系统和程序化控制系统等自动化系统,提升了自动化水平,减少了运行维护的难度和工作量。

国家电网公司在企业标准中明确地给出了智能变电站的定义为:采用先进、低碳、环保的智能设备,以全站信息数字化、通信平台网络化、信息共享标准化为基本要求,自动完成信息采集、测量、控制、保护、计量和监测等基本功能,并可支持电网实时自动控制、智能调节、在线分析决策、协同互动等高级功能,实现与相邻变电站、电网调度等互动的变电站。

智能变电站主要包括智能高压设备、变电站统一信息平台和智能调节控制三部分。智能高压设备主要包括智能变压器、智能高压开关设备、电子式互感器等。智能变压器与智能调节控制系统依靠通信光纤相连,可及时掌握变压器状态参数和运行数据。当参数和数据发生改变时,设备根据系统的电压、功率情况,决定是否调节分接头;当设备异常,会发出预警并提供状态参数等,在一定程度上降低运行管理成本、减少隐患、提高变压器的运行可靠性。智能高压开关设备是具有较高性能的开关设备和自我调节控制设备,配有电子设备、传感器和执行器,具有监测和诊断功能。电子式互感器是指罗氏线圈互感器、纯光纤互感器、磁光玻璃互感器等,它们具有数字采集和通信接口,可有效克服传统电磁式互感器的缺点。

智能变电站应以高度可靠的智能设备为基础,实现全站信息数字化、通信平台网络化、信息共享标准化、应用功能互动化。其基本技术原则如下:

(1)智能变电站设备具有信息数字化、功能集成化、结构紧凑化、状态可视化等主要技术特征,符合易扩展、易升级、易改造、易维护的工业化应用要求。

(2)智能变电站的设计及建设应按照 DL/T1092—2008《电力系统安全稳定

控制系统通用技术条件》三道防线要求，满足DL/T755—2001《电力系统安全稳定导则》三级安全稳定标准；满足GB/T14285－2006《继电保护和安全自动装置技术规程》继电保护选择性、速动性、灵敏性、可靠性的要求。

(3)智能变电站的测量、控制、保护等单元应满足GB/T14285—2006《继电保护和安全自动装置技术规程》、DL/T769－2001《电力系统微机继电保护技术导则》、DL/T478－2013《继电保护和安全自动装置通用技术条件》、GB/T13729—2002《远动终端设备》的相关要求，后台监控功能应参考DL/T5149－2001《220～500kV变电所计算机监控系统设计技术规程》的相关要求。

(4)智能变电站的通信网络与系统应符合DL/T860标准。应建立包含电网实时同步同时信、保护信息、设备状态、电能质量等各类数据的标准化信息模型，满足基础数据的完整性及一致性的要求。

(5)应建立站内全景数据的统一信息平台，供变电站各子系统统一数据标准化、规范化存取访问以及与调度等其他系统进行了标准化交互。

(6)应满足变电站集约化管理、顺序控制、状态检修等要求，并可与调度、相邻变电站、电源(包括可再生能源)、用户之间协同互动，支撑各级电网的安全稳定经济运行。

(7)应满足无人值班的要求。

一般认为智能变电站的设备智能化发展过程大体经过三个阶段。

1. 初期阶段。属于智能组件的保护、测控、状态监测等装置都是外置独立，也是传统的二次设备，其与一次设备构成了一个松散的“智能设备”。而智能组件和一次设备的横线刚好划出了相当于过程层和间隔层的界限，其外在表现形式适合和接近智能前原有的变电站自动化系统的设备实现结构技术。由此可见该阶段的设备层带有过程层、间隔层痕迹。技术的进步先着眼于自动化功能的智能化(局部)方案探索、实现、试用和经验累积，而不在于外在结构和由此带来的运行方式习惯的大变。

2. 过渡阶段。状态监测设备(主要指传感器)应逐步融入一次设备中，设备的诊断信息，其余的组件可独立安装于一次设备外部，也可安装在一次设备附近。各功能单元之间应尽可能集成，逐步实现智能组件的设备紧凑化，逐步实现过程层与间隔层的有机接合，形成智能组件设备层。

3. 随着技术发展，智能化功能逐步完善，智能组件和一次设备将进一步紧密结合，一次设备可以集成的智能功能也越来越多，最终形成紧凑型的一体化的智能设备。该阶段的设备层主要考虑过程层、间隔层的一体化设计，因而使得过程层、间隔层难以分清，以至于消融。

智能设备采用“一次设备＋智能组件”的模式。智能组件是各种保护、测量、计量和状态监测等单元的有机结合，紧密宿主一次设备。智能组件的物理形态和安装方式可以是灵活的，既可以外置，又可以内嵌，同时在一定技术条件下智能组件既可以分散，又可以集中。

对于保护、测量、控制、计量、通信、状态监测等各种智能组件与一次设备的集成，需要充分考虑传统二次设备与一次设备融合的技术难度与复杂性。在技术发展的不同阶段，应考虑不同的技术方案，但原则上在保证安全可靠性的前提下，应尽可能采用集成方案，同时兼顾经济性。

模块二　智能变电站的结构

由于目前智能站采用的是“一次设备＋智能组件”模式，图 1－1 为投运于 2014 年 12 月安徽省内典型 220kV 智能变电站的一次接线图，本指导书实训内容将围绕该智能站而展开，智能变电站的体系结构依据 IEC61850 协议一般分为过程层、间隔层和站控层三个设备层。

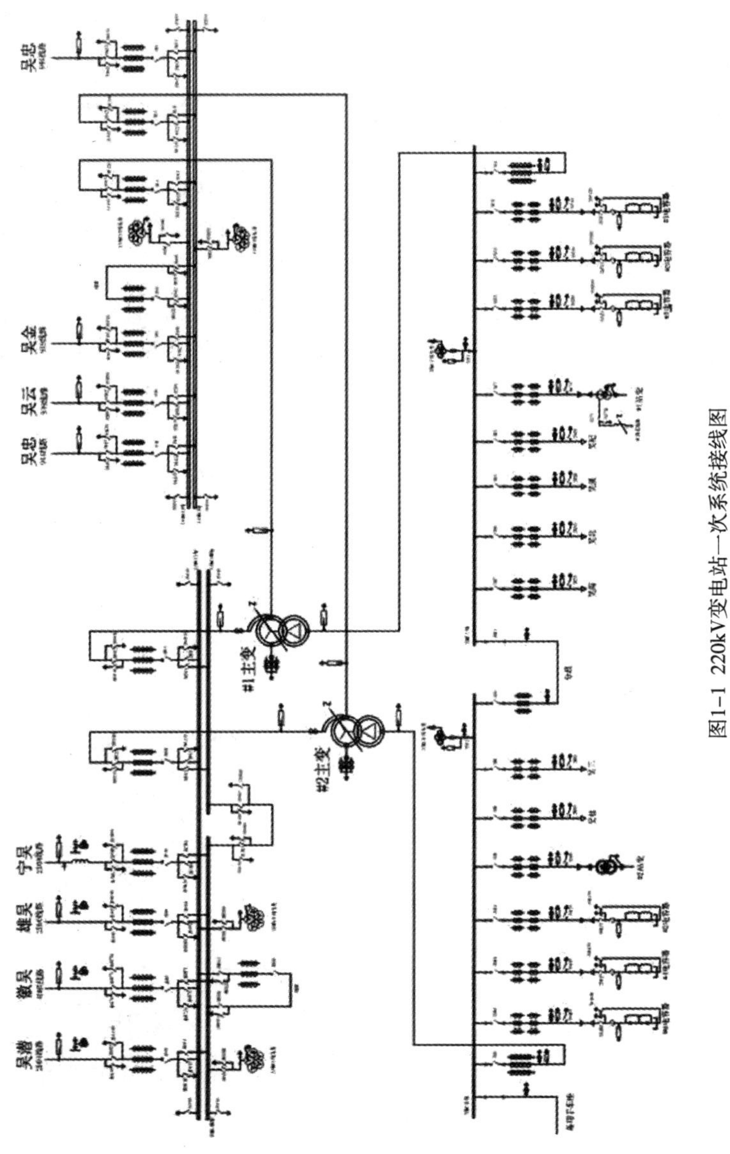

图1-1 220kV变电站一次系统接线图

(1)过程层:包括变压器、断路器隔离开关、电子式电流电压互感器以及合并单元、智能终端等附属的数字化设备。

(2)间隔层:一般指保护、测控二次设备,通常实现一个间隔或一个电力主设备的保护和监视控制功能还包括计量、备自投、安稳等其他自动化装置。这些设备通常采集过程层设备的数据,同时也有与站控层通信的通信接口。装置都是工控级的嵌入式计算机系统实现。

(3)站控层:包括自动化站级监视控制系统、站域控制、通信系统、对时系统等,实现面向全站设备的监视、控制、告警及信息交互功能,完成数据采集和监视控制(SCADA)、操作闭锁以及同步相量采集、电能量采集、保护信息管理等相关功能。站控层功能宜高度集成,可在一台计算机或嵌入式装置中实现,也可分布在多台计算机或嵌入式装置中。

站控层包括站级计算机、维修站、操作站、人机设备、服务器或路由器等。它的功能是监视变电站控制、操作闭锁、记录和自诊断功能、继电保护的设定值的变化、故障分析和变电站的远程控制等。

站控层与间隔层之间一般是通过局域网络通信的,间隔层主要包括监控装置以及继电保护设备等,其功能是利用本间隔数据对一次设备进行控制、操作闭锁和继电保护。采用控制柜,将保护、测控装置整合一体化,通过光纤,用以太网通信方式,节省了以往一、二次设备之间信号连接所需要铺设的大量电缆。设备层中的智能化一次设备采用光电技术。一次设备的智能化为间隔层和设备层之间的数字通信提供基础,三层的体系结构及其通信网络化使得变电站内的设备分层清晰,也使得二次回路接线得以大大简化,并且基本上解决了变电站内一次电气设备数字化的问题:满足了电力系统实时性、可靠性的要求,有效地解决了异构系统间的信息互通、数据内容与显示处理分离自定义性和可扩展性的问题。

图 1-2 为智能站的典型结构图。

- 三层两网
- 逻辑结构与物理结构
- 站控层与过程层网络独立
- 信息分类:

  站控层/间隔层MMS、GOOSE;

  过程层SV、GOOSE;

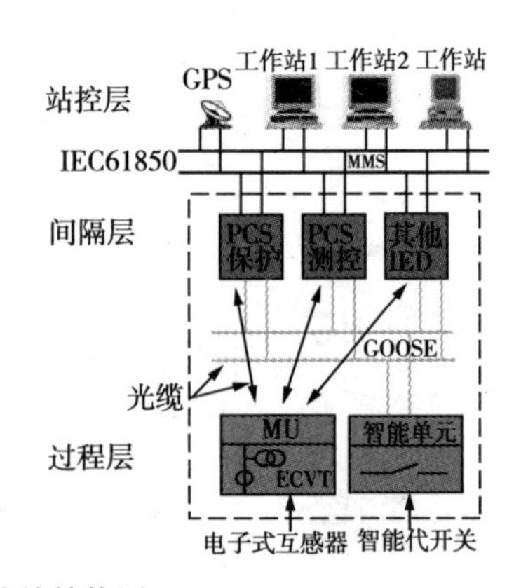

1-2 智能站结构图

同时智能变电站数据源应统一、标准化，实现网络共享。智能设备之间应实现进一步的互联互通，支持采用系统级的运行控制策略。智能变电站自动化系统采用的网络架构应合理，可采用以太网、环形网络，网络冗余方式符合IEC61499及IEC62439的要求。

一、站控层

站控层是智能化变电站的应用"窗口层"，具有人机交互、实时于监测、在线分析等功能，是运行人员了解、干预、分析变电站运行状态的平台。作为变电站的控制层，站控层通过路由器、主机及其他人机交互设备相互连接而成。

站控层设备包括监控主机、远动主机等。其主要功能是为变电站提供运行、管理、工程配置的界面，并记录变电站内的相关信息。远动、调度等与站外传输的信息可转换为远动和集控设备所能接受的通信协议规范，实现监控中心远方监视与控制。站控层设备应建立在IEC61850协议规范基础上，具有面向对象的统一数据建模。与站外接口的设备，如远动装置等，应能将站内IEC61850协议转换成相对应的远动规约格式。所有站控层设备均应采用以太网，并按照IEC61850通信规范进行系统数据建模及信息的通信传输。

站控层的主要作用是完成对变电站运行的监测数据的收集显示、存储，异常情况的报警以及变电站的运行控制等：将各种数据上送至远方的调度控制中心，以及执行调度控制中心的指令。站控层位于变电站自动化系统的最上层，包括自动化站级通信系统、对时系统、站域控制、监控系统、网络打印服务器等；对整个变电站的设备进行监控、报警以及信息的上下传递，主要有运行交流电气量和状态量数据、同步相量以及电能量等的数据采集，保护信息数据与报告的管理，变电站运行的监控、操作闭锁等功能。

更具体地归纳起来，站控层的主要功能有：利用两级高速网络实现全站数据信息的实时汇总，刷新实时数据库，在设定的时间点登录历史数据库；接收控制中心或调度中心的控制指令，同时将其传输至过程层和间隔层：在线维护过程层和间隔层的设备运行，对参数实施在线修改；具有在线可编程的全站操作闭锁控制功能；自动分析变电站故障，可进行操作培训；根据规定将相关数据传输至控制中心或调度中心；可实现站内监控和人机联系；实现各种智能变电站的高级应用；实时运行电气量检测，运行设备的状态检测，所有设备的操作控制执行与驱动等。

目前站控层的功能主要借助于一体化信息平台来实现。一体化信息平台主要用于将智能变电站内的实时监控子系统、故障录波子系统、电能计量子系统、状态监测子系统、视频安防等辅助子系统的各种数据进行统一接入、统一处理、统一存储，建立统一的变电站全景数据处理平台。为了给各种智能应用提供标准化、规范化的信息访问接口，一体化信息平台架构上各数据接入子系统和实时监控系统之间安全区的划分要满足电力二次系统安全防护规定，各子系统信息交互接口和功能应用模型的标准化和规范化建设，实现各系统、各应用之间信息的无缝对接和共享，提高各系统之间信息交互的效率。对采集数据进行挖掘、处理和加工，为各应用、各系统和调控中心提供丰富、高效的全景数据。

另外伴随着智能化变电站的技术发展，在站控层监控后台机上实现了顺控操作，给顺控操作的推广和使用提供了一个崭新的平台。顺控操作变电站打破了传统运行操作方式，通过倒闸操作程序化，在操作中尽量避免人为错误，达到减少或无须人工操作，减少人为误操作，提高操作效率，以实现真正意义上的无人值班，进而应对人员缺少和变电站的日益增多的矛盾，提高变电站的安全运行水平。

二、间隔层

间隔层的主要功能有：汇总本间隔过程层实时数据信息；实施对一次设备保护控制功能；实施本间隔操作闭锁功能；实施操作同期及其他控制功能；对数据采集统计运算及控制命令的发出具有优先级别的控制；承上启下的通信功能，即同时高速完成与过程层及站控层的网络通信功能，必要时上下网络接口具备双口全双工方式，以提高信息通道的冗余度，保证网络通信的可靠性。

间隔层设备由保护设备、测控设备、表计等二次设备组成。间隔层是智能化变电站的逻辑功能运算部分，本层的保护装置实现逻辑运算，测控装置实现实时数据的采集及控制命令的处理，录波单元实现故障前后模拟量、开关量的采集及存储，间隔层设备多具有中央处理器（Central Processing Unit，CPU）或数字信号处理器（Digital Signal Processor，DSP），可完成复杂的逻辑运算以及人机交互管理。

间隔层的主要任务是利用本间隔的数据完成对本间隔设备的监测和保护判断，实现使用一个间隔的数据并且作用于该间隔一次设备的功能，即与各种远方输入/输出、传感器和控制器通信，同时还要遵守安全防护总体方案。要求所有信息上传均能够按照 IEC61850 协议建模并具有支持智能一次设备的通信接口功能，还要具有完善的自我描述功能。在站控层及网络失效的情况下，仍能独立完成间隔层设备的就地监控功能。

单间隔设备应具有与合并器的过程层光纤通信的接口，并具有与跨间隔设备间采样数据、控制数据的交换能力。跨间隔设备由于受大数据量的限制，建议配置前置单元集中处理过程层数据交换。

目前间隔层装置有全下放的设计趋势，与现行的智能变电站二次方案相比，有着较多的技术优势：

(1)在变电站三层两网结构中，数据传输需要带宽最大的是过程层设备和间隔层设备之间，通信可靠性要求最高的也是过程层设备和间隔层设备之间。因此，将间隔层设备下放，缩短间隔层和过程层之间的通信方式，对于任何组网方式或者通信方式，都可有效减少光缆及线缆的用量，有利于提高系统的可靠性。

(2)间隔层装置下放，过程层功能则可不再依靠独立装置来实现，这样可简化二次设备的配置，减少二次设备数量，提高可靠性，节约变电站的投资。

(3)间隔层装置下放并采用少量短电缆，使得取消过程层通信网络成为可能，这样可有效避免过程层通信的可靠性、"实时性"数据同步等技术难题，使得智能变电站更易于推广建设。

(4)间隔层装置下放，可以优化变电站的设备布置，减少电光缆数量，并使得取消继保室成为可能，有利于城市变电站减少土地和空间资源的占用。

综上所述，这种新趋势具有节约设备、节约投资、成熟可靠和便于推广等优点。

三、过程层

智能变电站中最为重要的是过程层的出现，没有过程层就不可能实现智能变电站的高级应用。

过程层包括变压器、断路器、隔离开关、电流/电压互感器等一次设备及其所属的智能组件以及独立的智能电子装置。过程层是一次设备与二次设备的结合面，主要由电子式互感器、合并单元、智能终端等自动化设备构成，主要完成与一次设备相关的功能，如开关量、模拟量的采集以及控制命令的执行等。

相对于传统变电站，智能变电站的一、二次设备发生了较大的变化，一次设备上电子式互感器取代了电磁式互感器，智能化开关取代了传统开关设备；多个智能电子设备之间通过 GOOSE、采样值传输机制进行信息的交互传递。这些特征有利于实现反映变电站电力系统运行的稳态、暂态、动态数据以及变电站设备运行状态、图像等的数据的集合，为电力系统提供统一断面的全景数据。

智能变电站自动化系统三层之间用分层、分布、开放式网络系统实现连接。过程层位于最底层，是一次设备与二次设备的结合面，主要完成运行设备的状态监测、操作控制命令的执行和实时运行电气量的采集功能，实现基本状态量和模拟量的数字化输入/输出，电子式互感器与数字化保护装置、智能化一次设备等的数据连接主要依靠合并单元(MU)完成，合并单元同步采集多路互感器的电压、电流信息并转换成数字信号，经处理发送给二次保护、控制设备。

具体而言，变电站中原来间隔层的部分功能下放到过程层，如模拟量的A/D转换、开关量输入和输出等，相应的信息经过程层网络进行传输，它直接影响变电站信息的采集方式、准确度和实时性，是继电保护正确动作的前提。

过程层信息传输基于光纤通信方式，其服务分采样值传输(SV)和GOOSE信息传输两类。对过程层的基本技术要求如下：

1. 采样值传输技术要求

采样值传输是变电站自动化系统过程层与间隔层通信的重要内容，智能变电站过程层上最大的数据流出现在电子式互感器和保护、测控之间的采样值传输过程中。采样值报文(以及跳闸报文)的传输有很高的实时性要求，即使在极端情况下也要确保报文响应时间是可确定的。

对采样值传输的基本技术要求就是对传输流量大而且实时性要求高的采样值传输通信，采用发布者/订阅者结构。根据IEC61850标准定义，采样值传输以光纤方式接入过程层网络，间隔层保护、测控、计量等设备不与合并单元直接相连，而是通过过程层交换机获取采样值信号，以实现信息共享；同时通过交换机本身的优先级技术、虚拟VLAN技术、组播技术等可以有效地防止采样值传输流量对过程层的影响。目前一种典型的接入方式是直接采样，即点对点方式，采样同步应由保护装置实现。

2. GOOSE实时性要求

GOOSE是一种面向通用对象的变电站事件，其基于发布/订阅机制，能快速和可靠地交换数据集中的通用变电站事件数据值的相关模型对象和服务，以及这些模型对象和服务到ISO/IEC8802－3帧之间的映射。智能变电站中GOOSE服务主要用于智能一次设备、智能终端等与间隔层保护测控装置之间的信息传输，包括传输跳合闸信号或命令，GOOSE报文数据量不大但具有突发性。由于在过程层中GOOSE应用于保护跳闸等重要报文，必须在规定时间内传送到目的地，因此对实时性要求远高于一般的面向非嵌入式系统，对报文传输的时间延迟要求在4ms以内。

3. 合并单元与智能终端的基本要求

合并单元主要是对来自二次转换器的电流、电压数据进行时间相关组合和处理的物理单元，是针对电子式互感器，为保护、测控等二次设备提供一组时间同步(相关)的电流和电压采样值，其主要功能是汇集以及合并多个电子式互感器的数据，获取电力系统电流和电压瞬时值，并以确定的数据品质传输到继电保护设备等；其每个数据通道可以承载一台或多台的电子式电流或电压互感器的采样值数据。它是过程层采样值传输技术的主要实现者，物理形式上可以是互感器的一个组成件，也可以是一个分立的单元。

在智能变电站中，合并单元的重要性与继电保护装置相似，因此要求其正常工作时的地点应无爆炸危险、无腐蚀性气体及导电尘埃、无严重霉菌、无剧烈振动源，同时有防御雨、雪、风、沙、尘埃及防静电等措施。

智能终端是过程层的另一个重要设备，逻辑上是一种智能组件，它与一次设备采用电缆连接，与保护、测控等二次设备基于GOOSE机制采用光纤连接，实现对一次设备（例如，断路器、隔离开关、主变压器等）的遥测、控制等功能。智能终端适用于安装在户内或户外柜等封闭空间内，当安装在户外控制柜内时，装置壳体防护等级应达到IP42，安在户内柜时，防护等级应达到IP40。

模块三　合并单元

一、合并单元基本概念

IEC标准定义了接口的重要组成部分——合并单元，规范了它与保护测控设备的接口方式。合并单元是过程层的关键设备，是对一次互感器传输过来的电气量进行合并和同步处理，并将处理后的数字信号按照特定格式转发给间隔层设备使用的装置。合并单元可以是互感器的一个组成件，也可以是个分立单元。它在一定程度上实现了过程层数据的共享和数字化，它作为遵循IEC61850标准的数字化变电站间隔层、站控层设备的数据来源，作用十分重要。随着数字化变电站自动化技术的推广和工程建设，对合并单元的功能和性能要求越来越高。

合并单元主要特点有：MU到智能电子设备(Intelligent Electronic Device，IED)之间采取高速单向数据连接，采用32位CRC的数字电路实现采样数据校验，具有高速采样率，每周波采样频率达80或256点；物理层采用光纤；数据层支持100Mb/s以太网。变压器、电容器等间隔电气量采集，发送一个间隔的电气量数据。电气量数据典型值为三相电压、三相保护用电流、三相测量电流、同期电压、零序电压、零序电流。

合并单元按照功能一般分为间隔合并单元和母线合并单元，如图1-3所示。

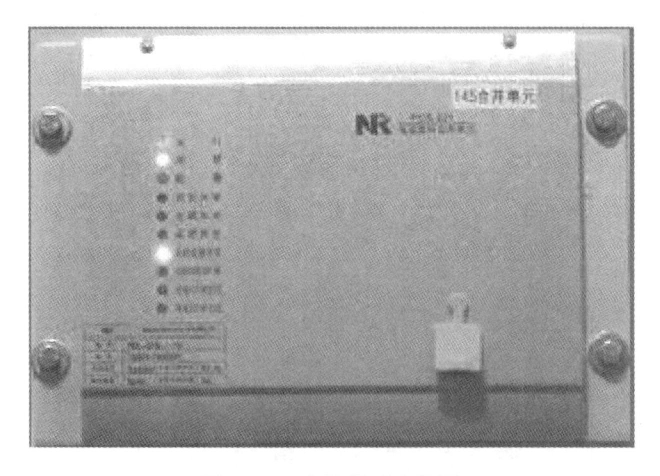

图1-3　合并单元实物图

间隔合并单元用于线路、变压器和电容器等间隔电气量采集，发送一个间隔的电气量数据。对于双母线接线的间隔，间隔合并单元根据间隔离开关位置自动实现电压切换，输出母线合并单元一般采集母线电压或者同期电压。在需要电压并列时可实现各段线电压的并列，并将处理后的数据发送至所需装置使用。

二、合并单元的技术原理

1. 电气量采集技术

合并单元电气量输入的可能是模拟量，也可能是数字量。合并单元一般采用定时采集方法对外部输入信号进行采集。

模拟量采集：合并单元通过电压、电流变送器，直接对接入的传统互感器或者电子式互感器的二次模拟量输出进行采集。模拟信号经过隔离变换、低通滤波器后进入 CPU 采集处理并输出至 SV 接口。

数字量采集：合并单元采集电子式互感器数字输出信号有同步和异步两种方式，采用同步时，合并单元向各电子式互感器发送同步脉冲信号，电子式互感器收到同步信号后，对一次电气量开始采集、处理并发送至合并单元。采用异步方式时，电子式互感器按照自己的采样频率进行一次电气量采集、处理并发送至合并单元，合并单元必须处理采样数据同步问题。

采样数据同步：由于数据从互感器输出到合并单元存在延时，且不同的采样通道间隔的延时还可能不同，在考虑电磁式互感器和电子式互感器的混合接入情况时，为了能够给保护等提供同步的数据输出，需要合并单元对原始获得的采样数据进行数据的二次重构，即重采样过程，以保证输出同步的数据。

2. 接口与协议

合并单元的输出接口协议有 IEC60044－8(FT3 扩展)、IEC61850－9－1 和 IEC61850－9－2 通信协议，现在主要使用 IEC61850－9－2，输入接口(即与互感器之间的通信)协议一般采用自定义规约。

3. 状态量采集与发送

合并单元状态量(开入量)输入可自身直接采集，或经 GOOSE 通信采集。

4. 合并单元时钟同步

合并单元时钟同步的精度直接决定了合并单元采样值输出的绝对相位精度，故要求对时精度优于±1μs。目前合并单元广泛采用 IRIG－B 码对时，另外 IEEE1588 对时方式在智能变电站中也有一定范围的应用。

5. 合并单元失步到同步实现

合并单元在外部时钟从无到有的过程中的调整，其采样周期的调整及同步标志的置位时刻将影响到后续保护的动作特性。因此一般要求合并单元时钟同步信号从无到有的变化过程中，其采样周期调整步长应不大于 1μs。

6. 合并单元时钟自保持

合并单元要求在时钟丢失 10min 内，其内部时钟与绝对时间偏差保证在 4μs 内。

(1)母线合并单元示意图(图 1-4、图 1-5)

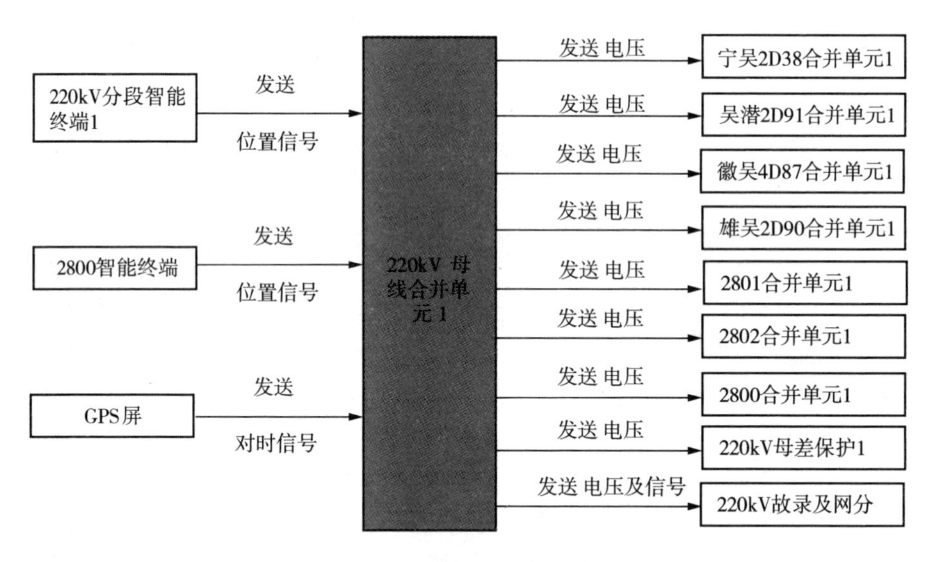

图 1-4　220kV 母线合并单元 1

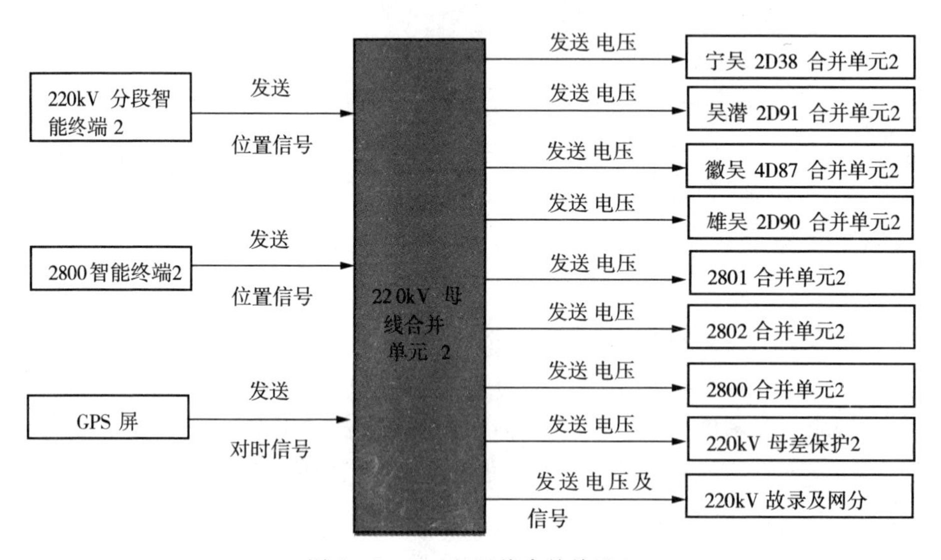

图 1-5　220kV 母线合并单元 2

① 功能说明

该合并单元采集电压互感器的模拟电气量及母联、分段刀闸位置，进行同步处理及电压并列后，输出电压数字量至所有的线路间隔、主变高压侧及母联间隔合并单元用以电压级联，同时发送至母差保护装置、故障录波器及网络分析仪。

② 影响范围

220kVI 母电压合并单元异常，将导致相关联的 220kV 第一套母线保护、220kV 第一套线路保护、主变第一套保护、测控装置电压采样异常。220kVII 母电压合并单元异常，将导致相关联的 220kV 第二套母线保护、220kV 第二套线路保护、主变第二套保护异常。

(2)线路合并单元示意图(图 1-6、图 1-7)

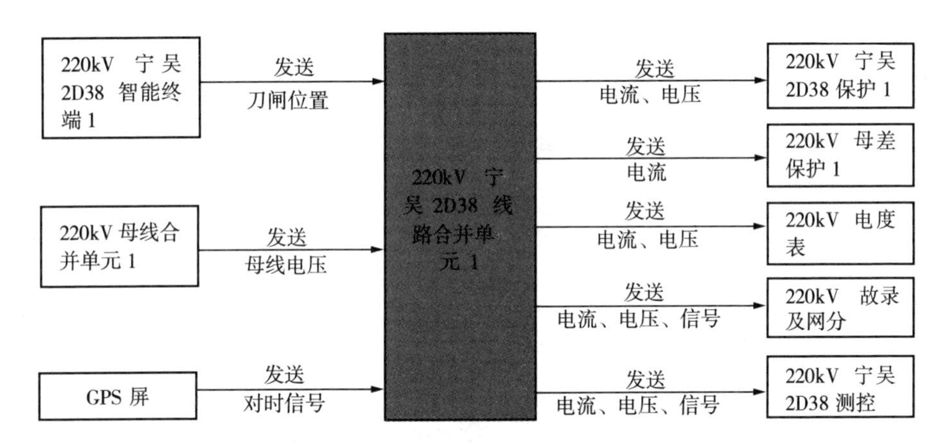

图 1-6 220kV 宁吴 2D38 第一套合并单元

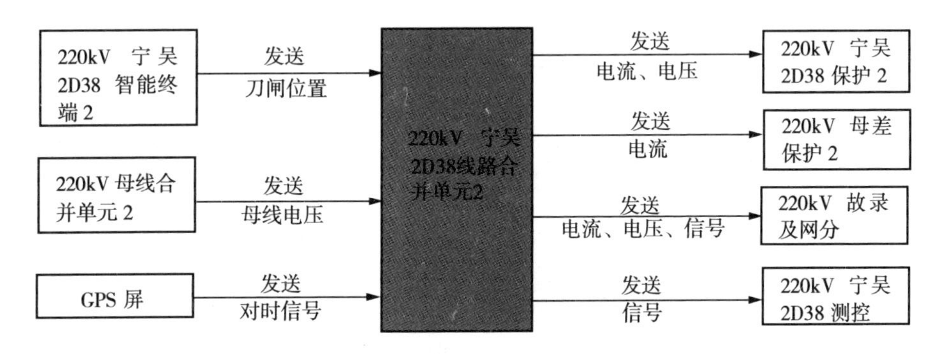

图 1-7 220kV 宁吴 2D38 第二套合并单元

(备注：其余 220kV 线路间隔合并单元与宁吴 2D38 间隔相同)

① 功能说明

该合并单元采集本间隔电流互感器的模拟电气量、母线级联电压及刀闸位置信号，进行同步处理及电压切换后，输出电流数字量至宁吴2D38第一套线路保护、宁吴2D38第二套线路保护、220kV第一套母差保护、220kV第二套母差保护、宁吴2D38测控、宁吴2D38电度表、故障录波器及网络分析仪，同时发送合并单元告警信号至宁吴2D38测控及故障录波器。

② 影响范围

宁吴2D38第一套合并单元异常，将导致220kV第一套母线保护、220kV宁吴2D38第一套线路保护、2D38电度表、测控装置电流电压采样异常。宁吴2D38第二套合并单元异常，将导致220kV第二套母线保护、220kV宁吴2D38第二套线路保护采样异常。

备注：110kV线路合并单元按每间隔一套配置，与220kV合并单元第一套类似。

(3)主变合并单元示意图(图1-8至图1-14)

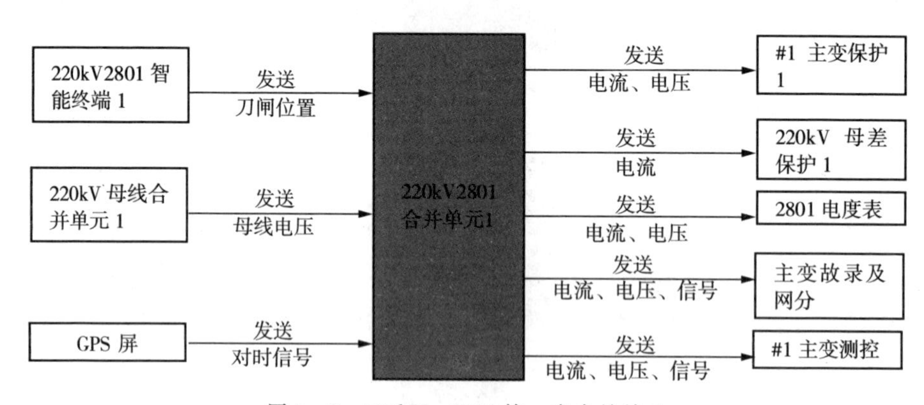

图1-8　220kV　2801第一套合并单元

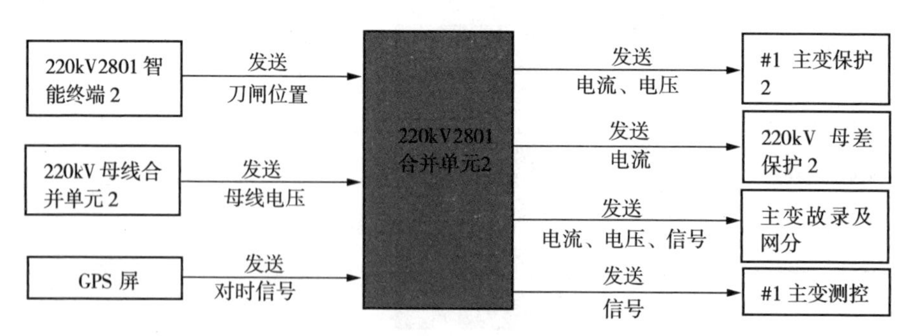

图1-9　220kV　2801第二套合并单元

(备注：#2主变合并单元与#1主变相同)

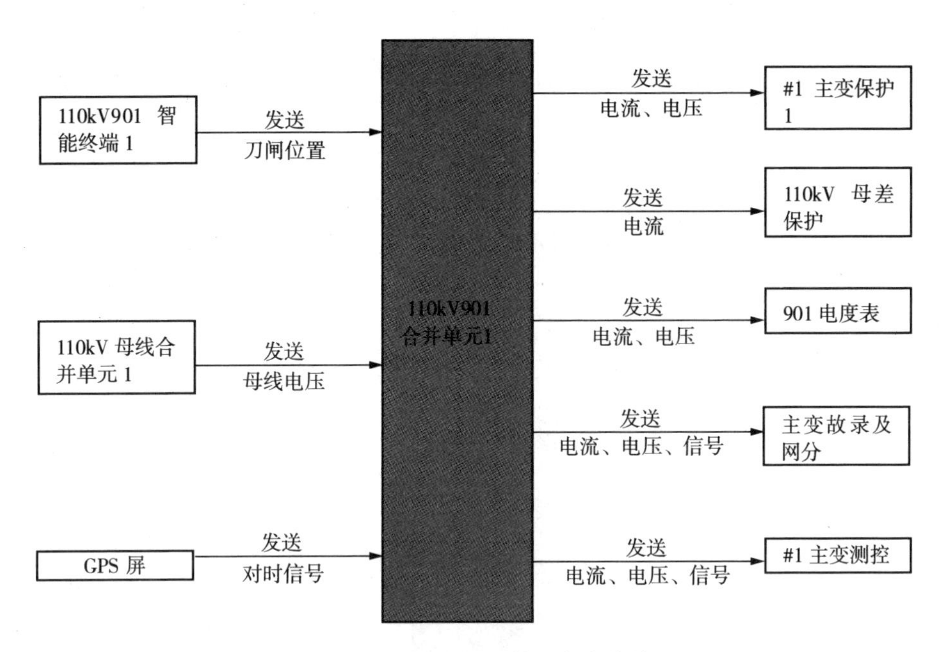

图 1－10　110kV　901 第一套合并单元

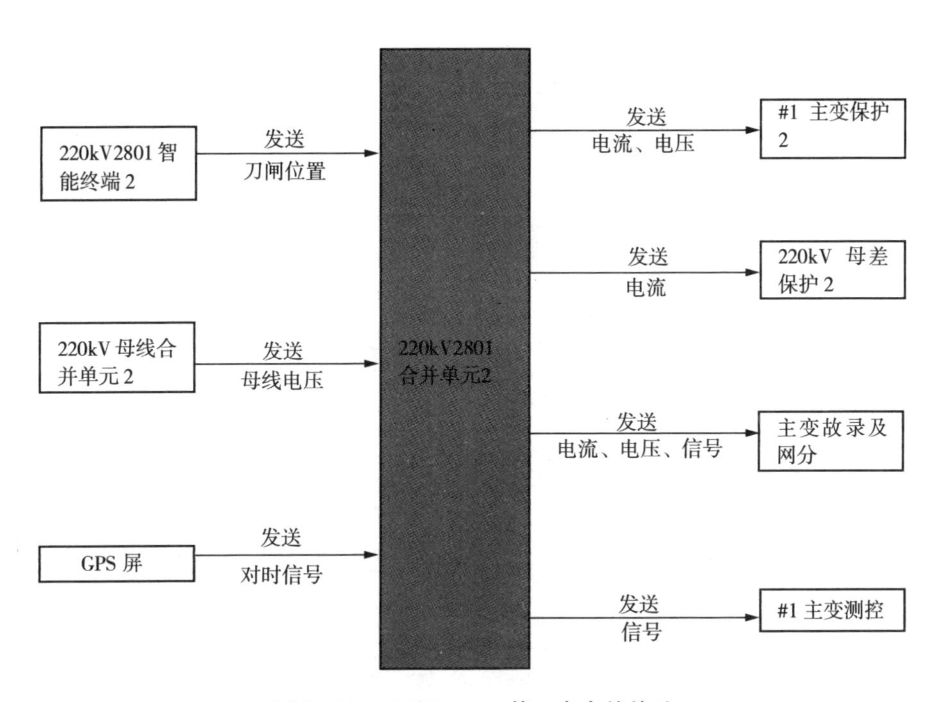

图 1－11　110kV　901 第二套合并单元

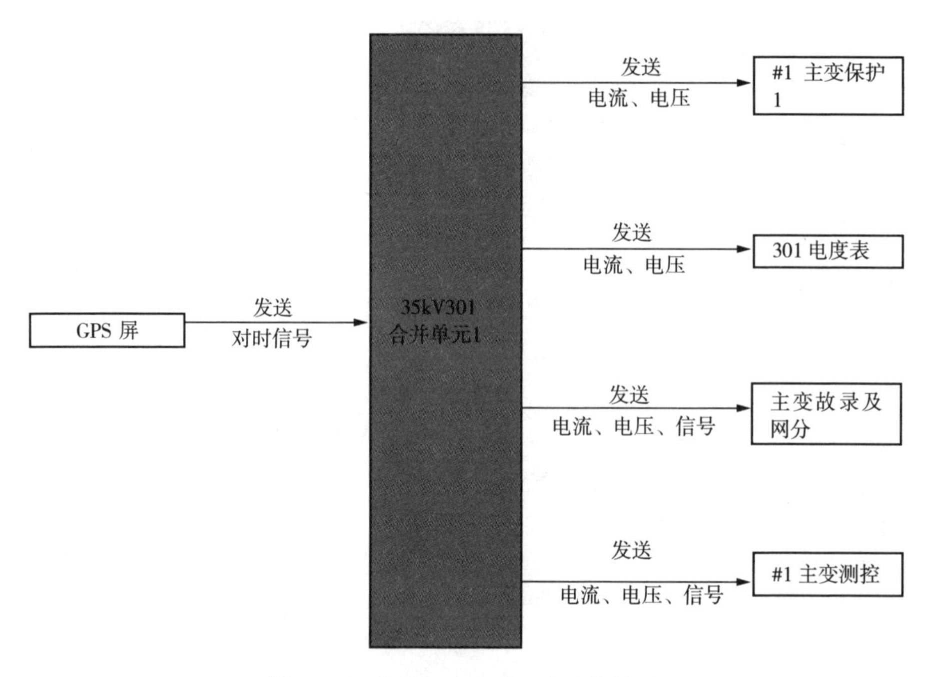

图1-12 35kV 301第一套合并单元

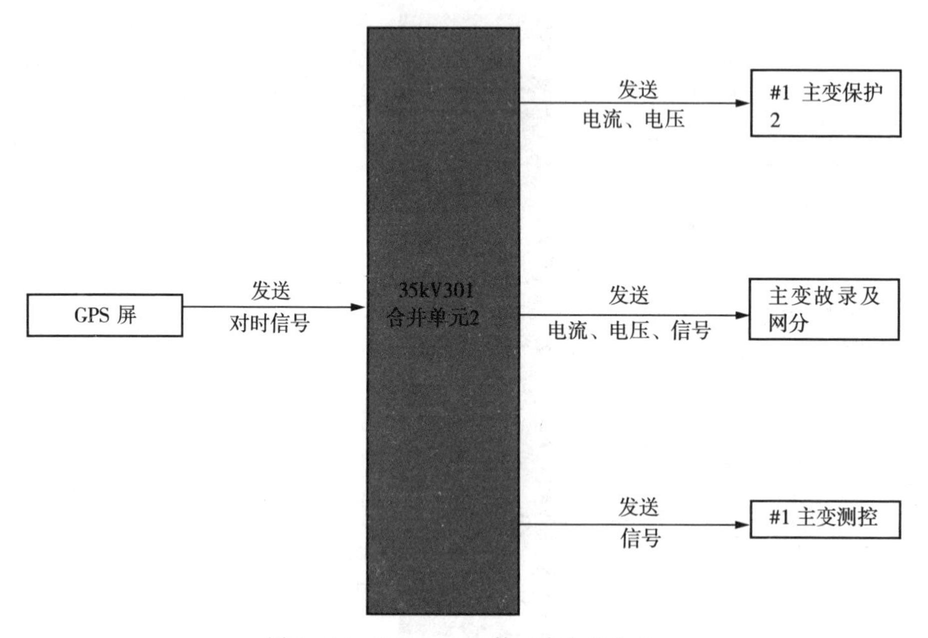

图1-13 35kV 301第二套合并单元

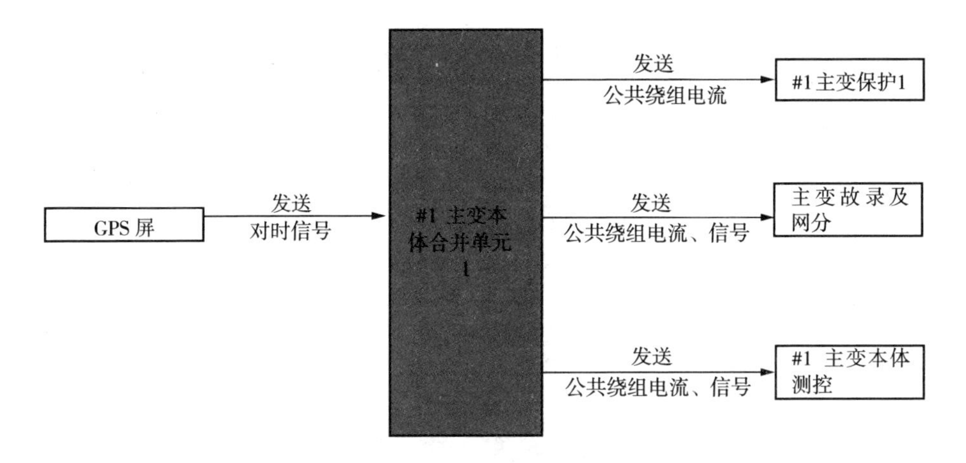

图 1-14　#1 主变本体第一套合并单元

① 功能说明

#1 主变各侧合并单元采集该侧电流互感器的模拟电气量、母线电压及刀闸位置信号，进行同步处理及电压切换后，输出电流数字量至#1 主变第一套保护、#1 主变第二套保护、220kV 第一套母差保护、220kV 第二套母差保护、#1 主变测控、2801 电度表、主变故障录波器及网络分析仪，同时发送合并单元告警信号至#1 主变测控及故障录波器。

② 影响范围

#1 主变高压侧第一套合并单元异常，将导致 220kV 第一套母线保护、#1 主变第一套差动及高后备保护及 2801 电度表、测控装置电流电压采样异常；#1 主变中压侧第一套合并单元异常，将导致 110kV 母线保护、#1 主变保护第一套差动及中后备保护、901 电度表、测控装置电流电压采样异常；#1 主变低压侧第一套合并单元异常，将导致#1 主变第一套保护差动及低后备保护、301 电度表、测控装置电流电压采样异常。

#1 主变高压侧第二套合并单元异常，将导致 220kV 第二套母线保护、#1 主变第二套差动及高后备保护电流电压采样异常；#1 主变中压侧第二套合并单元异常，将导致#1 主变保护第二套差动及中后备保护采样异常；#1 主变低压侧第二套合并单元异常，将导致#1 主变保护第二套差动及低后备保护采样异常。

#1 主变本体第一套合并单元异常，将导致#1 主变第一套保护装置公共绕组电流电压采样异常；#1 主变本体第二套合并单元异常，将导致#1 主变第二套保护装置公共绕组电流电压采样异常。

(4)母联合并单元示意图(图1-15)

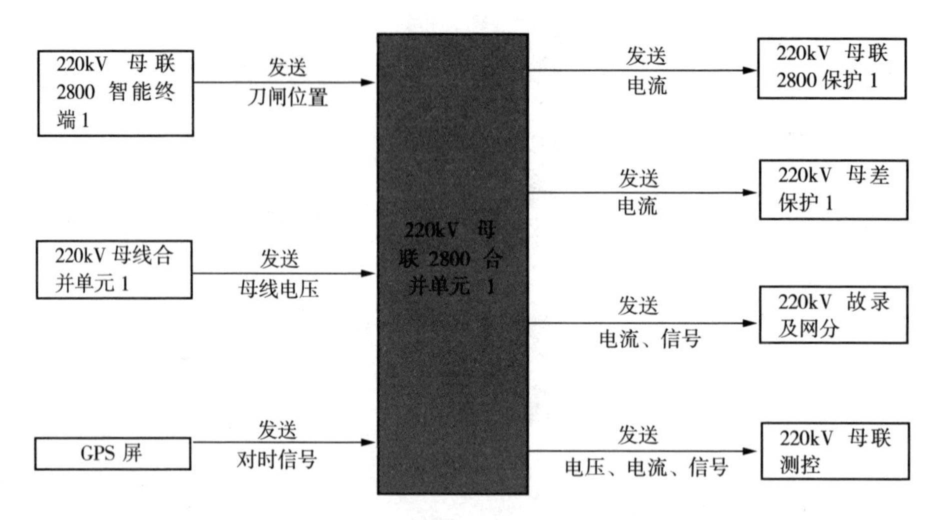

图1-15 母联2800第一套合并单元

① 功能说明

母联合并单元采集母联电流互感器的模拟电气量、母线级联电压及刀闸位置信号,进行同步处理后,输出电流数字量至母联2800第一套保护、母联2800第二套保护、220kV第一套母差保护、220kV第二套母差保护、母联测控、220kV故障录波器及网络分析仪,同时发送合并单元告警信号至母联测控及故障录波器。

② 影响范围

母联2800第一套(第二套)合并单元异常,将导致母联2800第一套(第二套)保护装置及第一套(第二套)母差保护电流电压采样异常。

备注:110kV母联900合并单元仅有一套,与220kV母联2800第一套合并单元类似。

模块四　智能终端

一、智能终端基本概念

智能终端是一种智能组件，与一次设备采用电缆连接，与保护、测控等二次设备采用光纤连接，实现对一次设备（如：断路器、刀闸、主变压器等）的测量、控制等功能。

智能终端作为现阶段智能变电站过程层设备，主要完成：

1. 一次设备断路器主变压器的数字化接口改造，实现一次设备信息的就地采集和上传。

2. 接收并下发间隔层设备的命令，完成对一次设备执行机构的驱动。装置一般就地安装于开关场地或一次设备的智能终端柜中，兼有传统操作箱功能和部分测控功能。根据控制对象的不同，智能终端可以分为断路器智能终端和主变本体智能终端两大类，如图 1－16 所示。

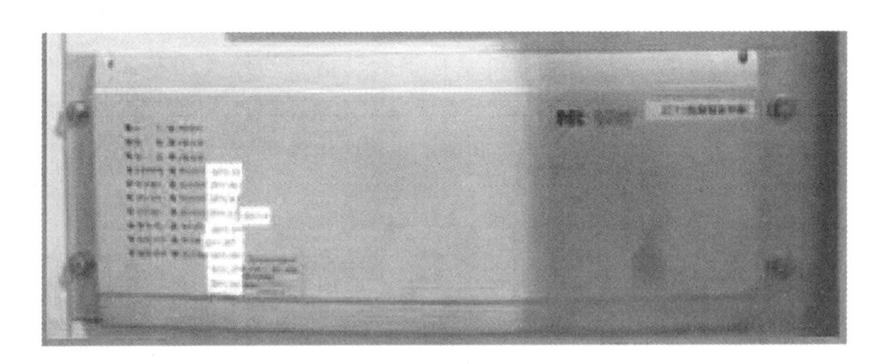

图 1－16　智能终端实物图

断路器智能终端与断路器、隔离开关及接地开关等一次设备就近安装，完成对一次设备（含断路器操动机构）的信息采集和分合控制等功能。主要功能包括：

（1）采集断路器位置、隔离开关位置等一次设备的开关信息，以 GOOSE 通信方式上送给保护、测控等二次设备。

（2）接收和处理保护、测控装置下发的 GOOSE 命令，对断路器、隔离开关和接地开关等一次开关设备进行分合操作。

(3)控制回路断线监视功能,实时监视断路器跳合闸回路的完好性。

(4)SF_6 断路器跳合闸压力监视与闭锁功能。

(5)闭锁重合闸功能:根据遥跳、遥合、手跳、手合、非电量跳闸、保护永跳、装置上电、闭锁重合闸开入等信号合成闭锁重合闸信号,并通过 GOOSE 通信上送给重合闸装置。

(6)环境温度和湿度的测量功能,使 GOOSE 传递至测控。

另外,断路器智能终端又可分为分相智能终端和三相智能终端。分相智能终端与采用分相操动机构的断路器配合使用,用于高电压等级的母联和主变,也用于 220kV 及以上电压等级;三相智能终端与采用三相联动操动机构的断路器配合使用,一般用于 110kV 及以下电压等级。

主变本体智能终端与主变压器、高压电抗器等一次设备就近安装,完成主变压器分接头档位测量与调节、中性点接地开关控制、本地非电量保护等功能。主要包括:

(1)采集一次设备的状态信息,包括中性点接地开关位置、主变压器分接头档位、非电量动作信号等,通过 GOOSE 上送给保护、测控等二次设备。

(2)接收和处理保护、测控装置下发的 GOOSE 命令,完成起动风冷、接地开关分合操作、主变压器分接头调档等功能,并提供闭锁调压等出口触点。

(3)非电量保护功能。所有非电量保护起动信号均经大功率继电器重动,且具备 220V 工频交流串扰能力。

(4)环境温湿度、主变压器本体油面温度和绕组温度等测量功能。

二、智能终端的技术原理

1. 开关量采集。智能终端的开关量输入采用 DC 220V/110V 强电方式,外部强电与装置内部弱电之间具有电气隔离。装置对开入信号进行硬件滤波和软件消抖处理,将软件消抖前的时标作为 GOOSE 上送的开入变位时标。

2. 主变本体智能终端通常还要采集主变压器分接头档位开入,然后按照 BCD 编码(或其他编码)计算后,将得到的档位值通过 GOOSE 上送给测控装置。

3. 直流量采集。智能终端能够实时检测所处环境的温度和湿度,主变本体智能终端还能够实时采集变压器的油面温度、绕组温度等信息。这些信号由安装于一次设备或者就地智能柜中的传感元件输出,通常采用 0～5V 或者 4～20mA 两种方式。

4. 一次设备控制。断路器智能终端具备断路器控制功能，包含跳合闸回路、合后监视、闭锁重合闸、操作电源监视和控制回路断线监视等功能。断路器操作回路支持其他间隔层或过程层装置通过硬触点的方式接入，进行跳合闸操作。

智能终端提供大量的开关量输出触点，用于控制隔离开关、接地开关等设备，主变本体智能终端还提供启动风冷、闭锁调压、调档等输出触点。

主变本体智能终端集成了本体非电量保护功能，通常采用大功率重动继电器实现，非电量保护跳闸出口通过控制电缆直接接至断路器智能终端进行跳闸。

GOOSE 通信。智能终端与间隔层的 IED 的通信功能通过 GOOSE 传输机制完成。保护和测控等间隔层设备对一次设备的控制命令通过 GOOSE 通信下发给智能终端，同时智能终端以 GOOSE 通信方式上传就地采集到的一次设备状态，以及装置自检、告警等信息。对于智能终端，要求其从保护控制设备接收到的 GOOSE 跳闸报文后到对应的出口继电器输出整个过程不大于 7ms，而且从开入电路检测的输入信号发生变化后，到 GOOSE 报文输出整个过程的时间不大于 5ms。

事件记录。智能终端本身具有强大的事件记录功能，记录的信息完整详细，且要求记录的时间要准确(达到 1ms 级)，以便故障发生后进行追溯和分析。

(1)母线压变智能终端示意图(图 1－17)

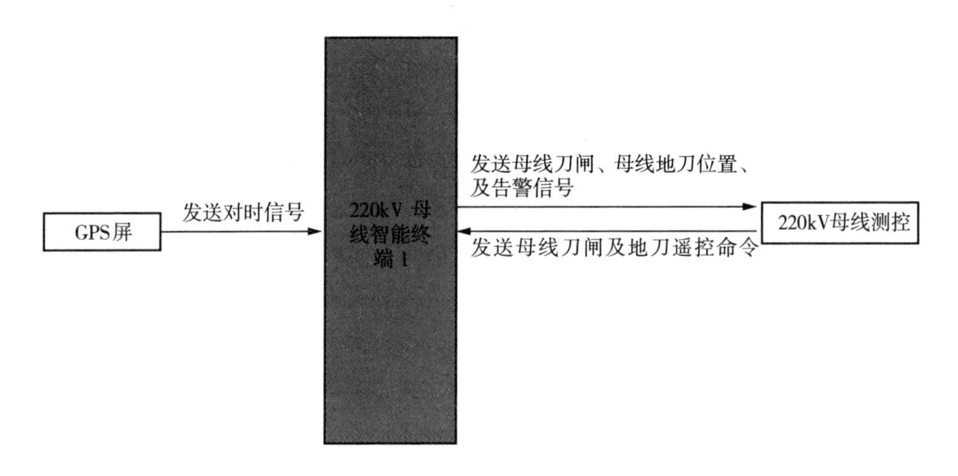

图 1－17 220kV 母线第一套智能终端

① 功能说明

母线智能终端采集 220kV 压变刀闸及母线地刀位置信号，进行同步处理后，向 220kV 母线测控发送该位置信号及告警信号，同时接收母线测控的刀闸遥控命令。

② 影响范围

母线压变智能终端故障时，会影响压变刀闸的测控功能，可能会影响母线电压的切换。

(2)线路智能终端示意图(图 1-18)

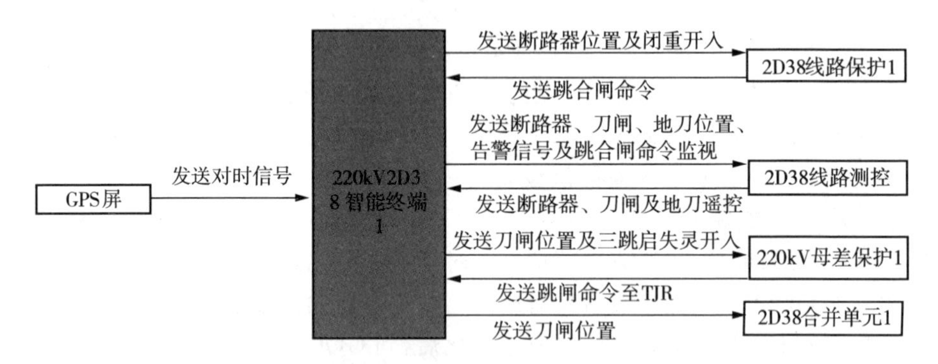

图 1-18　220kV 宁吴 2D38 第一套智能终端

① 功能说明

宁吴 2D38 第一套智能终端采集 2D38 间隔的断路器位置、刀闸位置、地刀位置信号，进行同步处理后，向 2D38 第一套合并单元发送刀闸位置用于电压切换，向 2D38 第一套线路保护发送断路器位置信号及闭锁重合闸开入(含两套智能终端间互闭重)，向 220kV 第一套母差保护发送刀闸位置及三跳启失灵开入信号，向 2D38 线路测控发送断路器、刀闸、地刀位置、告警信号及跳合闸命令监视信号。同时接收 2D38 第一套线路保护的跳合闸命令及 220kV 第一套母差保护的永跳命令。

② 影响范围

线路间隔智能终端异常或故障时，会影响对应线路保护的电压切换功能、保护逻辑及跳合闸出口，影响母差保护的正常差流计算及跳闸出口。

(3)母联智能终端示意图(图 1-19)

① 功能说明

2800 第一套智能终端采集 2800 间隔的断路器位置、刀闸位置、地刀位置信号，进行同步处理后，向 2800 第一套合并单元发送刀闸位置，向 220kV 第一套母线合并单元发送断路器及刀闸位置用于 PT 并列。同时向 220kV 第一套母差保护发送断路器位置信号、闸刀位置及母联手合开入，并接收对应的母联保护及母差保护的跳闸命令；向 2800 母联测控发送断路器、刀闸、地刀位置及告警信号。

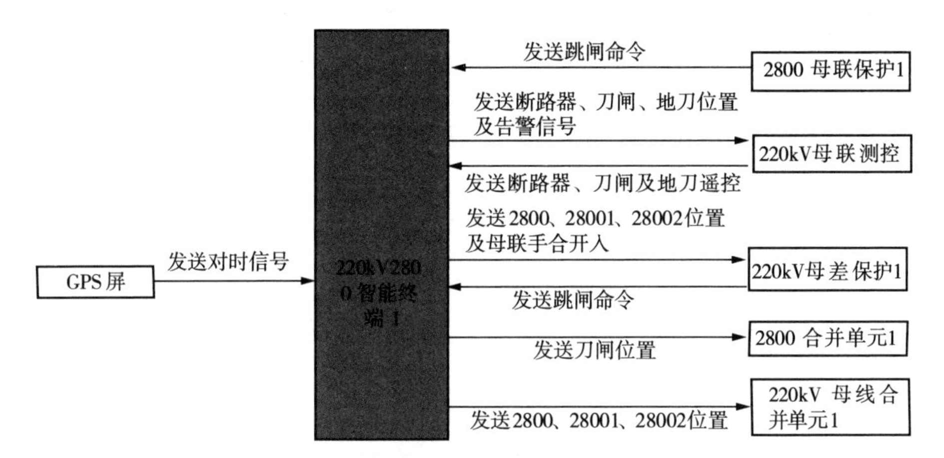

图 1-19　220kV2800 第一套智能终端

② 影响范围

母联间隔智能终端异常或故障时，会影响对应母联保护的正常出口功能，影响对应母差保护的正常差流计算及出口功能。

(4)分段智能终端示意图(图 1-20)

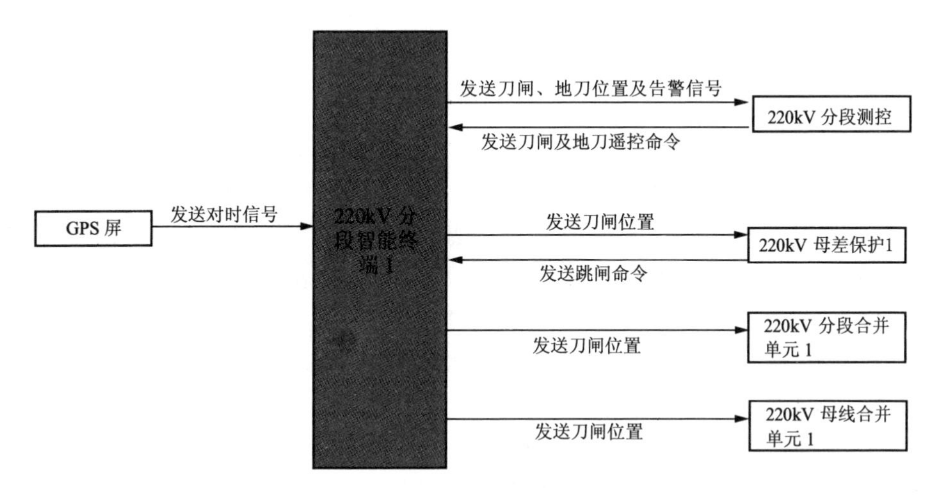

图 1-20　220kV 分段第一套智能终端

① 功能说明

220kV 分段智能终端采集分段间隔的刀闸位置、地刀位置信号，进行同步处理后，向对应的分段合并单元及母线合并单元发送刀闸位置，用于 PT 并列。同时向对应的母差保护发送闸刀位置信号，向分段测控发送刀闸、地刀位置及告警信号。

② 影响范围

220kV 分段智能终端异常或故障时，会影响母线之间的电压并列，从而影响 220kV 侧电压。

(5)主变智能终端

① 主变高压侧智能终端

a. 示意图(图 1-21)

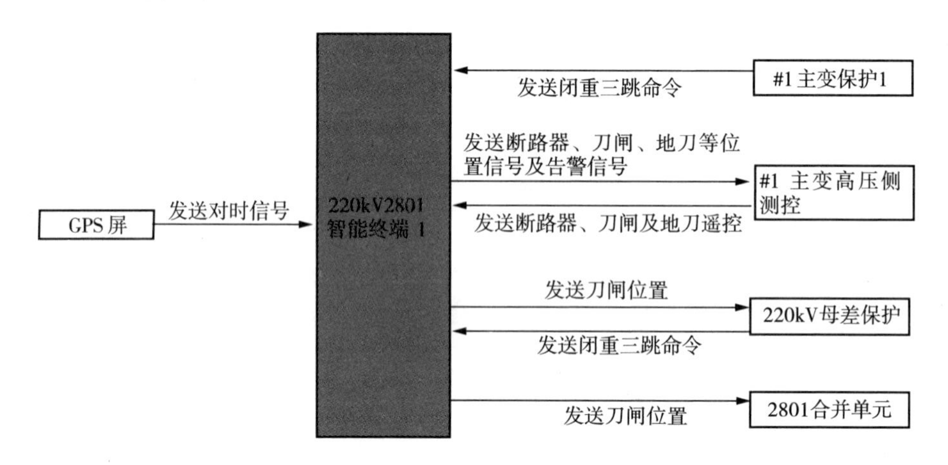

图 1-21 2801 第一套智能终端

b. 功能说明

2801 第一套(或第二套)智能终端采集 2801 间隔的断路器位置、刀闸位置、地刀位置信号，进行同步处理后，向 2801 第一套(或第二套)合并单元发送刀闸位置信号用于电压切换，向 220kV 第一套(或第二套)母差保护发送刀闸位置用于差流计算，并接收＃1 主变第一套(或第二套)保护及 220kV 第一套(或第二套)母差保护的闭重三跳命令；同时该智能终端还向＃1 主变高压侧测控发送断路器、刀闸、地刀等位置信号以及告警信号。

c. 影响范围

主变高压侧智能终端异常或故障时，会影响对应主变保护高压侧的电压切换功能、保护逻辑及出口跳闸，影响母差保护的正常差流计算及出口跳闸。

② 主变中压侧智能终端

a. 示意图

主变中压侧智能终端的示意图与高压侧智能终端示意图类似，在此不赘述。

b. 功能说明

主变中压侧智能终端的功能与高压侧类似，区别在于 110kV 只有一套母差，主变中压侧第二套智能终端与110kV母差间没有联系。

c. 影响范围

主变中压侧第一套智能终端异常或故障时，会影响对应主变保护中压侧的电压切换功能、保护逻辑及出口跳闸，影响母差保护的正常差流计算及出口跳闸。若仅第二套智能终端异常或故障，则会影响对应主变保护中压侧的电压切换功能、保护逻辑及出口跳闸。

③ 主变低压侧智能终端

a. 示意图(图1-22)

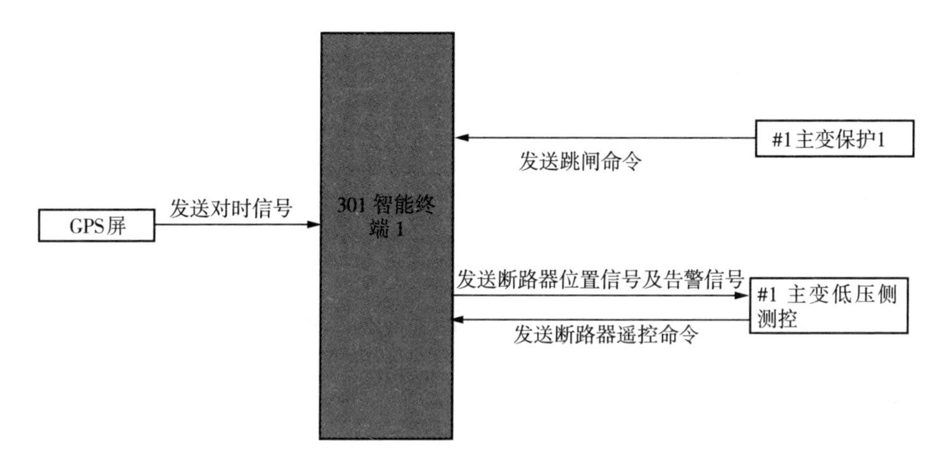

图1-22　301第一套智能终端

b. 功能说明

主变低压侧智能终端向主变低压侧测控发送断路器位置信号及告警信号，同时接收对应主变保护的跳闸命令及主变低压侧测控的断路器遥控命令。

c. 影响范围

主变低压侧智能终端异常或故障时，会影响对应主变保护低压侧的出口跳闸。

④ 主变本体智能终端示意图(图1-23)

a. 功能说明

主变本体智能终端接收本体非电量信号开入及有载档位遥信开入，动作时跳主变三侧开关，并向主变本体测控发送有载档位遥信、中性点刀闸遥控非电量动作信号及告警信号，同时接收两套主变保护的过负荷，接点动作用于闭锁有载调压。

b. 影响范围

主变本体智能终端异常或故障时，会影响对应主变保护本体三侧跳闸，同

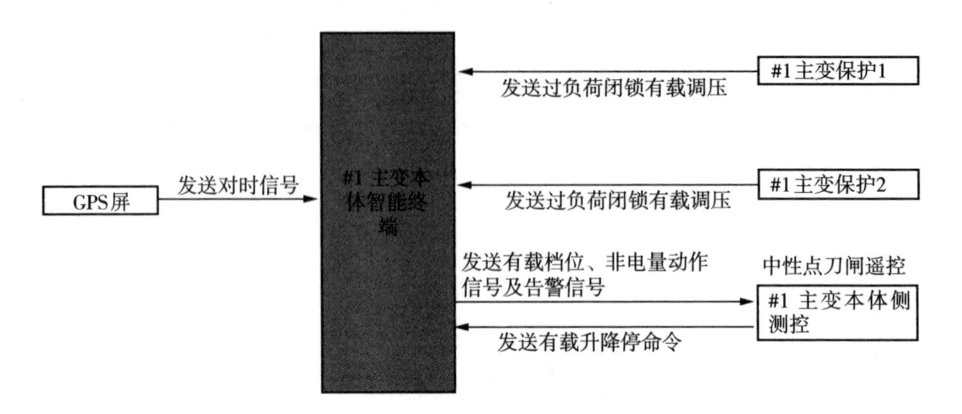

图 1-23 ＃1 主变本体智能终端

时影响主变有载调压功能。

备注:以上智能终端,除主变本体智能终端只有一套外,其余均按双重化配置。

110kV 母线智能终端与 220kV 母线智能终端类似。

110kV 线路智能终端按每间隔一套配置,与 220kV 线路第一套智能终端类似。

110kV 母联 900 智能终端仅有一套,与 220kV 母联 2800 第一套智能终端类似。

模块五　智能站继电保护及自动装置

一、智能站继电保护装置基本概念

继电保护装置，就是指能反映电力系统中电气元件发生故障或不正常运行状态，并动作于断路器跳闸或发出信号的一种自动装置。主要完成以下任务：

1. 自动、迅速、有选择地将故障元件从电力系统中切除，使故障元件免于继续遭到破坏，保证其他无故障部分迅速恢复正常运行。

2. 反映电气元件的不正常运行状态，并根据运行维护的条件（如有无经常值班人员），而动作于信号、减负荷或跳闸。此异常时一般不要求保护迅速动作，而是根据对电力系统及其元件的危害程度规定一定的延时，以免不必要的动作和由于干扰而引起的误动作。

适用于智能变电站的保护和测控装置与传统装置相比，主要区别在于这些智能化二次设备配置了能够接收电流、电压数字信号的光纤接口，和（或）能够通过 GOOSE 网络交换开关信号的光纤以太网接口。另外，在运行方面，智能站继电保护与常规站继电保护还存在以下主要差别：

a. 新增了电子式互感器、合并单元、智能终端、交换机、网络分析仪、在线监测等与继电保护相关的装置或系统；

b. 使用光纤接口/扩展插件，替代交流、低通滤波以及出口继电器等模拟输入输出插件；

c. 取消保护功能投退硬压板、出口和开入回路硬压板，只保留检修和远方操作硬压板，新增了 SV 投入、GOOSE 接收和出口、投退保护功能、远方控制、远方修改定值区、远方修改定值等软压板；

d. 使用光纤代替电缆，较多使用光纤，大幅减少二次电缆，增加了 ODF、盘线架、绕线盘等辅助设备。

总体而言，改变的只是输入输出的接口，以及传输信息的介质和途径，而继电保护的原理、功能并没有改变。

(1)线路保护示意图(图 1-24 至图 1-26)

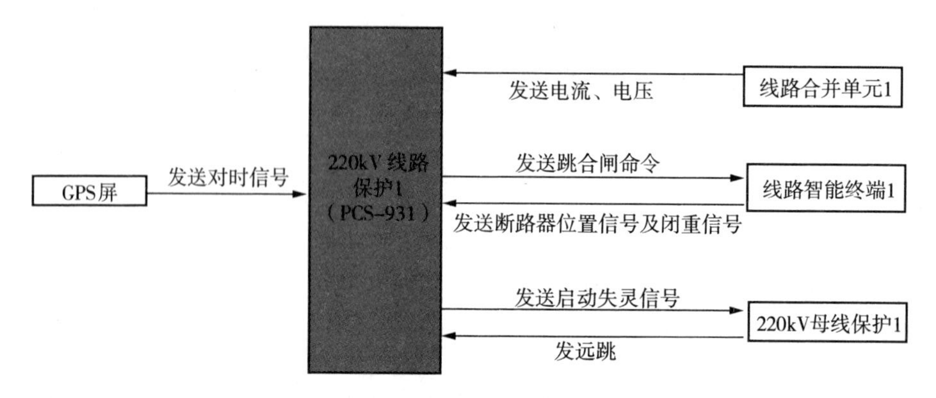

图 1-24 220kV 线路第一套保护(PCS—931)

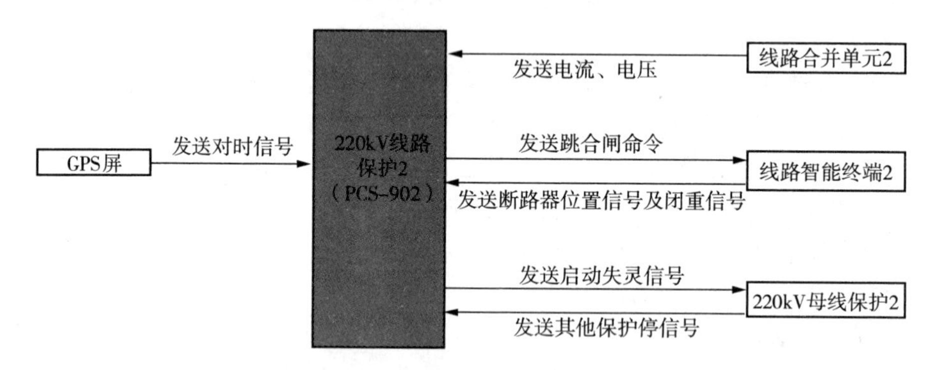

图 1-25 220kV 线路第二套保护(PCS—902)

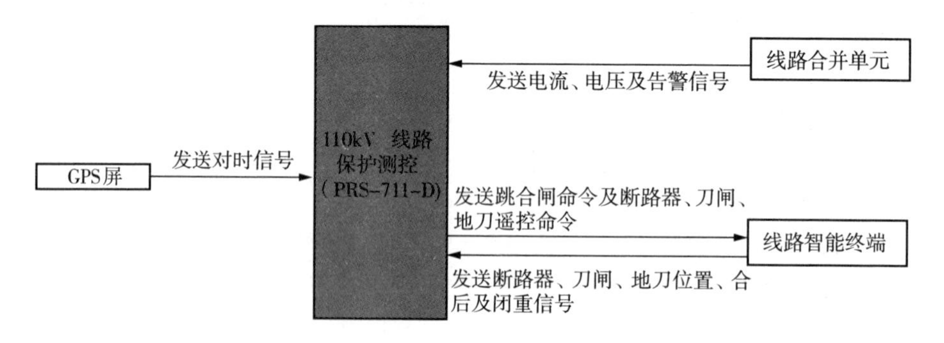

图 1-26 110kV 线路保护测控(PRS—711—D)

① 功能说明

220kV 线路第一套保护接收第一套线路合并单元的电流电压、同期电压、线路第一套智能终端的断路器位置及闭重开入。在保护动作时,向线路第一套智能终端发送跳合闸命令，并向220kV第一套母差发送启动失灵信号。

220kV线路第二套保护接收第二套线路合并单元的电流电压、同期电压、线路第二套智能终端的断路器位置及闭重开入，还有220kV第二套母差的其他保护停信开入。在保护动作时，向线路第二套智能终端发送跳合闸命令，并向220kV第二套母差发送启动失灵信号。

110kV线路保护测控装置线路合并单元的电流电压用于逻辑计算，接收线路智能终端的断路器及合后位置用于重合闸充电逻辑判别，同时接收位置信号及告警信号，并发送跳合闸命令及断路器、刀闸、地刀遥控命令。

② 影响范围

220kV线路保护异常或故障时，会使得线路保护功能缺失，同时有可能引起母差保护异常。110kV线路保护异常或故障时，会使得该线路失去保护。

(2)母差保护示意图(图1-27、图1-28)

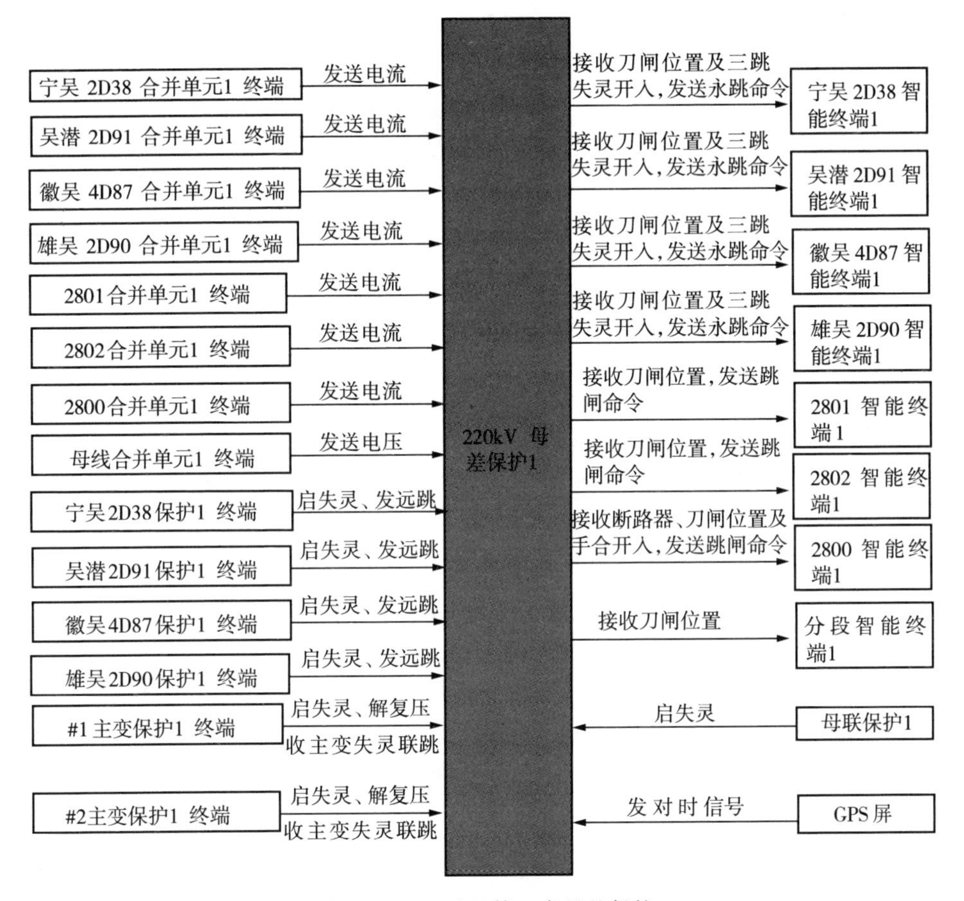

图1-27　220kV第一套母差保护

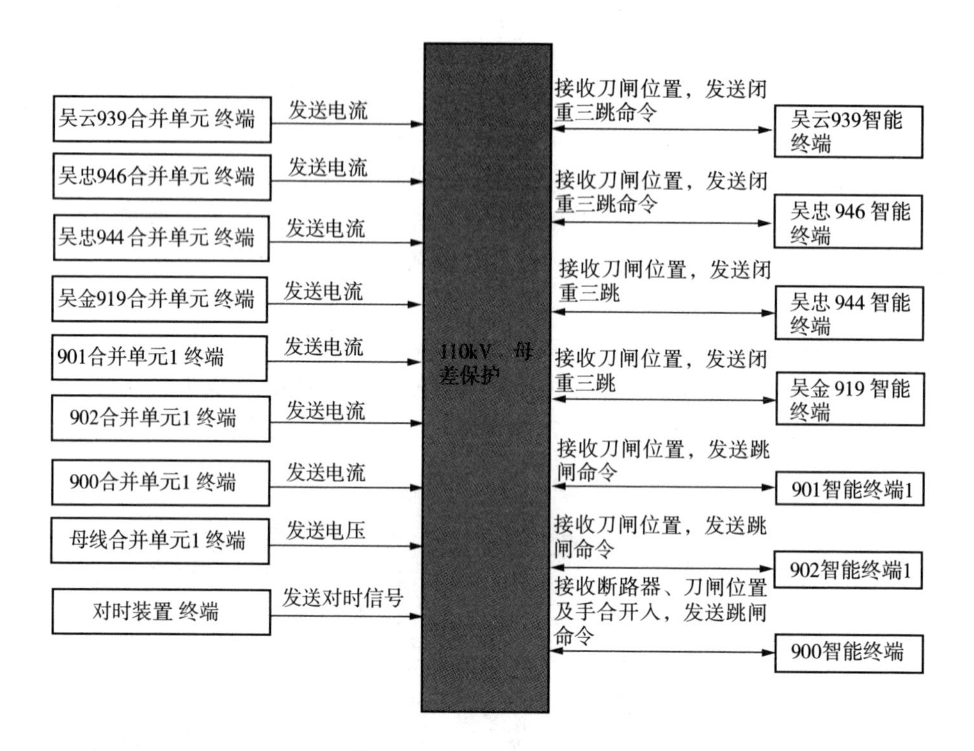

图 1-28　110kV 母差保护

① 功能说明

220kV 第一套(第二套)母差保护接收各间隔第一套(第二套)合并单元的电流、第一套(第二套)母线合并单元的电压以及各间隔第一套(第二套)智能终端的刀闸位置用于母差差流计算。另外，接收各线路保护第一套(第二套)及母联保护第一套(第二套)启动失灵开入、主变保护第一套(第二套)的启动失灵及解复压开入用于失灵逻辑判别。母差及失灵保护动作时，向各间隔第一套(第二套)智能终端发送永跳命令。当主变高压侧失灵时，向主变保护第一套(第二套)发主变失灵联跳命令。

110kV 母差保护接收各间隔合并单元的电流、母线合并单元的电压以及智能终端的刀闸位置用于母差差流计算(其中主变间隔均取自第一套的合并单元及智能终端)。母差保护动作时，向各间隔智能终端发送闭重三跳命令。

② 影响范围

母差保护异常或故障时，会影响所有运行间隔，可能引起运行间隔误跳闸。

(3)主变保护示意图(图 1-29)

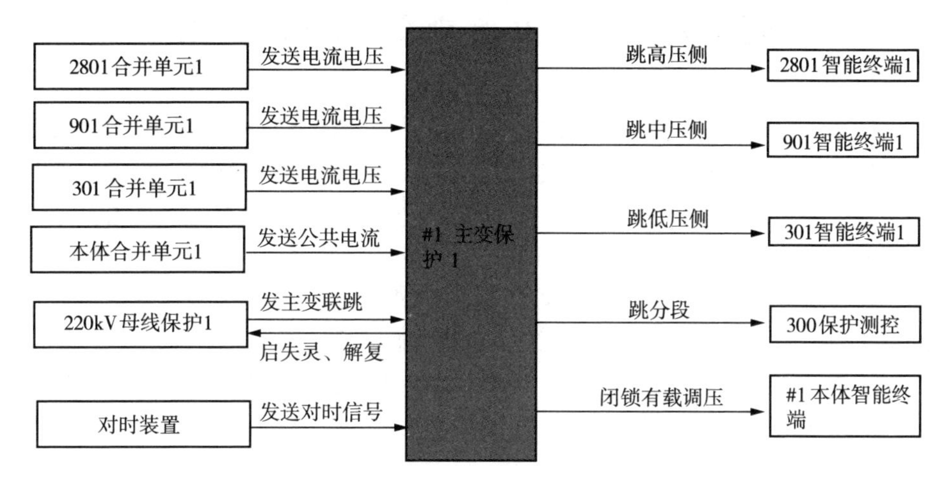

图 1-29　#1 主变第一套保护

① 功能说明

主变保护接收高中低三侧合并单元的电流电压用于变压器差动计算以及各侧后备保护计算,保护动作时,向三侧智能终端以及分段 300 发送跳闸命令。当高后备过负荷动作时,向主变本体智能终端发送过负荷闭锁有载调压命令。当差动保护动作或高后备保护动作时,向 220kV 母差保护发启动失灵及解复压信号,当主变保护接收到 220kV 母差保护的高压侧失灵开入时,跳主变三侧。

② 影响范围

主变保护异常或故障时,可能会导致主变三侧失去保护。

模块六　220kV 智能变电站软压板

传统的保护装置中，“软压板”是指微机保护软件系统的某个功能投退，是利用软件逻辑来强化对功能投退和出口信号的控制，通常以修改微机保护的软件控制字来实现。硬压板则是电气回路中的电路逻辑连接片，与软压板是“与”的关系。通过调整控制字与硬压板实现保护功能的投退。

在智能变电站中，由于信号、控制等回路网络化，硬压板也就随着电缆回路的消失而消失了，而其电气回路的功能则添加入软压板中，或与软压板合并。这使得软压板的功能大大加强，而传统的“软压板”意义也从“控制字”在内容上得到了极大的扩充与发展。为此，特编制本规范，集中说明如何管理智能变电站中的各类软压板。

一、软压板的分类及其功能

依照《智能变电站命名规范》文件，软压板在此分作三类：功能软压板、SV 软压板、GOOSE 软压板。

1. 功能软压板

功能软压板决定了保护或测控装置某类功能的投入或退出，相当于传统站软压板，依据实际装置类型又分作如下几类：

保护功能软压板：实现某保护功能的完整投入或退出，如距离保护、差动保护等；

定值控制软压板：标记定值、软压板的远方控制模式，如定值切换、远方修改定值等；

测控功能控制软压板：实现某测控功能的完整投入或退出；

逻辑状态控制压板：实现保护逻辑输入状态的强制固定，如母线Ⅰ—Ⅱ互联；

调试态压板：该部分压板设置有利于系统调试、故障隔离。如母差接入闸刀位置强制软压板，正常运行操作时无须修改。

2. SV 软压板

SV(Sampled Measured Value)软压板，控制着保护采样数据接收状态，相当于传统站电流、电压端子排连片。该压板位于保护装置内部，其投退决定了装置本端是否接收处理合并单元上送的采样(SV)数据，示意图如图 1 - 30 所示。

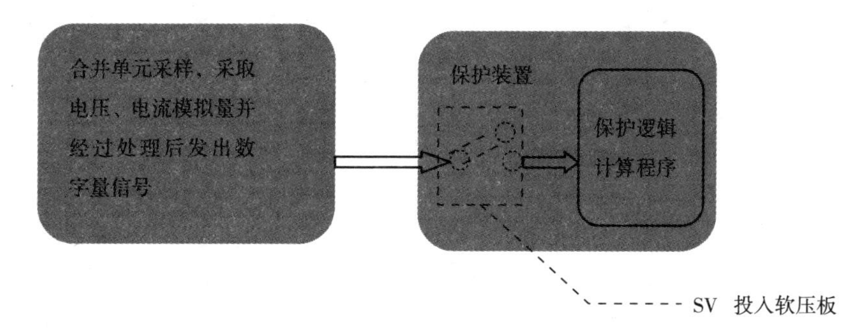

图 1-30　SV 软压板功能示意图

3. GOOSE 软压板

GOOSE(Generic Object Oriented Substation Event)软压板，控制着开入开出信号，相当于传统站保护与保护间、保护与操作箱间的配线，依据实际装置类型又分作如下几类：

保护装置动作 GOOSE：保护装置输出的分合闸信号传输，设置在信号发送侧；

保护之间的交互信号传输 GOOSE：保护装置之间功能的交互，如启动失灵、闭锁重合等信号，原则上设置在收发两侧，采用“与”逻辑。

遥控 GOOSE：测控装置(或保测一体装置的测控功能)的遥控分合闸信号传输，设置在信号发送侧。

GOOSE 功能示意图如图 1-31 所示。

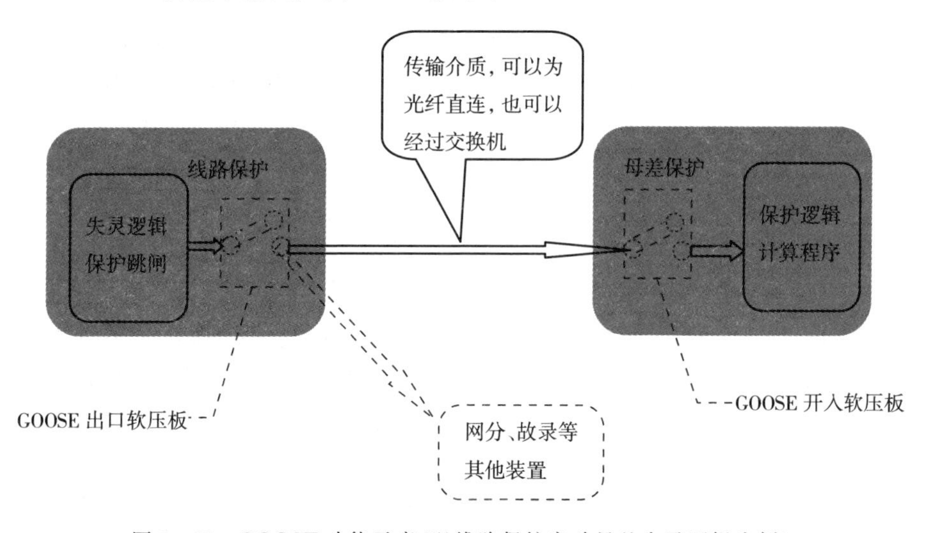

图 1-31　GOOSE 功能示意(以线路保护启动母差失灵逻辑为例)

二、继电保护装置运行状态及软压板投退原则

依照《安徽电网智能变电站 220kV 继电保护运行规定》的要求，对本站继电保护设备状态与软压板投退原则作如下规定，其中 110kV 及以下电压等级智能设备依照此规定执行。

1. 继电保护装置运行状态说明

继电保护设备的运行状态一般分为“跳闸”“信号”和“停用”三种。根据各个状态的相应装置功能投退要求。无特别说明“装置”的，表示仅仅是“保护功能”的状态调整。

2. 软压板投退原则

(1)功能软压板投退原则

功能软压板的投退应依照调度下达的保护整定定值单投入并确认。如遇运行方式改变需调节功能软压板时，也应按照调度下达的调度指令进行调整，确认并做好记录。

(2)SV 软压板投退原则

① 保护装置的间隔“SV 投入”软压板，其投入含义是对应间隔的交流信号参与保护计算，等同于保护装置接入该间隔的次级绕组交流信号。

② 保护装置的间隔“SV 投入”软压板的操作应在对应间隔停电的情况下进行；“SV 投入”软压板的投入应在一次设备投入运行前操作，退出时应在一次设备退出运行后操作；当一次设备退出运行而二次系统无工作时，可不改变保护装置的“SV 投入”软压板状态。

③ 正常运行时，接入两个及以上合并单元 SV 报文的保护装置，如母差保护、变压器电气量保护，当某间隔一次设备处于运行状态时，对应该间隔的“SV 投入”软压板应投入。

④ 当 220kV 三绕组变压器两侧运行时，在某一侧开关转冷备用或检修后，现场应及时将两套变压器电气量保护装置中对应侧的“SV 投入”软压板退出。

⑤ 当 220kV 某间隔一次设备退出运行时，在间隔开关转冷备用或检修后，现场应及时将两套母差保护中对应间隔的“SV 投入”软压板退出。

⑥ 由于厂家模型的不同，不同厂家设备“SV 投入”软压板定义不尽相同，其压板名称唯一定义由公司规定，应在装置旁注明标准命名与实际命名的对应关系。

(3)GOOSE 软压板投退原则

① 当需要退出某套线路保护装置的重合闸功能时，应退出该套保护的 GOOSE 重合闸出口压板；当需要停用线路重合闸功能时，第一、二套线路保护

的 GOOSE 重合闸出口软压板应退出、停用重合闸软压板应投入。

② 当继电保护装置中的某种保护功能退出时，应首先退出该功能独立设置的出口压板；若无独立设置的出口压板，可退出其功能投入压板；若无功能投入压板或独立设置的出口压板，可退出装置共用的出口压板。

(4)压板退出的优先级顺序

应优先选择退出该功能独立设置的出口压板；若无独立设置的出口压板，可退出其功能投入压板；最后选择退出装置共用的出口压板。

举例来说，如停用线路保护装置的失灵功能，可采取退出 GOOSE 启动失灵压板的方式；如停用纵联保护功能，因无独立的出口压板，可采取退出纵联保护功能软压板的方式；如停用后备保护功能，因无独立的出口压板及功能压板，可采取退出 GOOSE 跳闸出口压板的方式。

3. 继电保护装置检修不一致

继电保护装置、合并单元、智能终端等 IED 设备具有状态自动识别功能，当合并单元、智能终端、保护装置的“置检修状态”硬压板均投入(或均不投入)时，保护装置仍能出口跳闸。

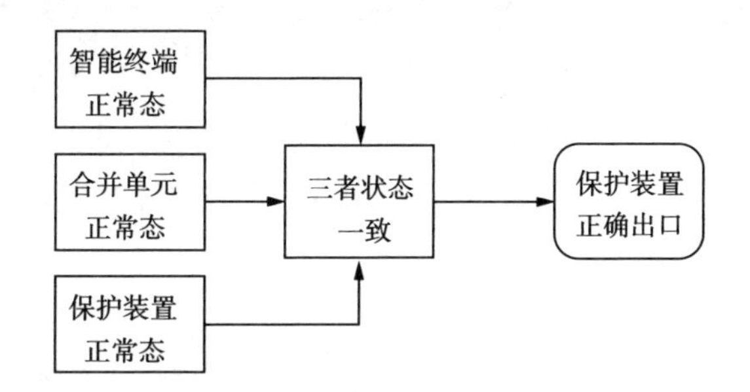

注：此时保护装置正确动作，并上送故障报文至后台及主站

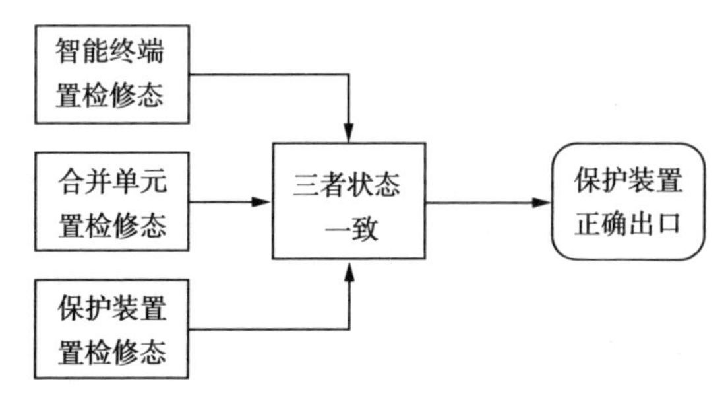

注：此时保护装置正确动作，动作信息不上送

当合并单元、智能终端、保护装置的“置检修状态”硬压板状态出口跳闸如表 1－1 所示。

表 1-1 检修压板功能投退表

	保护装置	合并单元	智能终端	动作跳闸情况
检修压板状态（1 为投入，0 为退出）	1	1	0	保护动作，断路器不跳闸
	1	1	1	保护动作，断路器跳闸
	0	0	1	保护动作，断路器不跳闸
	0	0	0	保护动作，断路器跳闸
	1	0	0(1)	保护不动作，断路器不跳闸
	0	1	1(0)	保护不动作，断路器不跳闸

其具体逻辑由报文数据的接收方实现功能示意图如图 1-32 所示。

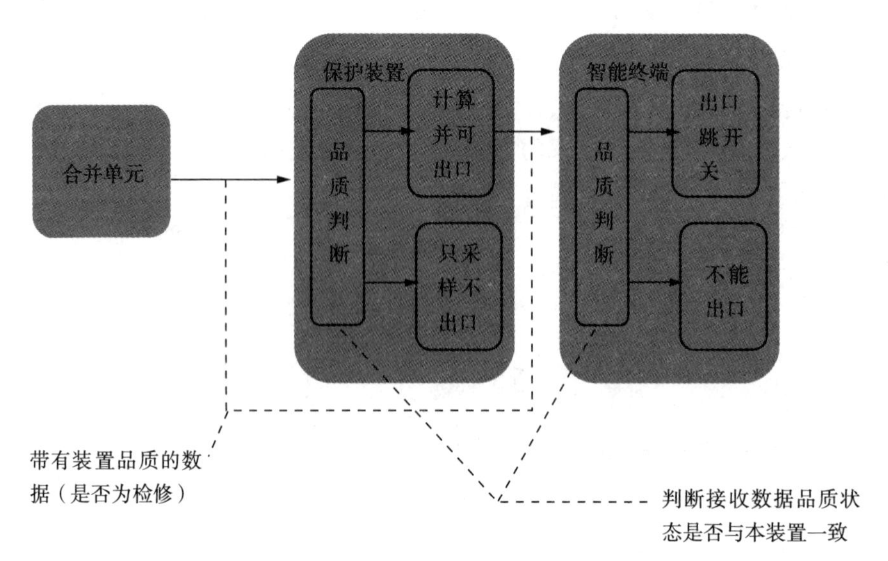

图 1-32 检修不一致原理示意

SV 采样品质不一致时还会引起保护闭锁。

为了避免错误的投退“置检修状态”引起保护闭锁，特别规定如下：

① 正常的倒闸操作中，不应投入任一装置的“置检修状态”硬压板，仅调整“SV 投入”及“GOOSE 出口”类压板。

② 装置上的工作确实需要投入“置检修状态”硬压板的，依照所持现场工作票执行，并记录工作票编号、工作负责人、现场许可人、投入时间等备查。工作结束后，需退出“置检修状态”并记录。

模块七　智能测控装置

测控装置主要完成交流采样、测量、防误闭锁、同期检测、就地断路器紧急操作和单接线状态及测量数字显示等功能，对运行设备的信息进行采集、转换、处理和传送。其基本功能包括：

(1)采集模拟量、接收数字量，并发送数字量；

(2)选择、返校、执行功能，接收、返校并执行遥控命令，接收执行复归命令、遥调命令；

(3)合闸同期检测功能；

(4)本间隔顺序操作功能；

(5)事件顺序记录功能；

(6)功能参数的当地或远方设置；

(7)遥控回路宜采用两级开放方式抗干扰。

智能变电站测控装置与传统变电站测控装置主要区别在于：

(1)具有独立的 GOOSE 接口、SMV 采样值接口和 MMS 接口。

(2)采用 GOOSE 协议实现间隔层防误闭锁功能。

(3)具有在线自动检测功能，并能输出装置本身的自检信息报文，与自动化系统状态监测接口。

(4)与智能变电站保护装置一样，测控装置仅保留检修硬压板和远方操作硬压板。

(5)具备接收 IEC61588 或 B 码时钟同步信号功能，装置的对时精度误差应不大于±1ms。

模块八　电子式互感器

一、电子式互感器基本概念

一般将有别于传统的电磁型电压/电流互感器的新一代互感器统称为电子式互感器。电子式互感器依其变换原理可分为有源和无源两大系列，有源电子式互感器又称为电子式电压/电流互感器（EVT/ECT），其特点是需要向传感装置提供电源，主要是以罗柯夫斯基（Rogowski）线圈为代表，它在户外、空气绝缘变电站应用时，解决处于高位电力设备的供电问题和信号从高电位到低电位的传送问题；无源电子式互感器主要指采用法拉第效应光学测量原理的互感器，又称为光电式电压/电流互感器（OVT/OCT），其特点是无须向传感装置提供电源。

电子式互感器能够直接提供数字信号，信号通过光纤传输到一个合并单元，合并单元对信号进行初步处理，然后以 IEC61850 标准将数据上送至保护、测控、计量等系统。

与传统电磁感应式电流互感器相比，电子式互感器具有以下特点：

(1)高低压完全隔离，安全性高，具有优良的绝缘性能。电子式互感器将高压侧信号通过绝缘性能很好的光纤传输到二次设备，这使得其绝缘结构大大简化，电压等级越高其性价比越明显，采用光缆而不是电缆作为信号传输工具，实现了高低压的彻底隔离。

(2)不含铁芯，消除了磁饱和与铁磁谐振等问题。电子式互感器一般不用铁芯做磁耦合，消除了磁饱和与铁磁谐振现象，从而使互感器运行暂态响应好、稳定性高。

(3)抗电磁干扰性能好，低压侧无开路高压危险。信号通过光纤传输，高压回路和二次回路在电气上完全隔离，因此具有较好的抗电磁干扰能力，且低压侧无开路引起的高电压危险。

(4)动态范围大，测量精度高。不存在磁饱和现场，因此有很宽的动态范围。

(5)频率响应范围宽。电子式互感器可以测出高压电力线路上的谐波，还可进行电网电流暂态、高频大电流与直流的测量，而电磁式互感器难以进行这方面工作。

(6)没有因充油而潜在的易燃、易爆等危险。

(7)体积小、重量轻。

二、电子式互感器技术原理

1. 有源互感器系统

有源互感器又称为电子式电压互感器/电流互感器(EVT/ECT),其特点是需要向传感装置提供电源,目前成熟产品均采用光纤供能方式。

(1)罗氏线圈互感器

罗氏线圈是一种成熟的测量元件,实际上是一种特殊接头的空心线圈,将测量导线均匀地绕在截面均匀的非磁性材料的框架上。它根据被测电流的变化,感应出被测电流变化的信号,其特点在于被测电流几乎不受限制,反映速度快,可以测量上升时间为纳秒级的电流,且精度可高达0.1%。有源电子式电流互感器高压侧有电子电路构成的电子模块,电子模块采集线圈的输出信号,经滤波、积分变换及A/D转换后变为数字信号,通过电光转换电路将数字信号变为光信号,然后通过光纤将数字送至二次侧供继电保护、测控和电能计量等IED设备用。有源电子式电流互感器高压侧的电子模块需工作电源,利用激光供能技术实现对高压侧电子模块的供电是目前普遍采用的方法,这也是有源电子式互感器的关键技术之一。

(2)低功耗电流互感器(LPCT)

采用铁芯线圈的低功率电流互感器(LPCT)是常规感应式电流互感器的发展,由于变电站二次系统的电子设备要求的输入功率很低,LPCT可以满足体积很小但测量范围却很广的要求。

(3)有源电子式电压互感器

根据使用场合不同,有源电子式电压互感器一般采用电容分压或电阻分压技术,利用与有源电子式电流互感器类似的电子模块处理信号,使用光纤传输信号。

2. 无源互感器系统

无源互感器主要指采用光学测量原理的电流互感器,后者又称为光学式电压/电流互感器(OVT/OCT),其特点是无须向传感装置提供电源。无源互感器主要分为两大类:基于磁光效应的开环互感器MOCT及纯光纤原理的闭环互感器。

(1)法拉第效应原理

电光型电流互感器(OCT)采用了光学测量原理并采用光纤传送数字信号,电光效应的变换器一般采用旋光原理来对电流进行测量,其中应用最多的是法拉第效应。其原理为线性偏振光通过在磁场环境下的介质时,偏振的方向会发生旋转。

(2)赛格奈克效应(Saganec effect)原理

赛格奈克效应揭示了同一个光路两个对向传播光的光程差与其旋转速度的解析关系。

(3)普克尔斯效应(Pockels effect)原理

某些晶体在没有外加电场作用时是各向同性的，而在外加电压作用下，晶体变位各向异性，从而导致其折射率和通过晶体的光偏振态发生变化，产生双折射，一束光变成两束线偏振光，这就是普克尔斯效应，其揭示了晶体折射率是随外加电压呈线性变化的。普克尔效应有两种工作方式：一种是通光方向与被测电场方向重合，称为纵向普克尔效应；另一种是通光方向与被测电场方向垂直，称为横向普克尔效应。

(4)逆压电效应原理

逆压效应是材料所受的机械能和电能转化的一种现象，这是压电材料晶格内原子特殊的排列方式使得它自身内部的应力场与电场耦合的结果。压电效应反映了晶体的弹性性能与介电性能之间的耦合。当在压电晶体上加电场时，晶体不仅要产生极化，还要产生应变和应力，这种由电场产生应变或应力的现象称为逆压电效应。

模块九　计算机及网络设备

一、网络报文分析仪

网络报文记录分析仪是智能变电站通讯记录分析设备，可对网络通信状态进行在线监测，并对网络通信故障及隐患进行告警，有利于及时发现故障点并排查故障，同时能够对网络通信信息进行无损全记录，以便于重现通讯过程及故障；具有故障录波分析功能，当系统故障时，对系统一次电压电流波形以及二次设备的动作行为以 COMTRADE 等标准化格式进行记录，便于事后离线分析。

智能变电站网络分析仪具有以下特点：

(1)透明性监测单向接收报文，不对原有网络发送任何报文，因而不会对原有系统构成任何伤害，安全性极高。

(2)海量信息处理，能够接收并处理整个变电站内大量的不确定的通信报文，处理方式包括报文存储解析、数据在线及离线分析、一次系统工况再现、信息检索及管理等。

(3)精准时标，支持 B 码和简单网络时间协议等多种时钟源对时，能够为每条报文打上高精度时间，可为事故分析的逻辑时序提供依据。

(4)全面支持变电站配置描述文件。SCD 文件全面描述了全站所有设备及其链路关系，结合 SCD 文件来解析通信报文，相当于具备了把计算机语言翻译成人类语言的能力，用肉眼能够看得懂的信息来表现变电站的运行状况，也为技术在数字化变电站的工程应用提供了坚强支撑。

二、交换机

交换机是一种有源的网络元件，交换机连接两个或多个子网，子网本身可由数个网段通过转发器连接而成，智能变电站在功能、电磁兼容、环境温度和机械结构等方面对过程层交换机提出了很高的要求。过程层交换机在强电磁干扰下报文传输可靠性、温度范围、端口配置、吞吐量、存储转发时延、环网自愈时间、组播流量控制和优先级、网络安全控制等方面满足智能变电站过程层的应用需求。

智能变电站过程层交换机要与继电保护同等对待。将交换机的 VLAN 及所属端口多播地址端口列表、优先级描述等配置作为定值管理。

智能变电站交换机主要实现以下功能：

(1)为SV和GOOSE报文提供转发和接收途径。SV和GO发布者/订阅者通过基于VLAN的多播模式和基于MAC多播地址过滤的多播模式实现多数据源向多接受者发送流量大、实时性要求高的数据的要求。

(2)实现智能变电站网络冗余。网络冗余包括链路冗余和设备冗余，链路冗余指交换机冗余，设备冗余主要指装置的网口冗余。

三、光纤

1. 智能变电站的信号由传统变电站的电信号向光信号转变，相应的传输介质也由电缆转变为光纤，光纤具有以下优点：

(1)避免电缆带来电磁干扰，一次设备传输过电压等问题；

(2)带宽宽，并且信号传输可靠性高；

(3)光纤通信回路可在线自检；

(4)数量少，减少安装调试周期，减小维护工作量。

电力系统中常见光纤按传输模式可分为单模光纤和多模光纤，多模光纤的纤芯直径为50～62.5μm，包层外直径125μm，可传输多种模式的光。但其模间色散较大，随着距离的增加色散会更加严重。单模光纤的纤芯直径为8.3～10μm，包层外直径125μm，只能传一种模式的光。其模间色散很小，适用于远程通信。变电站间隔层通信距离一般不超过500m，在数百米的通信距离内多模光纤能传输百兆、千兆以太网，虽然单模光纤在长距离传输时性能优于多模，但在变电站范围内单模、多模均能满足要求，而多模光纤纤芯较粗，施工简单，价格便宜，同时设备间的工作波长一般为850nm，所以变电站内通信均使用多模光纤，而变电站对外通信如保护通道由于需要长距离所以采用多模光纤。

光纤的工作波长有850nm、1310nm和1550nm之分。站内多模光纤一般工作波长为850mm，单模光纤一般工作波长为1310mm。

光纤连接器种类如表1-2所示：

表1-2 光纤连接器种类

连接器型号	描述	外形图	连接器型号	描述	外形图
FC/PC	圆形光纤接头/微凸球面研磨抛光		PC/APC	圆形光纤接头/面呈8°并作微凸球面研磨抛光	

（续表）

连接器型号	描述	外形图	连接器型号	描述	外形图
SC/PC	方形光纤接头/微凸球面研磨抛光	SC/PC	SC/APC	方形光纤接头/面呈 8°并作微凸球面研磨抛光	SC/APC
ST/PC	卡接式圆形光纤接头/微凸球面研磨抛光	ST/PC	ST/APC	卡接式圆形光纤接头/面呈 8°并作微凸球面研磨抛光	ST/APC
MT－RJ	机械式转换一标准插座	MT-RJ	LC/APC	卡接式方形光纤接头/面呈 8°并作微凸球面研磨抛光	LC/PC
E2000/PC	带弹簧闸门卡接式方形光纤接头/微凸球面研磨抛光		E2000/APC	带弹簧闸门卡接式方形光纤接头/面呈 8°并作微凸球面研磨抛光	

2. 光纤跳线。光纤跳线是指两端均装上连接器插头，用来实现光路活动；当只有一端有插头则为尾纤；如外面采用铠装或者其他防护层则为尾缆。

一般单模光纤跳纤为黄色外护套，接头和保护套为蓝色；多模光纤跳纤多为橙色外护套，接头和保护套用米色或者黑色。

3. 光纤(松套管)色谱。光纤松套管中标准光纤色谱如图 1－33 所示。

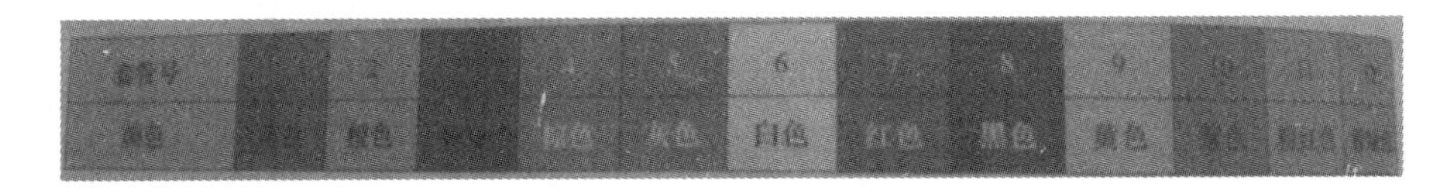

图 1－33　标准光纤色谱

4. 光纤配线架。光纤配线架(ODF)用于光纤通信系统中局端主干光缆的成端和分配，可方便地实现光纤线路的连接、分配和调度。智能变电站光缆取代了控制电缆，二次设备柜上相应配置光缆配线架，一般配置12、24、36、48芯光纤配线架。

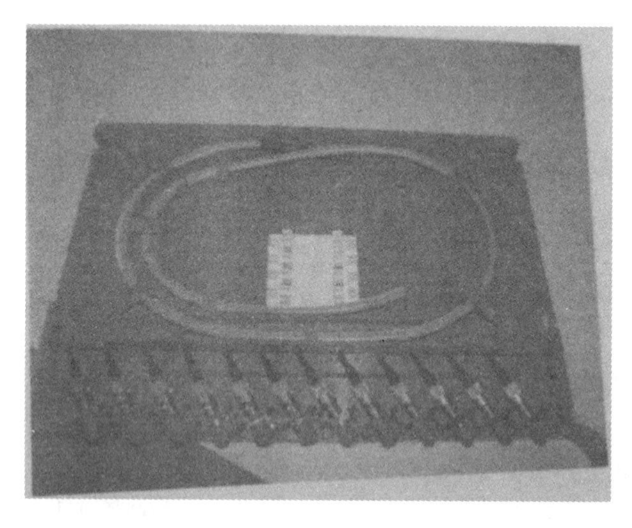

图1-34　光配图

四、一体化信息平台

智能变电站一体化信息平台主要包括设备健康状态监测系统（设备状态可视化）、智能告警与故障自动分析系统和一键式顺序控制系统等高级应用功能，可提升自动化水平，减少运行维护的难度和工作量。

一体化信息平台将相关设备的测量、控制、计量、监测、保护进行一体化融合，可以将智能组件的诊断结果报送（包括主动和应约）到调度系统，使其成为调度决策和高压设备事故预案制定的基础信息之一。智能组件也可以从一体化信息平台获取宿主设备其他状态信息。

一体化信息平台主要包含以下几个功能子系统：

(1)运行监控系统

主要完成测量功能、记录功能、监视功能、控制功能。

(2)智能操作票系统

包含操作票智能开票、操作票三审流程、操作票执行、操作票管理、操作票仿真、人员及权限管理。智能操作票系统中应包括顺序控制系统的应用功能，顺序控制系统的操作应经过智能操作票系统防误校验。

(3)顺序控制

指遵循一定的五防规则实现的现场过程层设备的顺控操作，及操作票的自动顺序的执行。顺序控制的逻辑一般在现场的就地装置上实现，就地装置上可实现各种运行状态的转换和逻辑闭锁功能，即过程层采集，就地判别。监控系统依据装置中定义的顺控逻辑和状态切换条件，预先编辑顺控操作票(包含特定的闭锁条件)。

(4)智能告警与分析系统

主要完成告警信息的分层分类、告警信息结合专家系统形成综合性告警分析结论。

(5)故障信息综合分析决策系统

主要完成综合分析保护事件、相量测量、录波信息等形成故障信息综合分析简报。故障信息简报上远方监控主站。

(6)负荷与无功优化控制

接收调度主站下发的电压或无功指令选择合适的站内调节策略。使用站内的调压或无功投切等手段实现变电站的无功优化控制。

(7)智能巡检系统

利用可见光摄像机和红外热像仪对变电站的一次设备的外观和热缺陷进行检测。运行人员可通过机器人在后台进行设备巡视，可对车体、云台、合位及可见光摄像仪进行手动控制，实现变电站设备巡视的本体操作和远方操作。

遵循 IEC61850 的 IED 设备之间的通信行为可通过 SCL 文件进行配置。智能变电站自动化系统是“三层两网”的基本结构：站控层、间隔层、过程层，站控层网络和过程层网络。站控层与间隔层之间通过站控层网络通信，遵循 MMS 规范；间隔层与间隔层、间隔层与过程层之间通过 GOOSE 协议传输开关量信号，通过 IEC61850－9－2 传输采样值。

MMS 是基于 TCP/IP 的点对点传输协议，通信设备间应首先建立 TCP/IP 链路；GOOSE 和 SV 属于组播(多播)报文，采用发布/订阅机制。其中“发布/订阅”以及 SCL 文件与报文参数的对应关系是本书的重点。

【思考与练习】

1. 智能站“三层两网”中三层是指哪三层？又分别指的哪些智能设备？
2. 智能站对合并单元和智能终端的要求是什么？
3. 电子互感器的优点有哪些？

第二章　智能设备巡视检查

本章共9个模块实训项目内容，重点介绍智能变电站变压器、开关类设备、互感器、避雷器、电容（电抗）器、智能组件设备、继电保护、自动装置和监控装置等设备正常巡视检查和特殊巡视检查以及相关设备的检修后的检查。

模块一　变压器的巡视

一、变压器投运前的检查（检修后的验收检查参照其中相应的部分）

1. 变压器的保护应正常投入，无异常信号。
2. 变压器外观整洁，无异物，各阀门、闷头封闭良好，无渗漏油现象。
3. 分接头实际位置与监控系统显示一致。
4. 主油箱及有载调压油箱油位指示正常。
5. 各侧套管油位正常，瓷套管无异物、无破损。
6. 变压器外壳接地可靠。
7. 瓦斯继电器应充满油，检查有无气体内积。
8. 呼吸器内硅胶未受潮。
9. 变压器的附属设备箱门应关好。
10. 所有接线端头连接良好，导线无抛股现象。

二、变压器的定期巡视检查项目

1. 变压器本体

（1）油温计指示正确，可以手触摸油箱外壳温度加以判断或用其他温度计加以比较并检查表计中有无潮气。

（2）检查油位是否正常，应根据油位与油温的对应关系相比较，同时应根据近期的记录分析有无突变现象。

（3）检查油箱法兰，各阀门、闷头、瓦斯继电器的连接油管等有无渗漏油。

(4)瓦斯继电器应充满油,检查有无气体内集。

(5)检查正常的情况下,是否有不正常声音和振动。

(6)检查接头有无松动及发热现象。

(7)变压器的附属设备箱门应关好。

2. 套管

(1)检查各侧套管油位窗、小线端子、闷头、法兰等处有无渗漏油。

(2)检查套管表面污染情况、有无破损和裂纹及放电声。

(3)吸湿器完好,吸附剂应干燥,硅胶潮解变色不应超过总量的2/3。

三、下列情况下运行人员应对变压器进行特殊巡视

1. 短路故障后:检查有关设备、接头有无异常;

2. 过负荷运行:此时应特别监视温度、负荷、油位变化,接头发热情况;

3. 大雾天气:检查瓷套管有无放电打火现象,重点监视污秽瓷质部分。

四、变压器运行中的注意事项

1. 对运行中的变压器进行采样放油工作时,须持有工作票,经值班人员许可后方可进行。

2. 变压器正常运行时,本体油箱重瓦斯和有载调压开关重瓦斯保护均应投跳闸。

3. 对运行中的变压器进行添加油、放油调整油位及呼吸器硅胶的调换工作,事先须将本体油箱或有载调压的重瓦斯保护由跳闸改投信号。

4. 对停役的变压器有换油工作时,应在投运时,将本体油箱或有载调压的重瓦斯投信号,观察24小时无异常后方可投跳闸。

5. 变压器原则上不能过负荷运行,但也可以在正常和事故情况下过负荷运行,过负荷时应及时汇报调度,运行中要加强监视。

模块二 开关类设备的巡视

一、SF_6 断路器的正常巡视检查项目

(1)标志牌名称、编号齐全、完好。

(2)测控及保护装置信号灯的指示与断路器的实际位置相符。

(3)分、合闸指示器应与断路器的位置相符。

(4)SF_6 断路器气体压力正常、无泄漏,定时记录 SF_6 气体压力和环境温度。

(5)断路器各连杆、传动机构无弯曲、变形、锈蚀,轴销齐全。

(6)断路器软连接及各导流压连接点压接良好,无过热变色、断股现象,防雨帽无鸟窝。

(7)断路器在运行、备用状态,弹簧操动机构合闸弹簧应储能,储能电动机的电源送上。

(8)套管瓷瓶完好,无污损、裂纹、损伤,无放电声和电晕。

(9)机构箱、端子箱封闭良好,关闭严密,无凝露现象。加热器投入使用时机构箱内温度正常,无异味。SF_6 断路器的加热器应长期投入。

(10)断路器机构箱、端子箱内各开关应完好、名称标志齐全且均在正常状态,控制、信号电源正常,无异常信号发出。

(11)接地螺栓压接良好,无锈蚀。

(12)基础无下沉、倾斜。

二、断路器跳闸后的巡视项目

(1)断路器的瓷套表面等应完好;

(2)断路器的 SF_6 表压应无异常升高;

(3)检查断路器三相是否全部断开;

(4)现场检查有无异味,断路器内部有无异声;

(5)检查断路器额定短路电流下开断次数是否达到规定次数。

三、特殊巡视检查项目

(1)新设备投运的巡视检查,周期应相对缩短。投运 72 小时以后转入正常巡视。

（2）遇有下列情况，应对设备进行特殊巡视：

设备负荷有显著增加时；设备经过检修、改造或长期停用后重新投入系统运行；设备缺陷近期有发展；恶劣气候、事故跳闸和设备运行中发现可疑现象；法定节假日及重大保电任务期间。

（3）大风天气：检查引线摆动情况及有无搭挂物。

（4）雷雨天气：检查瓷套管有无放电闪络现象。

（5）大雾天气：检查瓷套管有无放电、打火现象，重点监视污秽瓷质部分。

（6）大雪天气：根据积雪融化情况，检查接头发热部位，及时处理悬冰。

（7）节假日：监视负荷及增加巡视次数。

（8）高峰负荷期间：增加巡视次数、监视设备温度，触头、引线接头，特别是限流元件接头有无过热现象，设备有无异常声响。

（9）事故跳闸后：运行断路器在切断故障短路电流后应进行外部检查，SF_6气体压力是否正常，周围是否有异味，瓷瓶有无烧伤闪络、断裂等异常现象。

（10）断路器重合闸后：检查断路器位置是够正确，动作是否到位，有无不正常音响或者气味。

（11）根据需要进行夜间闭灯巡视。

四、SF_6 断路器的维护

（1）SF_6 断路器在正常运行条件下免于维护。

（2）应定期打扫断路器操作机构箱和端子箱。

（3）断路器在空载时可进行 6000 次操作。

（4）在正常运行条件下，开断元件的电气寿命在额定电流或低于额定电流时可进行 3000 次操作或 12 年之后必须停止运行并隔离，不需打开气室进行常规检查。

（5）进行 6000 次操作或 24 年之后必须停止运行并隔离，需要打开气室进行重点检查。

（6）在达到允许的故障开断次数后，将进行触头系统的检查。断路器的外部检查应每十年进行一次。是否需要维护取决于例行检查试验结果。值班员统计开断故障电流次数只作为是否需要检修的参考依据。

五、35kV 开关柜运行巡视检查

（1）分、合指示器指示正确，应与实际运行方式相符。

（2）柜内无异音及放电声。

（3）气温变化时，通过面板检查加热器投停运行是否正常；检查机构时特别注意,不能使操作箱受到振动,在非紧急情况下,严禁触动紧急跳闸机构。

(4)开关柜保护装置是否出现异常信号,GOOSE 网络是否运行正常。

检查操作箱时应特别注意:

(1)不能使操作箱受到振动;

(2)严禁触动紧急跳闸机构。

检修后的断路器应做以下检查:

(1)先手动合闸,检查机构和断路器的分合情况,正确动作后用电动试合2～3 次;

(2)断路器的箱盖密封是否严密;

(3)操作机构箱密封应良好,传动机构无变形,各连接处螺丝、销子应销完好;

(4)机构指示器位置、信号指示灯与断路器状态是否良好;

(5)辅助接点接触器等动作是否正确,接触是否良好;

(6)审阅有关检查、试验记录是否合格。

六、隔离开关运行巡视检查

(1)闭锁装置应完好,检查隔离开关的实际位置与后台监控指示位置是否相符。

(2)在合闸过程中,触头合闸以及凹凸触头相互咬合的动作是否正确。

(3)隔离开关的支持瓷瓶应清洁无破损,无损伤放电现象。

(4)动、静触头接触良好,无过热、变色、移位等现象。

(5)传动连杆、拐臂连杆无弯曲,连接无松动、无锈蚀,开口销齐全;轴销无变位脱落、无锈蚀、润滑良好;金属部件无锈蚀。

(6)接地刀闸位置正确,弹簧无断股、闭锁良好,接地杆的高度不超过规定数值;接地引下线完整可靠接地,应有明显的接地点,且标志色醒目。螺栓压接良好,无锈蚀。

(7)注意检查操作机构底部的永久密封齿轮减速器有无油滴。

七、隔离开关的特殊巡视

遇到下列情况需要进行特巡:

(1)设备负荷有显著增加,隔离开关有发热现象时;

(2)设备经过检修、改造或长期停用后重新投入系统运行;

(3)系统遭受到冲击时;

(4)恶劣气候、事故跳闸和设备运行中发现可疑现象;

(5)有接地故障时；

(6)法定节假日和上级通知有重要供电任务期间。

特巡项目：

(1)大风天气：引线摆动情况及有无搭挂杂物；

(2)雷雨天气：瓷瓶套管有无开裂及放电痕迹；

(3)大雾天气：瓷瓶套管有无放电、打火现象，重点监视污秽瓷质部分；

(4)大雪天气：根据积雪融化情况，检查接头发热部位，及时处理悬冰；

(5)节假日时：监视负荷及增加巡视次数；

(6)高峰负荷期间：增加巡视次数，监视设备温度，触头、引线接头，特别是限流元件接头有无过热现象，设备有无异常声音；

(7)夜间熄灯巡视时：检查设备有无电晕、放电，接头有无过热现象。

模块三　互感器巡视

一、电压互感器的正常运行巡视检查

(1)电压互感器二次侧严禁短路运行,二次侧有且只有一点可靠接地,不得长期过电压运行,禁止用闸刀拉合故障的电压互感器。

(2)电压互感器有焦臭味或冒烟等严重缺陷时,不准将故障压变与正常运行的压变在二次回路上进行并列。另外,故障压变所在母线的母差保护无须停用。

(3)电压互感器发生严重故障或 35kV 系统有接地指示时,禁止操作相应的电压互感器。

电压互感器停用或检修时应拉开二次空气开关,以防止反送电;电压互感器不得长期过电压运行,禁止用闸刀拉合故障的电压互感器。

(4)电压互感器的瓷套应清洁,无破损、无裂纹和放电痕迹。

(5)电压互感器的引线接头连接牢固,无发热、抛股和断线现象;电压互感器内部运行声音正常,无放电及其他杂音;电压互感器二次端子箱关闭紧密,无漏水及锈蚀现象。

(6)电压互感器二次端子箱内二次小开关状态随运行方式改变而改变,当线路在冷备用状态时,线路压变应在停用状态。母线压变状态随母线运行方式改变而改变。母线在运行或热备用状态时,母线压变要在运行状态。当母线在冷备用时,母线压变应在冷备用状态(即压变高压侧闸刀拉开,二次侧空气小开关均断开)。

(7)电压互感器的运行状态有运行、冷备用与检修三种方式。投入时:先合一次高压侧闸刀,后合二次侧空气小开关。停用时:先分开二次侧空气小开关,再拉开一次高压侧闸刀。

二、电流互感器正常巡视检查项目

(1)运行中的电流互感器二次侧回路不得开路,不得过负荷运行;

(2)运行中的电流互感器二次侧只允许一处接地;

(3)在电流互感器二次回路工作时,电流互感器二次必须可靠短路连接并接地;

(4)检查接头有无过热,有无异常声响;

(5)检查瓷套管是否清洁,有无破损、裂纹及放电痕迹;

(6)检查一次引线和二次端子是否压接良好,有无发热冒火现象;

(7)检查 SF_6 是否在标准值左右,气压有无变化;

(8)检查电流互感器本体有无漏气现象;

(9)电流互感器端子箱是否清洁,二次端子是否接触良好,有无开路、放电或打火现象;

(10)接地线是否良好,有无松动及断裂现象。

模块四　避雷器巡视

1. 瓷瓶是否清洁，应无裂纹、破损及放电痕迹。

2. 避雷器上部引线及接地引下线压接是否良好，应无抛股、断股、锈蚀。

3. 避雷器内部有无异响。

4. 均压环有无松动，有无锈蚀，计数器和在线监测仪应完好无损。

5. 每月定期两次，或雷雨天气后，应抄录避雷器在线监测仪显示的电导电流，注意分析电导电流指示有无异常：三相电导电流是否有较大差值，或者与最近记录的数值相比是否有较大差异。发现异常及时上报工区技术专职，要求检修专业人员核准检查。

模块五　电容器、电抗器巡视检查

电容器、电抗器巡视项目:

(1)检查瓷绝缘有无破损裂纹、放电痕迹,表面是否清洁。

(2)母线及引线是否过紧过松,设备连接处有无松动、过热。

(3)设备外表涂漆是否变色、变形,外壳无鼓肚、膨胀变形,接缝无开裂、渗漏油现象,内部无异声。外壳温度不超过 50℃。

(4)电容器编号正确,各接头无发热现象。

(5)熔断器、放电回路完好,检查接地装置、放电回路是否完好,接地引线有无严重锈蚀、断股,熔断器、放电回路及指示灯是否完好。

(6)电抗器附近无磁性杂物存在;油漆无脱落、线圈无变形;无放电及焦味。

(7)电缆挂牌是否齐全完整,内容正确,字迹清楚。检查电缆外皮有无损伤,支撑是否牢固,电缆和电缆头有无渗油漏胶、发热放电,有无火花放电等现象。

模块六　智能组件巡视检查

一、合并单元

(1)合并单元汇控箱内封堵良好,热交换器运行应正常,光纤连接正确、牢固,无光纤破损、光纤转弯平缓无折角和弯折,光纤盒无松动,检查光纤接头(含光纤配线架侧)完全旋进或插牢,无虚接现象,检查光纤标记号是否正确,网线接口是否可靠,备用光口防尘帽无破损、脱落,密封良好。

(2)装置外观正常无损,无异常发热,各指示灯指示正常,装置运行灯、采样异常灯、通道状态灯、GOOSE通信灯、对时同步灯、LED指示灯指示正常,电压切换指示灯与实际隔离开关运行位置指示一致,其他信号灯应熄灭。

(3)正常运行时,应检查合并单元检修压板在退出位置,只有该间隔停运检修时才根据现场需要投入该压板,恢复送电前应及时停用合并单元检修压板,并做好压板投切记录。

(4)双母线接线,双套配置的母线电压合并单元并列把手应保持一致,且电压并列把手位置应与监控系统显示一致。

(5)母线合并单元,母线隔离开关位置指示灯指示正确。

(6)合并单元不带金属部分应在电气上连成一体,具备可靠接地端子,并应有相应的标示。

1. 运行注意事项

(1)正常运行时,运维人员严禁投入检修压板和断开合并单元电源。

(2)合并单元检修试验,对于合并单元检修,当对应的一次设备停电检修时,电子式互感器合并单元检修策略和模拟量输入式合并单元一致。

(3)电子式互感器合并单元的检修,均应汇报调度,停用对应的一次设备,然后可以参照模拟量输入式合并单元的检修方法进行。

(4)一次设备运行时,严禁将合并单元退出运行,否则将造成相应电压、电流采用数据丢失,引起保护误动或闭锁。

2. 合并单元检修后验收事项

(1)设备外观正常,无异常、异味,合并单元面板上各指示正常,无告警。

(2)备用芯和备用光口防尘帽无破裂、脱落,密封良好。

(3)设备投运前,确认合并单元检修压板在退出位置。

(4)合并单元同步对时无异常。

(5)双母线接线，双套配置的母线电压合并单元并列把手应保持一致，且电压并列把手位置应与监控系统显示一致。

(6)模拟量输入式合并单元输入侧的电流、电压二次回路断开的连片已恢复，且与停电前一致。

(7)对应保护装置(主变、线路、断路器保护、母线保护等)、测控装置、网络报文分析仪、故障录波器采样正常，差动保护(母线保护、变压器保护、线路保护等)无差流。

二、智能终端

(1)智能终端汇控箱内封堵良好，热交换器运行应正常，光纤连接正确、牢固，无光纤破损、光纤转弯平缓无折角和弯折，光纤盒无松动，检查光纤接头(含光纤配线架侧)是否完全旋进或插牢，无虚接现象，检查光纤标记号是否正确，网线接口是否可靠，备用光口防尘帽无破损、脱落，密封良好。

(2)智能终端前面板断路器、隔离开关位置指示灯与实际状态一致。

(3)正常运行时，应检查智能终端检修压板在退出位置，只有该间隔停运检修时才根据现场需要投入该压板，恢复送电前应及时停用智能终端检修压板，并做好压板投切记录。

(4)装置上硬压板及转换开关位置应与运行要求一致，闲置及备用压板已退出。

(5)正常运行时，主变压器本体智能终端、非电量保护功能压板、非电量保护跳闸压板应投入位置。

(6)屏柜二次电缆接线正确，端子接触良好，编号清楚、正确。

1. 运行注意事项

(1)正常运行时，运维人员严禁投入检修压板和断开智能终端电源。

(2)智能终端退出运行时，对应的测控和保护跳闸不能出口，正常运行时，对应的跳闸出口压板应投入位置。

2. 智能终端检修后验收事项

(1)设备外观正常，无异常、异味，智能终端面板上各指示正常，无告警。

(2)智能终端硬压板位置正确，设备转运行前，确认智能终端检修压板在退出位置。

(3)智能终端同步对时无异常。

(4)断路器分、合闸位置，隔离开关、接地刀闸位置及信号与一次状态均指示正确。

(5)检修中，涉及的二次线缆和光纤已恢复，与停电检修前一致。

(6)备用芯和备用光口防尘帽无破裂、脱落,密封良好。

三、智能组件柜

(1)智能控制柜柜门密封良好,柜内无尘土,接线无松动、断裂,光缆无脱落,锁具、铰链、外壳防护及防雨设施良好,无进水受潮,通风顺畅。

(2)检查柜内应整洁、美观,各焊接口应无缝裂,柜内安装的非金属材料应无脱落、空洞等缺陷,设备状态正常,无告警及异常,无过热现象。

(3)汇控柜断路器、隔离开关位置指示与一次设备状态一致。

(4)检查柜内的操作切换把手与实际运行位置相符,控制、电源开关位置正常,连锁位置指示正常。

(5)智能组件柜应对柜内温度、湿度具有自主调节功能,使最低温度保持在−10℃以上,最高温度不超过55℃,湿度保持在90%以下,柜内应无凝露和结冰,温湿度显示与后台显示一致。

(6)柜内应配线及电缆进线固定是否牢固、密封圈密封是否良好,光缆与电缆分开布置并保证光缆弯曲半径不小于50mm。

1. 运行注意事项

(1)定期检查柜内二次设备,清扫二次设备时注意不得造成柜内二次设备的电源失电。

(2)正常运行时不得插拔柜内IED设备上的光纤和网线。

(3)根据季节温度变化,应检查智能控制柜柜内温度是否正常,温湿度控制系统工作是否正常,高温及恶劣天气、大负荷时应增加户外智能控制柜的巡视次数。

2. 检修后验收检查

(1)智能组件结构各结合及门的缝隙均称,门的开启、关闭应灵活自如,在规定的运动范围之类不应与其他零件碰撞或摩擦,门锁应可靠,门的开启角度应不小于120°。

(2)智能控制柜中至少配置两套加热器,一套用于驱潮,一套用于温度控制,温湿度控制装置运行应正常,加热器回路断线时,应有告警指示。

(3)智能控制柜中的环境温湿度数据上传正确。

(4)汇控柜的一次设备状态显示与实际设备运行方式一致,防误闭锁装置应完好。

(5)智能控制柜内设备接线无异常、无尘土、封堵良好,现场无遗留杂物,所设的临时设施均已拆除,永久设备也已恢复。

(6)检查光纤熔接盒稳固,光纤引出、引入口应可靠连接,光纤应无打折、破损现象。

(7)对于双层结构柜体,外壁宜上下不封口,形成自然风冷通道。

(8)柜内应设有照明设施,在不中断设备正常运行的情况下应便于更换照明设备。

(9)柜上的压板、把手按钮、尾纤、光缆、网线等各类标志应正确完整清晰,并与图纸和运行规程相符。

(10)智能汇控柜柜体框架和可拆卸门等部件均应有专门接地点,以保证可靠接地。

模块七　继电保护巡查

一、变压器保护

(1)外观检查,无异常发热,电源及各种指示灯正常,无告警。

(2)面板液晶显示循环采用值显示正确;高、中、低压侧电压,零序电压,相电流;高、中压侧直接(间隙)零序电流;公共绕组相电流、零序电流;差流(不大于100mA)、定值区、时钟对时均正确。

(3)保护正常运行时压板投退状态正确。

监控界面软压板:各侧电压SV接收、各侧电流SV接收、差动及后备保护(高、中、低)各侧电压投入、失灵联跳开入、跳各侧断路器GOOSE出口、跳各侧母联GOOSE出口、闭锁备自投、启动失灵、解除复压闭锁、远方投退、远方切换定值区、时钟对时均正确。

保护屏硬压板:远方控制投入应在投入状态、装置检修应在退出状态。

运行注意事项如下:

(1)主变检修时,若保护专业有工作内容应退出SV接收、启动失灵、解除母差复合电压及GOOSE出口压板。

(2)巡视中发现差流明显过大,应及时汇报相关保护人员,必要时转移负荷,停电检查。

二、母线保护

(1)外观正常,无异常发热现象,电源及各种指示灯正常,无告警。

(2)面板循环显示应正常。

(3)各母线电压;各间隔电流;各间隔闸刀位置;大差电流、各母线小差电流(不大于100mA)、定值区、时钟对时均正确。

(4)保护正常运行时压板投退状态正确。

监控界面软压板:各母电压SV接收、各间隔(支路)电流SV接收、差动保护、失灵保护、各间隔GOOSE跳闸出口、GOOSE接收、远方投退、远方切换定值区、远方修改定值、支路n1G强制合、支路n2G强制合、母线互联、母联分列等软压板投退正确。

注意事项如下:

(1)进行母线倒闸操作时,每一项操作后应对隔离开关开入告警信息复归,如刀闸开入信息不能复归应停止操作,在母差间隔界面将隔离开关位置强制,汇报调度，告知检修人员。

（2）双母线接线倒母线前，应投入母线互联软压板，并拉开母联开关的智能终端操作电源，确保母联开关在合位，倒母线操作结束后，投入母联开关的智能终端操作电源，退出母线互联软压板。

（3）双母线分列运行，应投入母差保护“母联分列软压板”，该压板应在母联开关分闸后投入，在母联开关合闸前退出。

（4）停用母差保护时，应先停用所有支路的跳闸及 GOOSE 失灵发送软压板，母差保护投入运行，操作顺序与上述相反（失灵保护与母差保护共用出口，当母差保护退出时，失灵保护同时退出）。

（5）单个间隔停电检修，应将母差保护装置中对应间隔（支路）的电流“SV 接收”“GOOSE 跳闸出口”“启动失灵开入”软压板退出。

（6）双母线运行，母线 PT 停电前，应将停电母线 PT 并列开关切换至另一母线运行，强制使用运行母线 PT 二次电压。

三、母联（分段）保护

（1）外观正常，无异常发热，电源及各种指示灯正常，无告警。

（2）面板循环显示应正确；电流、定值区、时钟对时均正确。

（3）保护正常运行时压板投退状态正确。

a. 监控界面软压板：充电保护、启动失灵、GOOSE 跳闸出口、母联电流 SV 接收、远方投退、远方切换定值区、远方修改定值等软压板投退正确。

b. 保护屏硬压板：远方控制投入应在投入状态；装置检修应在退出状态。

运行注意事项如下：

（1）母联（分段）开关智能终端没有跳闸出口压板，母联（分段）保护、变压器后备保护、母差保护、失灵保护均通过此出口压板跳闸，正常运行时应投入。

（2）正常运行时，母联（分段）充电保护、独立过流保护软压板应退出。

四、线路保护

（1）外观正常，无异常发热，电源及各种指示灯正常，无告警。

（2）面板循环显示应正确；电压、相电流、差流、定值区、重合闸充电状态显示、通道状态显示、时钟对时均正确。

（3）保护正常运行时压板投退状态正确。

a. 监控界面软压板：电压 SV 接收、电流 SV 接收、纵联/差动保护、跳断路器 GOOSE 出口，启动失灵 GOOSE 出口、闭锁重合闸 GOOSE 出口远方投退、远方切换定值区、远方投退、远方切换定值区、远方修改定值等软压板投退正确。

b. 保护屏硬压板：远方控制投入应在投入状态；装置检修应在退出状态。

运行注意事项如下：

(1)线路检修转运行前，线路纵联/差点保护投入时，必须检查保护通道应正常，方可将两侧纵联保护投入，若保护通道异常应汇报调度和通信人员处理。

(2)线路开关由检修转运行前，若有保护试验工作，必须检查核对线路保护定值，保护软压板投入应正常。

(3)线路开关由检修转运行后，检查重合闸指示应正常。

五、电容器保护

(1)外观正常，无异常发热，电源及各种指示灯正常，无告警。

(2)面板循环显示应正确；相电压、相电流、差流、定值区、重合闸充电状态显示、通道状态显示、时钟对时均正确。

注意事项如下：

(1)电容器分组应根据其运行容量的不同，正确切换对应的保护定值。

(2)当电容器保护停用时，应退出电容器，保护跳闸 GOOSE 出口软压板。

六、电抗器保护

(1)外观正常，无异常发热，电源及各种指示灯正常，无告警。

(2)面板循环显示应正确；电压、电流、定值区应正确。

(3)保护正常运行时应使用正确。

(4)监控界面软压板：SV 电压电流接收、电压保护、电流保护、GOOSE 跳闸出口、远方投退、远方切换定值区、远方修改定值等软压板投切正确。

(5)保护硬压板：远方控制投入应在投入状态；装置检修应在退出状态。

注意事项如下：

(1)电抗器分组应根据其运行容量的不同，正确切换对应的保护定值。

(2)当电抗器保护停用时，应退出电容器，保护跳闸 GOOSE 出口软压板。

七、站用变压器保护

(1)外观正常，无异常发热，电源及各种指示灯正常，无告警。

(2)面板循环显示应正确。

(3)保护正常运行时应使用正确。

(4)监控界面软压板：SV 电压电流接收、电压保护、电流保护、GOOSE 跳闸出口、远方投退、远方切换定值区、远方修改定值等软压板投切正确。

(5)保护硬压板：远方控制投入应在投入状态，装置检修应在退出状态。

模块八　安全自动装置巡查

一、低频低压减载

1. 外观正常，无异常发热，电源及各种指示灯正常，无告警。

2. 面板循环显示应正确。

3. 保护正常运行时应使用正确。

4. 监控界面软压板：SV 电压电流接收、电压保护、电流保护、GOOSE 跳闸出口、远方投退、远方切换定值区、远方修改定值等软压板投切正确。

5. 保护硬压板：远方控制投入应在投入状态；装置检修应在退出状态。

二、故障信息管理子站

1. 外观正常，无异常发热、屏幕显示正常，与主站通讯正常。

2. 运行灯常亮，接口指示灯长亮且闪烁，无任何报警灯点亮。

3. 继电保护工程师站主机电源指示正常，显示器电源指示正常。

模块九　监控设备巡查

一、监控主机

1. 监控主设备信息一致，主要包括图形、告警信息、潮流、历史曲线等信息。

2. 在监控主机网络通信状态拓扑图中检查站控层网络、GOOSE 链路、SV 链路通讯状态。

3. 监控主机遥测遥信信息实时性和准确性。

4. 监控主机工作正常，无通信中断、死机、异音、过热、黑屏等异常现象。

5. 监控主机同步对时正常。

二、测控装置

1. 检查装置外观无异常，装置指示灯、液晶面板显示内容正确。

2. 检查正常运行时硬压板及软压板投退正确。

3. 备用光口及尾纤有防尘措施。

4. 屏柜内无异物，各端子接线无松动现象。

三、网络交换机

1. 交换机正常工作时运行灯（RUN）常亮，PWR1、PWR2 灯常亮，有光纤网线接入的端口，前面板上其对应的指示灯：LINK 常亮，ACT 灯闪烁，其他灯网线熄灭。

2. 如果告警灯亮，需要检查跟本交换机相连的所有保护、测控、电度表、合并单元、智能终端等装置光纤是否完好，通讯是否正常，后台是否有其他告警信息。如果不正常，通知检修人员处理。

3. 交换机每个端口所接光纤（或网线）的标示应该完备。

4. 交换机不带电金属部分应在电气上连成一体，具备可靠接地端子，并应有相应的标识。

5. 检查监控系统中变电站网络通信状态。

6. 使用网络报文分析仪检查网络中 IED 设备的通信状态。

7. 检查交换机散热情况，确保交换机不过热运行。

四、网络报文分析仪

1. 外观正常，液晶显示画面正常，空开都应在合位，无异常发热，电源及网络报文记录装置上运行灯、对时灯、硬盘灯正常，无告警。

2. 正常运行时，能够运行变电站网络通信状态的在线监测和状态评估功能，并能实时显示动态 SV 数据和 GOOSE 开关量信息。

3. 网络报文记录装置光口所接光纤的标签、标识应完备。

4. 定期检查网络报文分析仪的报文记录功能。

五、数据通信网关机

1. 数据通信网关机装置正常工作时，电源状态指示灯、时钟同步指示灯、故障指示灯和时间信息显示正确。

2. 数据通信网关机与主站网络通信正常，无异常告警信号。

【思考与练习】

1. 变压器特殊巡视项目的内容有哪些？

2. 智能终端检修后巡查内容有哪些？

3. 线路保护正常巡视有哪些项目内容？

第三章　智能设备监控运维

本章共4个模块实训项目内容，通过介绍智能变电站一体化监控系统，了解目前调控中心运用中的OPEN3000和D5000系统，按照不同保护厂家制定相应的信息模板，规范四遥信息，通过要点介绍，掌握监控信息分类标准和典型监控信息表。

模块一　智能自动化系统

一、智能变电站一体化监控系统功能概述

智能变电站是智能电网的重要环节，一体化监控系统是智能电网调度控制和生产管理的基础，智能变电站自动化由一体化监控系统和输变电设备状态监测、辅助设备、时钟同步、计量等共同构成。一体化监控系统纵向贯通调度、生产等主站系统，横向联通变电站内各自动化设备，是智能变电站自动化的核心部分。

智能变电站一体化监控系统可分为安全Ⅰ区和安全Ⅱ区。

1. 在安全Ⅰ区中，监控主机采集电网运行和设备工况等实时数据，经过分析和处理后进行统一展示，并将数据存入历史数据服务器。Ⅰ区数据通信网关机通过直采直送的方式实现与调度（调控）中心的实时数据传输，并提供运行数据浏览服务。

2. 在安全Ⅱ区中，综合应用服务器与输变电设备状态监测和辅助设备进行通信，采集电源、计量、消防、安防、环境监测等信息，经过分析和处理后进行可视化展示，并将数据存入数据服务器。Ⅱ区数据通信网关机通过防火墙从数据服务器获取Ⅱ区数据和模型等信息，与调度（调控）中心进行信息交互，提供信息查询和远程浏览服务。

3. 综合应用服务器通过正反向隔离装置向Ⅲ/Ⅳ区数据通信网关机发布信息，并由Ⅲ/Ⅳ区数据通信网关机传输给其他主站系统。

4. 数据服务器存储变电站模型、图形和操作记录、告警信息、在线监测、故障波形等历史数据，为各类应用提供数据查询和访问服务。

5. 计划管理终端实现调度计划、检修工作票、保护定值单的管理等功能。视频可通过综合数据网通道向视频主站传送图像信息。

二、电网调度监控自动化系统

调度自动化系统是指利用计算机、远动、通信等技术实现调度自动化功能的综合系统，主要包括电力系统数据采集与监控系统(SCADA 系统)，调度自动化系统一般分为厂站端和主站端，主站端安装于调度侧，厂站端位于发电厂侧或变电站节点处，目前大部分地市采用的是 OPEN3000 和 D5000 系统。

1. OPEN3000 系统的体系结构

OPEN3000 系统有硬件层、操作系统层、支撑平台层和应用层共四个层次(图 3-1)。

硬件层包括 ALPHA、IBM、SUN、HP 和 PC 等各种硬件设备，操作系统层包括 Tru64 UNIX、IBM AIX、SUN Solaris、HP-UX 和各种 WINDOWS 操作系统。SCADA 服务器、历史数据服务器、安全 III 区 WEB 服务器采用的是 IBM p560Q；数据采集服务器、PAS 服务器、横向通讯服务器、DTS 服务器、DTS WEB 服务器采用的是 IBM p55A；报表服务器采用的是 HPPC 机，此外还有 8 台 IBM 285 的工作站。

操作系统除两台报表服务器为 WINDOWS 外，其余全部为 AIX 和 LINUX。

支撑平台分为集成总线层、数据总线层、公共服务层等三层，集成总线层提供各公共服务元素、各应用系统以及第三方软件之间规范化的交互机制，数据总线层为它们提供适当的数据访问服务，公共服务层为各应用系统实现其应用功能提供各种服务，比如图形界面、告警服务等。

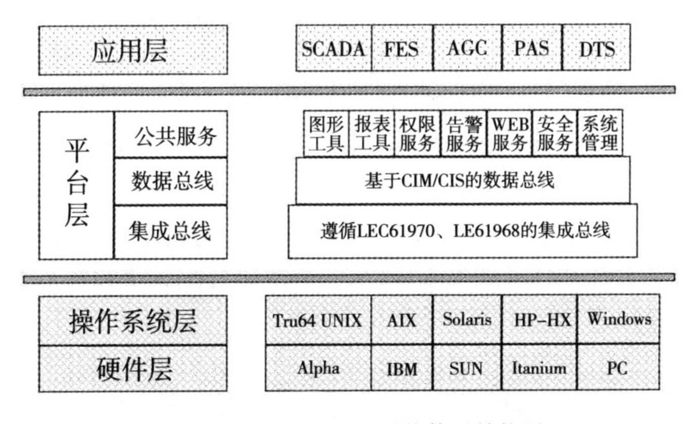

图 3-1　OPEN3000 系统体系结构图

集成总线层遵循 IEC61970、IEC61968 等开放性的国际标准，提供公共服务、各应用系统以及第三方软件之间规范化的交互机制，是系统内部以及与第三方软件之间的集成基础。

数据总线层由实时数据库、商用数据库以及相应的数据访问中间件等构成。商用数据库具有可靠性高、容量大、接口标准、安全性好等特点。依托底层的集成总线层构成的分布式实时数据库，保证了实时数据的同步。

OPEN3000 系统设计时对各应用的需求进行了分析、归纳、总结，从而设计出满足各种应用需求的公共服务层、报表工具、权限服务、告警服务、WEB 服务和系统管理等。

2. OPEN3000 系统的逻辑结构

OPEN3000 系统从系统的组成来看，分为调度自动化子系统（SCADA）、远程工作站子系统、调度员培训仿真子系统（DTS）、实时数据采集子系统和外网部分。

系统的网络结构采用分布式开放千兆局域网交换技术，双冗余配置，由 1000M 后台交换机、1000M 数据采集交换机、1000M 安全Ⅱ区 DTS 交换机及安全Ⅲ区 1000M 交换机组成。SCADA 服务器、历史数据服务器、数据采集服务器、PAS 服务器、无功优化系统服务器、GPS 对时装置、认证密码机、网络打印机、正反向物理隔离装置、防火墙等接入后台交换机，远程工作站通过电力光纤通信网接入后台局域网交换机。

调度员工作站、监控员工作站、维护工作站、PAS 工作站、报表工作站、运方工作站、远程登录工作站、大屏幕控制器接入后台交换机。

数据采集服务器配置 4 块网卡，分别接入后台交换机、数据采集交换机和与配网主站系统相连的交换机，实时数据采集的终端服务器、天文钟、调度数据网接入数据采集交换机；DTS 服务器、DTS WEB 服务器、DTS 工作站接入安全区Ⅱ区 DTS 交换机、实时 WEB 服务器、正反向物理隔离装置等接入 III 区交换机千兆口，WEB 服务器、物理隔离、防火墙、路由器构成对外信息交换的途径。

3. OPEN3000 系统的应用

(1)实时越限报警统计

能够提供当日 0 点到目前正在观察时刻的时间段内曾经越限的统计数据（包括越限设备名称、限值、越限累计时间、越限时的最大值数据）；实时越限统计数据（包括越限设备名称、限值、越限值数据等）。

(2)线路所在厂站查询

提供名称查询功能，既可以通过厂站名查询所有进出线线路，也可以通过线路名称查询所在厂站并可快速调出厂站接线图，提高了调度员的工作效率。

(3)事故追忆与反演

事故追忆(PDR)是 SCADA 应用的一项重要功能。OPEN3000 系统具备全部采集数据(模拟量、开关量等)的追忆能力,可以全方位地记录、保存电网的事故状态,并且能够真实、完整地反演电网的事故过程,即使电网模型已经发生了很大的变化,也能够真实地反映当时的情况。PDR 重演不仅逼真再现当时的电网模型与运行方式,而且具有实时运行时的全部特征,包括告警信息的显示、语音、推画面等,并可在此基础上进行网络分析(如状态估计、调度员潮流等),所以称为全景 PDR。PDR 功能的改进方便了调度员对电网历史状态的查询,为事故后的分析提供了可靠的数据。

(4)光字牌

信号按照所在间隔进行分类,将间隔的状态用光字牌表示出来,可以点击间隔进入间隔页面查看相应间隔所包含的信号,可以尽快地进入到有问题的位置或想到达的位置。

(5)告警服务

运行人员注意的报警事件处理,包括电力系统运行状态发生变化、未来系统的预测、设备监视与控制、调度员的操作记录等发生的所有报警事件处理。根据不同的需要,报警应分为不同的类型,并提供推画面、音响、语音、打印等多种报警方式。报警处理接收各类报警,把报警存入商用库中,供报警检索查询工具或其他系统访问使用。过去 OPEN2000 系统的告警服务非常简单,所有遥信信号没有分类地不断在告警窗刷新,其中包括很多误发信号,使监控人员把精力浪费在对数以千计的各类信号鉴别上,很容易漏掉真正需要注意的信息。OPEN3000 系统对此做了改进,将信号按照其重要程度分类,如一般性信号、告警性信号、事故性信号,方便监控人员对各类信号进行分类检查,确保了不会漏查,大大提高了工作效率。

(6)告警抑制

在系统的运行过程中,由于设备因素,难免出现误发信号、频发信号的情况,在新厂站调试阶段,告警窗也会出现大量信号,因此 OPEN3000 系统里加入了告警抑制的双标签,即在厂站接线图上勾选告警抑制后,可以在告警窗选择是否抑制。

4. Web 浏览及报表子系统

(1)加强了 Web 浏览用户的权限管理

根据运行的需要,请厂家将用户分成了几个组,代表了不同的用户权限级别。分组是为了保证重要用户的登录、数据库的响应速度及远动人员的现场调试工作。另外该 Web 还加强了在线用户监测及控制功能,使优先级别高的用户随时能进行登录。

(2)报表内容更加丰富

OPEN3000 系统采用基于 Excel 的报表方案，提供“检索定义”功能，能够快捷方便地查询定位数据生成报表；提供“批量定义”功能，减少重复工作量；提供“替换粘贴”功能，便捷地修改表格内容；提供“类似创建报表”功能，简化报表创建程序；报表定义直接存储在商用库；通过已有的服务取实际数据（采样、统计等）；客户端可以用 HTML 的方式浏览报表。

(3)调度员培训仿真子系统(DTS)

OPEN3000 调度员培训仿真系统（DTS）能够模拟电力系统的静态和动态响应以及事故恢复过程，使学员（Trainee，指受训调度员）能在与实际控制中心完全相同的调度环境中进行正常操作、事故处理及系统恢复的培训，掌握 EMS 的各项功能，熟悉各种操作，在观察系统状态和实施控制措施的同时，高度逼真地体验系统的变化情况，提供对调度员进行正常操作、事故处理及系统恢复的训练，尤其是事故时快速反应能力的训练。

5. 可视化模块

作为一个最新的模块，可视化展示了 3D 的效果，使潮流图直观化，可使调度员更加清楚地观察到线路潮流跑动、线路负载率、变压器负载、发电机有功无功出力、电压等高线等电网信息，协助调度员对电网进行更加有效的运行管理。

三、自动化 D5000 系统简介

D5000 平台运行的操作系统核心是 Linux 操作系统，能实现 Unix 和 Linux 混合运行，平台管理功能主要有图形浏览维护、图元编辑、图形可视化、检索器、实时库商用库管理、模型离线服务、告警服务、CASE 管理、权限管理、色彩管理、加密认证模块管理、文件服务、数据采集与交换、模型管理等并提供各类维护工具以维护系统的完整性和可用性，提高系统运行效率。

1. D5000 系统应用

(1)总控台应用

总控台是用户进入系统操作的总控制台，用户的主要操作均可以通过总控台实现，是一个非常友好便捷的人机界面。D5000 系统总控台包括系统图标显示区、时间显示区、系统功能操作区显示区及总控台用户登录区在内 4 个区域，常用监视画面包括主画面、厂站图、潮流图等。

(2)D5000 系统使用说明

① 启动和停止操作系统的启停类似 WINDOWS 的操作方法，在工具栏中点击菜单按钮，然后选择注销，在弹出的界面中选择“关闭计算机”即可（图 3 -2）。需要注意，在关机前需要先将 D5000 应用全部停止（图 3 - 3）。

图 3-2

图 3-3

② D5000 应用启停

机器启动完毕后，进入操作系统界面，单击桌面的“启动系统”图标，然后等待片刻，D5000 系统即可启动，会自动将总控台、告警窗和事故列表界面打开；若需要停止 D5000 应用，单击“停止系统”的图标，等待片刻待所有程序界面都关闭后，系统即停止(图 3-4)。

③ 命令模式启动

D5000 系统启动命令为 sys_ctl，不再是 3000 系统的 sam_ctl，D5000 系统启动有两种模式：

sys_ctl start fast 快速启动，不下装数据库，用于工作站。

sys_ctl start down 下装商用库启动，速度较慢，直接从商用库下装到实时库，用于服务器。

图 3-4

④ 总控台

D5000 系统总控台总体与 OPEN3000 系统类似，仍然分为几大块：

a. 标题栏，点击后可以保持总控台一直在最前端显示。再次点击则取消。

b. 应用功能栏，对应各项应用程序，不同的用户组看到的不一样。

c. 系统重要数据和日期。

d. 登录信息栏，用户名和责任区，注销和修改密码。D5000 采用复杂密码，即数字、字母、特殊字符的组合，目前用户的默认密码是 1qaz2wsx!，首次登录总控台时会提示修改密码。

图 3-5

D5000 系统在登录模式上。不仅支持用户/密码模式,还支持 UKEY 登录模式(图 3-6)。

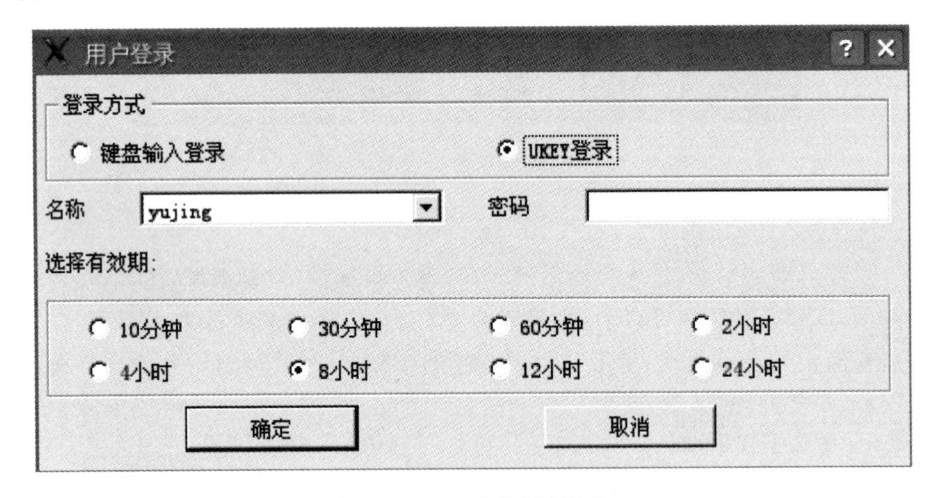

图 3-6 UKEY 登录模式

⑤ 告警窗

告警窗界面主体和 OPEN3000 系统类似,主要分为未复归和全部信号两部分,告警分类也是按照省调的五类告警分类进行定义的(图 3-7)。

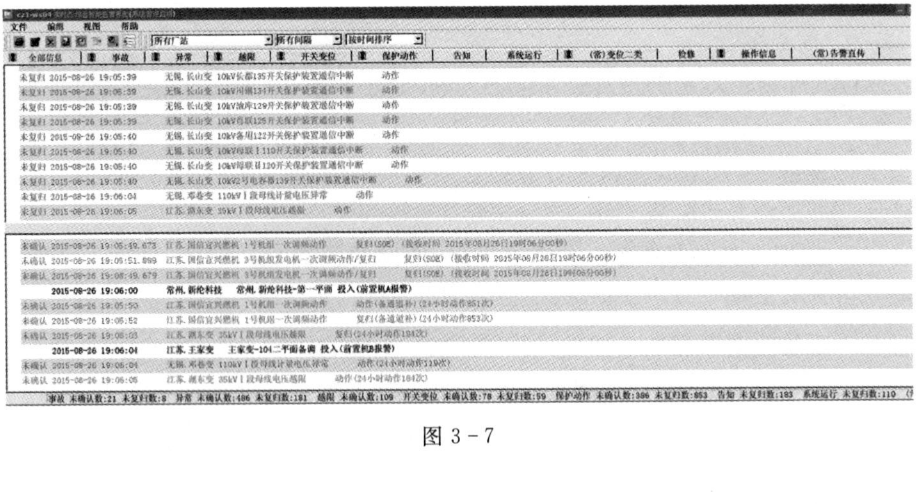

文件 编辑 视图 帮助
所有厂站 所有间隔 按时间排序
全部信息 | 事故 | 异常 | 越限 | 开关变位 | 保护动作 | 告知 | 系统运行 | (常)变位二类 | 检修 | 操作信息 | (常)告警直传
未复归 2015-08-26 19:05:39 无锡.长山变 10kV长都135开关保护装置通信中断 动作
未复归 2015-08-26 19:05:39 无锡.长山变 10kV川钢134开关保护装置通信中断 动作
未复归 2015-08-26 19:05:39 无锡.长山变 10kV油库129开关保护装置通信中断 动作
未复归 2015-08-26 19:05:39 无锡.长山变 10kV百联125开关保护装置通信中断 动作
未复归 2015-08-26 19:05:40 无锡.长山变 10kV备用122开关保护装置通信中断 动作
未复归 2015-08-26 19:05:40 无锡.长山变 10kV母联Ⅰ110开关保护装置通信中断 动作
未复归 2015-08-26 19:05:40 无锡.长山变 10kV母联Ⅱ120开关保护装置通信中断 动作
未复归 2015-08-26 19:05:40 无锡.长山变 10kV2号电容器139开关保护装置通信中断 动作
未复归 2015-08-26 19:06:04 无锡.邓巷变 110kVⅠ段母线计量电压异常 动作
未复归 2015-08-26 19:06:05 江苏.湖东变 35kVⅠ段母线电压越限 动作

未确认 2015-08-26 19:05:49.673 江苏.国信宜兴燃机 1号机组一次调频动作 复归(SOE) (接收时间 2015年08月26日19时06分00秒)
未确认 2015-08-26 19:05:51.899 江苏.国信宜兴燃机 3号机组发电机一次调频动作/复归 复归(SOE) (接收时间 2015年08月26日19时06分00秒)
未确认 2015-08-26 19:05:49.679 江苏.国信宜兴燃机 3号机组发电机一次调频动作/复归 复归(SOE) (接收时间 2015年08月26日19时06分00秒)
2015-08-26 19:06:00 常州.新伦科技 常州.新伦科技-第一平面 投入(前置机A报警)
未确认 2015-08-26 19:05:50 江苏.国信宜兴燃机 1号机组一次调频动作 动作(备通道补)(24小时动作851次)
未确认 2015-08-26 19:05:52 江苏.国信宜兴燃机 1号机组一次调频动作 复归(备通道补)(24小时动作853次)
未确认 2015-08-26 19:06:03 江苏.湖东变 35kVⅠ段母线电压越限 复归(24小时动作184次)
2015-08-26 19:06:04 江苏.王家变 王家变-104二平面备调 投入(前置机B报警)
未确认 2015-08-26 19:06:04 无锡.邓巷变 110kVⅠ段母线计量电压异常 动作(24小时动作119次)
未确认 2015-08-26 19:06:05 江苏.湖东变 35kVⅠ段母线电压越限 动作(24小时动作184次)
事故 未确认数:21 未复归数:8 异常 未确认数:486 未复归数:181 越限 未确认数:109 开关变位 未确认数:78 未复归数:59 保护动作 未确认数:386 未复归数:853 告知 未复归数:183 系统运行 未复归数:110

图 3-7

D5000 告警窗可以统计频繁告警情况，例如图 3－8 所示：

未确认	2015-08-26 18:39:06	江苏.卞墅变/35kV.电容器395开关	分闸(停电)(24小时动作11次)
未确认	2015-08-26 18:39:06	江苏.卞墅变/35kV.电容器396开关	合闸(停电)(24小时动作8次)
未确认	2015-08-26 18:39:06	江苏.卞墅变/35kV.电容器396开关	分闸(停电)(24小时动作9次)
未确认	2015-08-26 18:39:06	江苏.卞墅变/35kV.电容器395开关	合闸(停电)(24小时动作11次)
未确认	2015-08-26 18:39:06	江苏.卞墅变/35kV.电容器395开关	分闸(停电)(24小时动作12次)
未确认	2015-08-26 18:39:06	江苏.卞墅变/35kV.电容器396开关	合闸(停电)(24小时动作9次)
未确认	2015-08-26 18:39:06	江苏.卞墅变/35kV.电容器396开关	分闸(停电)(24小时动作10次)
未确认	2015-08-26 18:39:06	江苏.卞墅变/35kV.电容器393开关	合闸(停电)
未确认	2015-08-26 18:42:26	常州.湟里变/10kV.电容器191开关	分闸
未确认	2015-08-26 18:53:50	常州.黄桥变/10kV.电容器193开关	分闸

图 3－8　D5000 告警窗统计频繁告警情况

在告警工具栏增加一个按钮“压缩显示模式”，选择该模式后，频繁告警只显示最新的一条信息，过去的重新告警全部压缩不再显示，如图 3－9 所示：

未确认	2015-08-26 18:39:06	江苏.卞墅变/35kV.电容器395开关	分闸(停电)(24小时动作11次)
未确认	2015-08-26 18:39:06	江苏.卞墅变/35kV.电容器396开关	合闸(停电)(24小时动作8次)
未确认	2015-08-26 18:39:06	江苏.卞墅变/35kV.电容器396开关	分闸(停电)(24小时动作9次)
未确认	2015-08-26 18:39:06	江苏.卞墅变/35kV.电容器395开关	合闸(停电)(24小时动作11次)
未确认	2015-08-26 18:39:06	江苏.卞墅变/35kV.电容器395开关	分闸(停电)(24小时动作12次)
未确认	2015-08-26 18:39:06	江苏.卞墅变/35kV.电容器396开关	合闸(停电)(24小时动作9次)
未确认	2015-08-26 18:39:06	江苏.卞墅变/35kV.电容器396开关	分闸(停电)(24小时动作10次)

图 3－9

告警窗支持厂站模糊搜索功能，可以在搜索栏输入厂站的拼音简写，回车后即可筛选该厂站告警（搜索前请先点击“是否固定滚动条”按钮，同 OPEN3000），如图 3－10 所示。

在全系统显示模式时，在搜索栏中输入 cz. mqb（图 3－11）。

未复归	2015-08-26 18:38:48	江苏.运河变	桂花线113开关重合闸充电	动作
未复归	2015-08-26 18:38:48	江苏.三井变	三东线4533RCS-901保护动作	动作
未复归	2015-08-26 18:38:48	江苏.三井变	三东线4534RCS-901保护动作	动作
未复归	2015-08-26 18:38:48	江苏.运河变	樱花线114开关重合闸投入软压板	动作
未复归	2015-08-26 18:38:48	江苏.运河变	樱花线114开关重合闸充电	动作

图 3－11

回车后即可筛选出常州庙桥变的告警（图 3－12）。

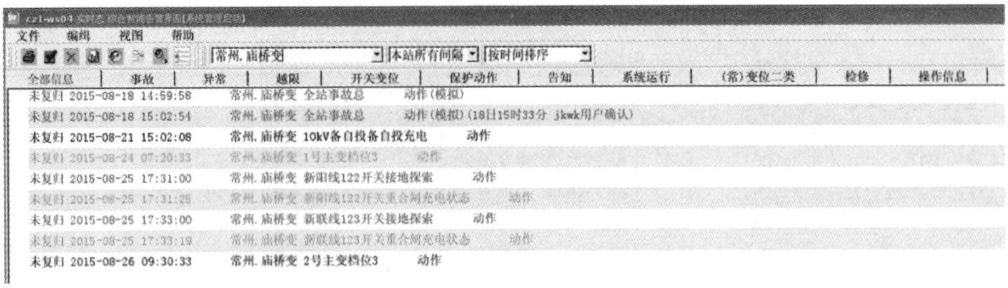

文件 编辑 视图 帮助

常州. 庙桥变 | 本站所有间隔 | 按时间排序

全部信息 | 事故 | 异常 | 越限 | 开关变位 | 保护动作 | 告知 | 系统运行 | (常)变位二类 | 检修 | 操作信息

未复归 2015-08-18 14:59:58 常州. 庙桥变 全站事故总 动作(模拟)
未复归 2015-08-18 15:02:54 常州. 庙桥变 全站事故总 动作(模拟)(18日15时33分 jkwk用户确认)
未复归 2015-08-21 15:02:08 常州. 庙桥变 10kV备自投备自投充电 动作
未复归 2015-08-24 07:20:33 常州. 庙桥变 1号主变档位3 动作
未复归 2015-08-25 17:31:00 常州. 庙桥变 新阳线122开关接地探索 动作
未复归 2015-08-25 17:31:25 常州. 庙桥变 新阳线122开关重合闸充电状态 动作
未复归 2015-08-25 17:33:00 常州. 庙桥变 新联线123开关接地探索 动作
未复归 2015-08-25 17:33:19 常州. 庙桥变 新联线123开关重合闸充电状态 动作
未复归 2015-08-26 09:30:33 常州. 庙桥变 2号主变档位3 动作

图 3 - 12

若有相同拼音简写的厂站，再次回车即可继续搜索。

在 D5000 系统中，保护设备的“动作/复归”信号不再保存在“二次遥信告警”类别中，而是保存在“遥信变位”类别中，在告警查询界面里，保护信号的告警记录也都存在“遥信变位”中。

⑥ 图形界面

目前的 D5000 系统图形已经为分区图形，即图形名称由“WC”开头，不同的地区前缀不一样。

D5000 系统图形新增功能“历史状态”，点击图形工具栏对应按钮，即可弹出程序界面，设定好起止时间后，点击播放按钮，一次接线图的数据便立刻变为选中时间段的数据，方便查看特定时间段的系统情况(图 3 - 13)。

图 3 - 13

图形操作方式仍然和 OPEN3000 一致，单击左键选中图形或切换图形，单击右键打开对应设备的功能菜单。单击中键进入指定的间隔图。

2. SCADA 系统操作

SCADA 是架构在统一支撑平台的应用子系统，是智能电网调度支持系统的基本应用。通过处理前置应用采集数据，将数据以更加直观的方式展现，调度员和监控员以此完成数据操作。

SCADA 系统的操作包含通用菜单操作、设备菜单操作、遥测量操作。

(1)通用菜单操作

厂站全遥信对位：断路器、隔离开关变位后，厂站图上变位的断路器、隔离开关将闪烁显示，提示变位信息。“遥信变位”操作恢复断路器、隔离开关的正常显示。“厂站全遥信对位”，即在当前厂站中进行遥信对位，恢复当前厂站正常显示。

系统全遥信对位：“系统全遥信对位”对系统中所有厂站进行遥信对位，恢复所有厂站正常显示。

全厂今日变位：选择该菜单项，弹出该厂今日变位查询结果窗口，若无变位，则告警内容为空。

全站今日越限：选择该菜单项，弹出该厂今日越限结果窗口，若无变位，则告警内容为空。

全站今日 SOE：选择该菜单项，弹出该厂今日 SOE 查询结果窗口。

(2)设备菜单操作

SCADA 子系统的图元操作是指在图形浏览器界面上，SCADA 应用下的图元右键菜单操作。包括：母线图元、开关图元、隔离开关图元、变压器图元、发电机图元、动态数据图元等；具体操作均为选中图元点击右键，弹出相应图元菜单，对于相应图元的遥控、遥调、挂牌、告警抑制、告警解除均在相应图元中进行选择。

(3)遥测量操作

SCADA 子系统在监控厂站的接线图中选中遥测量的动态数据，点击右键菜单操作。包括：参数检索、遥测封锁、接触封锁、遥测置数、今日越限、今日曲线、人工对端代、解除对端代、人工点多源、取状态估计结果，可根据不同的需求进行相应的选择。

3. FES 系统操作

FES 系统作为 D5000 系统中实时数据输入、输出的中心，主要承担了调度中心与各所属厂站之间、与各个上下级调度中心之间、与其他系统之间以及与调度中心内的后台系统之间的实时数据通信处理任务，也是这些不同系统之间实时信息沟通的桥梁。信息交换、命令传递、规约的组织和解析、通道的编码与解码、卫星对时、采集资源的合理分配都是 FES 系统的基本任务，其他还包括报文监视与保存、站多源数据处理、为站端设备对时、设备或进程异常告警、维护界面管理等任务，具有通讯管理、配置灵活、网络分明等特点。

FES操作即在人为干预下对FES系统控制的策略，包含FES服务器控制和通道控制两类：

(1)FES服务器控制

FES服务器的人工控制包含人工闭锁在线、人工闭锁离线、未闭锁三种，其中优先级最高的为人工控制，FES服务器的状态由人工控制标志决定，只有人工控制是未闭锁时，系统才自动判别。

(2)通道控制

通道的人工控制包括通道人工闭锁连接FES服务器、通道人工闭锁值班备用、通道人工闭锁/投入/退出三类。

人工闭锁连接FES服务器：表示将某一通道人工闭锁在一台固定FES服务器上。

人工闭锁值班备用：表示人为将一个通道闭锁为值班、备用状态。

人工闭锁投入退出：表示人为设置通道闭锁/投入/退出。

4. 智能分析与辅助决策

智能分析与辅助决策可根据停电范围分析，根据网络拓扑搜索发现停电设备及范围，包括厂站、变压器、线路、线路分段和重要用户，并统计损失负荷情况，可用于操作前、检修计划安排和故障发生后的停电范围检查。

电网事故发生后，调度员会在很短的时间内收到来自现场的大量的异常事故信号，在实时监控系统中出现大量的遥信变位信息和越限信息，导致重要的信息会被大量数据湮没。在电网结构复杂时，难于及时发现故障影响的停电范围。智能分析与辅助功能此时可接收故障信息，利用局部快速拓扑，分析网络结构，查找影响的停电范围，同时快速统计出设备信息。

模块二　监控信息管理

按照监控信息分类标准，规范监控信息分类及处置，定期对监控信息进行汇总分析，参照国网公司220(500)kV变电站典型监控信息表，梳理相应的信息，形成典型模板，以定值单形式下发主站端和厂站端进行信息入库，保证厂站、主站、监控信息库三者之间的信息统一，设备进行试验时，监控验收人员根据“定值式”信息表逐条核对现场信息。

一、监控信息分类及处置原则

1. 监控信息分类

监控信息分为事故、异常、越限、变位、告知五类。

(1)事故信息是由于电网故障、设备故障等引起断路器跳闸(包含非人工操作的跳闸)保护及安控装置动作出口跳合闸信息，以及影响全站安全运行的其他信息，是需实时监控、立即处理的重要信息。主要包括：全站事故总信息；单元事故总信息；各类保护、安全自动装置动作出口信息；开关异常变位信息。

(2)异常信息是反映设备运行异常情况的报警信息和影响设备遥控操作的信息，直接威胁电网安全与设备运行，是需实时监控、及时处理的重要信息。主要包括：一次设备异常告警信息；二次设备、回路异常告警信息；自动化、通信设备异常告警信息；其他设备异常告警信息。

(3)越限信息是反映重要遥测量超出报警上下限区间的信息，重要遥测量主要有设备有功、无功、电流、电压、主变压器油温、断面潮流等，是需实时监控、及时处理的重要信息。

(4)变位信息是特指开关类设备状态(分、合闸)改变的信息，该类信息直接反映电网运行方式的改变，是需要实时监控的重要信息。

(5)告知信息是反映电网设备运行情况、状态监测的一般信息。主要包括隔离开关、接地开关位置信息、主变压器运行挡位，以及设备正常操作时的伴生信息(如：保护压板投/退，保护装置、故障录波器、收发信机的启动、异常消失信息，测控装置就地/远方等)。该类信息需定期查询。

2. 监控信息处置

监控信息处置以“分类处置、闭环管理”为原则，分为信息收集、实时处置、分析处理三个阶段。

(1)信息收集

调控中心值班监控人员通过监控系统发现监控告警信息后,应迅速确认,根据情况对以下相关信息进行收集,必要时应通知变电运维单位协助收集:告警发生时间及相关实时数据;保护及安全自动装置动作信息;开关变位信息;关键断面潮流、频率、母线电压的变化等信息;监控画面推图信息;现场影音资料(必要时);现场天气情况(必要时)。

(2)事故信息实时处置

① 事故信息实时处置

监控员收集到事故信息后,按照有关规定及时向相关调度汇报,并通知运维单位检查;运维单位在接到监控员通知后,应及时组织现场检查,并进行分析、判断,向相关调控中心汇报检查结果;事故信息处置过程中,监控员应按照调度指令进行事故处理,并监视相关变电站运行工况,跟踪了解事故处理情况;事故信息处置结束后,变电运维人员应检查现场设备运行状态,并与监控员核对设备运行状态与监控系统是否一致,相关信号是否复归。监控员应对事故发生、处理和联系情况进行记录,并按相关规定展开专项分析,形成分析报告。

② 异常信息实时处置

监控员收集到异常信息后,应进行初步判断,通知运维单位检查处理,必要时汇报相关调度;运维单位在接到通知后应及时组织现场检查,并向监控员汇报现场检查结果及异常处理措施。如异常处理涉及电网运行方式改变,运维单位应直接向相关调度汇报,同时告知监控员;异常信息处置结束后,现场运维人员检查现场设备运行正常,并与监控员确认异常信息已复归,监控员做好异常信息处置的相关记录。

③ 越限信息实时处置

监控员收集到输变电设备越限信息后,应汇报相关调度,并根据情况通知运维单位检查处理;监控员收集到变电站母线电压越限信息后,应根据有关规定,按照相关调度颁布的电压曲线及控制范围,投切电容器、电抗器和调节变压器有载分接开关,如无法将电压调整至控制范围内时,应及时汇报相关调度。

④ 变位信息实时处置

监控员收集到变位信息后,应确认设备变位情况是否正常。如变位信息异常,应根据情况参照事故信息或异常信息进行处置。

⑤ 告知类监控信息处置

调控中心负责告知类监控信息的定期统计,并向运维单位反馈;运维单位负责告知类监控信息的分析和处置。

(3)分析处理

设备监控管理专业人员对于监控员无法完成闭环处置的监控信息，应及时协调运检部门和运维单位进行处理，并跟踪处理情况。

二、监控信息表管理

变电站设备监控信息表是指为满足调控机构集中监控需要接入智能电网调度控制系统的变电站采集信息汇总表。监控信息表至少包含以下内容：

1. 厂站名称、设备名称、设备型号及日期；
2. 遥测、遥信、遥控、遥调信息表；
3. 上送调控机构的集中监控信息与站端监控信息、设备原始信息间对应关系；
4. 间隔电压等级、间隔名称、告警分级、AVC闭锁、SOE设置等属性；
5. 电流、电压互感器变比；
6. 全站事故总合成逻辑信息表。

监控信息表格式如表3-1至表3-4所示(参考)。

表3-1 ××变电站监控信息表(遥测)

序号	间隔名称	遥测名称	单位	备注
1		××线有功	MW	
2		××线无功	Mvar	
3		××线A相电流	A	
4		××线B相电流	A	
5		××线C相电流	A	
6		××线A相电压	KV	
7		××线B相电压	KV	
8		××线C相电压	KV	
……		……		

表3-2 ××变电站监控信息表(遥控)

序号	间隔名称	遥控名称	备注
1	5011	××线5011开关合/分	
2	5011	××线5011开关同期合	
3	5011	1#主变分接开关位置升/降	
4	5011	1#主变调档急停	
……		……	

表3-3 ××变电站监控信息表(遥调)

序号	设备名称	遥调名称	备注
1	定值区	××保护定值区切换	
……		……	

表3-4 ××变电站监控信息表(遥信)

序号	间隔名称	设备类型	设备原始名称	信息描述	告警分级	AVC闭锁	SOE设置	备注
1	公用	全站	全站事故总	全站事故总	事故	否	是	
2	5011	开关	××线 5011 开关间隔事故总	××线 5011 开关间隔事故总	事故	否	是	
3	5011	开关	××线 5011 开关	××线 5011 开关	变位	否	是	
4	5011	开关	××线 5011 开关储能马达失电 ××线 5011 开关马达运转超时	××线 5011 开关储能电机故障	异常	否	否	
5	5011	开关	××线 5011 开关机构就地控制	××线 5011 开关机构就地控制	异常	否	否	
……	……		……	……	……	……	……	

三、监控信息表的编制原则

1. 新建变电站应依据《变电站设备监控信息规范》(Q/GDW 11398—2015),宜按照整站规模设计监控信息表,监控信息表中的序号宜从"1"开始并连续编号。新(改、扩)建工程在设计招标和设计委托时,建设管理部门应明确要求设计单位设计监控信息表,监控信息表编制应作为工程图纸设计的一部分。对于改、扩建项目,变动部分应明确标识。

2. 设计单位应根据所在调控机构技术规范和有关规程、技术标准、设备技术资料按照调控部门提供的标准格式编制监控信息表,监控信息表应随设计图纸一并提交建设管理部门。

3. 建设管理部门组织新(改、扩)建变电站设备审查时,应将设备监控信息列入审查范围,组织变电站运维检修单位对监控信息的正确性、完整性和规范性进行审查。

4. 设计单位应根据变电站现场调试情况，及时对监控信息表进行设计变更，安装调试单位应向变电站运维检修单位提交完整的包含监控信息表的竣工资料。

5. 变电站运维检修单位负责对接入变电站监控系统的监控信息的完整性、正确性进行全面验证，完成监控信息现场验收后方可向调控机构提交接入验收申请。

6. 监控信息表的接入验收申请、录入、审核、校核、会签、下发、执行等流转应在监控信息管理系统中实现。

7. 监控信息表经调控机构设备监控专业组织审核、校核，并经继电保护、调控、自动化等专业会签后形成监控信息表调试稿。

8. 调控机构设备监控专业依据接入验收计划安排，将监控信息表调试稿在监控信息管理系统中发布，作为调控端及站端监控系统数据库制作及工程联调的依据。

监控信息表应经编制人、审核人、校核人签字后，方有效。

模块三　电力系统运行工况监控

一、电网实时信息监视

1. 电网实时运行信息包括电流、电压、有功功率、无功功率、频率，断路器、隔离开关、接地刀闸、变压器分接头的位置信号；

2. 电网实时运行告警信息包括全站事故总信号、继电保护装置和安全自动装置动作及告警信号、模拟量的越限告警、双位置节点一致性检查、信息综合分析结果及智能告警信息等；

3. 支持通过计算公式生成各种计算值，计算模式包括触发、周期循环方式；

4. 开关事故跳闸时自动推出事故画面；

5. 设备挂牌应闭锁关联的状态量告警与控制操作，检修挂牌应能支持设备检修状态下的状态量告警与控制操作；

6. 实现保护等二次设备的定值、软压板信息、装置版本及参数信息的监视；

7. 全站事故总信号宜由任意间隔事故信号触发，并保持至一个可设置的时间间隔后自动复归。

二、设备状态监视内容

1. 站内状态监测的主要对象包括：变压器、电抗器、组合电器（GIS/HGIS）、断路器、避雷器等；

2. 二次设备状态监视内容：监视对象包括合并单元、智能终端、保护装置、测控装置、安稳控制装置、监控主机、综合应用服务器、数据服务器、故障录波器、网络交换机等；

3. 监视信息内容包括：设备自检信息、运行状态信息、告警信息、对时状态信息等；

4. 应支持SNMP协议，实现对交换机网络通信状态、网络实时流量、网络实时负荷、网络连接状态等信息的实时采集和统计；

5. 辅助设备运行状态监视。

三、可视化展示

1. 电网运行可视化应满足如下要求

(1)应实现稳态和动态数据的可视化展示，如有功功率、无功功率、电压、电流、频率、同步相量等，采用动画、表格、曲线、饼图、柱图、仪表盘、等高线等多种形式展现；

(2)应实现站内潮流方向的实时显示，通过流动线等方式展示电流方向，并显示线路、主变的有功、无功等信息；

(3)提供多种信息告警方式，包括：最新告警提示、光字牌、图元变色或闪烁、自动推出相关故障间隔图、音响提示、语音提示、短信等；

(4)不合理的模拟量、状态量等数据应置异常标志，并用闪烁或醒目的颜色给出提示，颜色可以设定；

(5)支持电网运行故障与视频联动功能，在电网设备跳闸或故障情况下，视频应自动切换到故障设备。

2. 设备状态可视化应满足如下要求

(1)使用动画、图片等方式展示设备状态；

(2)针对不同监测项目显示相应的实时监测结果，超过阈值的应以醒目颜色显示；

(3)可根据监测项目调取、显示故障曲线和波形，提供不同历史时期曲线比对功能；

(4)在电网间隔图中通过曲线、音响、颜色效果等方式综合展示一次设备各种状态参量，内容包括：运行参数、状态参数、实时波形、诊断结果等；

(5)应根据监视设备的状态监测数据，以颜色、运行指示灯等方式，显示设备的健康状况、工作状态(运行、检修、热备用、冷备用)、状态趋势；

(6)实现通信链路的运行状态可视化，包括网络状态、虚端子连接等。

四、远程浏览

远程浏览应满足如下要求：

1. 数据通信网关机应为调度(调控)中心提供远程浏览和调阅服务；
2. 远程浏览只允许浏览，不允许操作；
3. 远程浏览内容包括一次接线图、电网实时运行数据、设备状态等；
4. 远程调阅内容包括历史记录、操作记录、故障综合分析结果等信息。

五、信息综合分析与智能告警

信息综合分析与智能告警功能应能为运行人员提供参考和帮助，具体要求如下：

1. 应实现对站内实时/非实时运行数据、辅助应用信息、各种告警及事故信号等的综合分析处理；

2. 系统和设备应根据对电网的影响程度提供分层、分类的告警信息；
3. 应按照故障类型提供故障诊断及故障分析报告。

六、数据合理性检测

对量测值和状态量进行检测分析，确定其合理性，具体包括：
1. 检测母线的功率量测总和是否平衡；
2. 检测并列运行母线电压量测是否一致；
3. 检查变压器各侧的功率量测是否平衡；
4. 对于同一量测位置的有功、无功、电流量测，检查是否匹配；
5. 结合运行方式、潮流分布检测开关状态量是否合理。

七、不良数据检测

对量测值和状态量的准确性进行分析，辨识不良数据，具体包括：
1. 检测量测值是否在合理范围，是否发生异常跳变；
2. 检测断路器/刀闸状态和量测值是否冲突，并提供其合理状态；
3. 检测断路器/刀闸状态和标志牌信息是否冲突，并提供其合理状态；
4. 当变压器各侧的母线电压和有功、无功量测值都可用时，可以验证有载调压分接头位置的准确性。

八、智能告警

智能告警涉及的信息命名及分类应明确和规范，具体如下：
1. 全站采集信息应统一命名格式；
2. 全站告警信息分为事故信息、异常信息、变位信息、越限信息和告知信息五类；
3. 应建立变电站故障信息的逻辑和推理模型，实现对故障告警信息的分类和过滤；
4. 结合遥测越限、数据异常、通信故障等信息，对电网实时运行信息、一次设备信息、二次设备信息、辅助设备信息进行综合分析，通过单事项推理与关联多事件推理，生成告警简报；
5. 应根据告警信息的级别，通过图像、声音、颜色等方式给出告警信息；
6. 应支持多种历史查询方式，既可以按厂站、间隔、设备来查询，也可按时间查询，还应支持自定义查询；
7. 智能告警的分析结果应以简报的形式上送给调度(调控)中心；
8. 告警简报信息应按照调度(调控)中心的要求及时上送。

九、故障分析

故障分析报告应包括故障相关的电网信息和设备信息，要求如下：

1. 在故障情况下对事件顺序记录、保护事件、相量测量数据及故障波形等信息进行数据挖掘和综合分析，生成分析结果，以保护装置动作后生成的报告为基础，结合故障录波、设备台账等信息，生成故障分析报告；

2. 故障分析报告的格式遵循 XML1.0 规范，存储于数据服务器；

3. 故障分析报告可采用主动上送或召唤方式，通过 I 区数据通信网关机上送给调度（调控）中心。

十、设备状态监测

1. 实现一次设备的运行状态的在线监视和综合展示；

2. 实现二次设备的在线状态监视，宜通过可视化手段实现二次设备运行工况、站内网络状态虚端子连接状态监视；

3. 实现辅助设备运行状态的综合展示。

模块四　智能设备监控远方操作与控制

1. 应支持变电站和调度(调控)中心对站内设备的控制与操作,包括遥控、遥调、人工置数、标识牌操作、闭锁和解锁等操作。

2. 应满足安全可靠的要求,所有相关操作应与设备和系统进行关联闭锁,确保操作与控制的准确可靠。

3. 应支持操作与控制可视化。

4. 设备的操作与控制应优先采用遥控方式,间隔层控制和设备就地控制作为后备操作或检修操作手段。

5. 全站同一时间只执行一个控制命令。

6. 单设备控制。单设备遥控应满足如下要求:

(1)单设备控制应支持增强安全的直接控制或操作前选择控制方式。

(2)开关设备控制操作分三步进行:选择一返校一执行。选择结果应显示,当“返校”正确时才能进行“执行”操作。

7. 在进行选择操作时,若遇到以下情况之一应自动撤销:

(1)控制对象设置禁止操作标识牌;

(2)校验结果不正确;

(3)遥控选择后 30～90 秒内未有相应操作。

8. 单设备遥控操作。应满足以下安全要求:

(1)操作必须在具有控制权限的工作站上进行;

(2)操作员必须有相应的操作权限;

(3)双席操作校验时,监护员需确认;

(4)操作时每一步应有提示;

(5)所有操作都有记录,包括操作人员姓名、操作对象、操作内容、操作时间、操作结果等,可供调阅和打印。

9. 同期操作。同期操作应满足如下需求:

(1)断路器控制具备检同期、检无压方式,操作界面具备控制方式选择功能,操作结果应反馈;

(2)同期检测断路器两侧的母线、线路电压幅值、相角及频率,实现自动同期捕捉合闸;

(3)过程层采用智能终端时,针对双母线接线,同期电压分别来自 I 母或 II

母相电压以及线路侧的电压，测控装置经母线刀闸位置判断后进行同期合闸，母线刀闸位置由测控装置从 GOOSE 网络获取。

10. 定值修改。定值修改操作应满足如下要求：

(1)可通过监控系统或调度(调控)中心修改定值，装置同一时间仅接受一种修改方式；

(2)定值修改前应与定值单进行核对，核对无误后方可修改；

(3)支持远方切换定值区。

11. 软压板投退。软压板投退应满足如下要求：

(1)远方投退软压板宜采用“选择－返校－执行”方式；

(2)软压板的状态信息应作为遥信状态上送；

(3)重合闸软压板应实现双确认。

12. 主变分接头调节。主变分接头的调节应满足如下要求：

(1)宜采用直接控制方式逐档调节；

(2)变压器分接头调节过程及结果信息应上送。

13. 调度操作与控制。调度操作与控制应满足如下要求：

(1)应支持调度(调控)中心对管辖范围内的断路器、电动刀闸等设备的遥控操作；支持保护定值的在线召唤和修改、软压板的投退、稳定控制装置策略表的修改、变压器档位调节和无功补偿装置投切。此类操作应通过 I 区数据通信网关机实现。

(2)应支持调度(调控)中心对全站辅助设备的远程操作与控制。此类操作应通过 II 区数据通信网关机和综合应用服务器实现。调度(调控)中心将控制命令下发给 II 区数据通信网关机，II 区数据通信网关机将其传输给综合应用服务器，并由综合应用服务器将操作命令传输给相关的辅助设备，完成控制操作。

14. 顺序控制。在满足操作条件的前提下，按照预定的操作顺序自动完成一系列控制功能，宜与智能操作票配合进行。并满足下列要求：

(1)变电站内的顺序控制可以分为间隔内操作和跨间隔操作两类。

(2)一次设备(包括主变、母线、断路器、隔离开关、接地刀闸等)运行方式转换。

(3)保护装置定值区切换、软压板投退。

(4)顺序控制应提供操作界面，显示操作内容、步骤及操作过程等信息，应支持开始、终止、暂停、继续等进度控制，并提供操作的全过程记录。对操作中出现的异常情况，应具有急停功能。

(5)顺序控制宜通过辅助接点状态、量测值变化等信息自动完成每步操作的检查工作，包括设备操作过程、最终状态等。

(6)顺序控制宜与视频监控联动,提供辅助的操作监视。

15. 操作可视化。应满足如下要求:

(1)应为操作人员提供形象、直观的操作界面;

(2)展示内容包括:操作对象的当前状态(运行状态、健康状况、关联设备状态等)、操作过程中的状态(状态信息、异常信息)和操作结果(成功标志、最终运行状态);

(3)应支持视频监控联动功能,自动切换摄像头到预置点,为操作人员提供实时视频图像辅助监控;

(4)支持调度(调控)中心对站内设备进行控制和调节;

(5)支持调度(调控)中心对保护装置进行远程定值区切换和软压板投退操作。

16. 无功优化。根据电网实际负荷水平,按照一定的策略对站内电容器、电抗器和变压器档位进行自动调节,并可接收调度(调控)中心的投退和策略调整指令。

(1)应根据预定的优化策略实现无功的自动调节,可由站内操作人员或调度(调控)中心进行功能投退和目标值设定。

(2)具备参数设置功能,包括控制模式、计算周期、数据刷新周期、控制约束等设置功能。

(3)根据预设的减载目标值,在主变过载时根据确定的策略切负荷,可接收调度(调控)中心的投退和目标值调节指令。

(4)提供实时数据、电网状态、闭锁信号、告警等信息的监视界面。

(5)变压器、电容器和母线故障时应自动闭锁全部或部分功能,支持人工恢复和自动恢复。

(6)调节操作应生成记录。记录内容应有:操作前的控制目标值、操作时间及操作内容、操作后的控制目标值。操作异常时应记录:操作时间、操作内容、引起异常的原因、是否由操作员进行人工处理等。

17. 电压调整原则和方式。

(1)无功平衡与电压调整原则

电力系统配置的无功补偿装置应能保证在系统有功负荷高峰和负荷低谷运行方式下,分(电压)层和分(供电)区的无功平衡。分(电压)层无功平衡的重点是220kV及以上电压等级层面的无功平衡,分(供电)区就地平衡的重点是110kV及以下配电系统的无功平衡。无功补偿配置应根据电网情况,实施分散就地补偿与变电站集中补偿相结合,电网补偿与用户补偿相结合,高压补偿与低压补偿相结合,满足降损和调压的需要。

电网分层分区、就地平衡的无功补偿原则，决定了在电压调整上，也应按照分层平衡和地区供电网络无功电力平衡原则。通过设置电压检测点和电压中枢点，来监视电网电压水平并确定合理控制策略，无功平衡的两个要点如表3-5所示。

表3-5 无功平衡的要点

无功平衡的两个要点	各级电压电网间无功电力交换的指标是两个界面上各点的供电功率因数 $\cos\varphi$，$\cos\varphi$ 值需要分别根据电网结构（如受电端）、系统高峰负荷期间和低谷期间负荷来确定，保证无功电力平衡。
	安排和保持基本按分区原则配置紧急无功备用容量，以保持事故（如因事故突然断开一回重负荷线路、一台变压器或一台无功补偿设备，以及发电机失磁等）后的电压水平在允许范围内。

(2)电压监测点和中枢点

电力系统电压的监视和调整可通过监视、调整电压中枢点的电压而实现，系统电压值和考核电压质量的节点，称为电压监测点。电力系统中重要的电压支撑节点称为电压中枢点。

(3)电网调压的主要措施

① 调整电网运行方式调压，主要是拉停线路或主变压器，比如我国华东、华中电网在负荷较低时，常采取拉停线路或主变压器调压，但该调压方式削弱了网架结构，在一定程度上降低了供电可靠性。本节主要介绍常规调压手段。

② 变电器调压

变电器调压方式分为有载调压和无载调压两种，变压器调压方式如表3-6所示。

表3-6 变电器调压方式分类

类型	特点
有载调压	变压器在运行中可以调节变压器分接头位置，从而改变变压器变比，以实现调压目的，有载调压变压器中又分线端调压和中性点调压两种方式，即变压器分接头在高压绕组线端侧或在高压绕组中性点侧之区别。分接头在中性点侧可降低变压器抽头的绝缘水平，有明显的优越性，但要求变压器在运行中中性点必须直接接地，有载调压变压器用于电压质量要求较严的地方，加装有自动调压检测部分，在电压超出规定范围时自动调整电压。

（续表）

类型	特点
无载调压	变压器在停电、检修情况下，调节变压器分接头位置，从而改变变压器变比，以实现调压目的，无载调压变压器高速的幅度较小（每改变一个分接头，其电压调整 2.5%或 5%）。输出电压质量差，但比较便宜，体积较小。

③ 降压变压器，对 220kV 及以下电网而言，一般是起到将主网负荷向地区网输送的作用，此时，相对低压侧电网，高压侧可看作无穷大系统，即电压不变。当调高变压器分接开关时，变压器变比增大，结果使等值电抗变大，低压侧输出电压下降，相反，当调低变压器分接开关时，同理，将使低压电网负荷的无功消耗增加，使高压网经变压器流入低压网的无功增加。

④ 无功补偿设备调压

无功初偿设备分为并联电容补偿、串联电容补偿、并联电抗补偿及其他补偿装置。

a. 并联电容补偿

并联电容初偿是将电力电容器并联接在负荷（如电动机）或供电设备（如变压器）上运行，由于电动机、变压器等均是电感性负荷，在这些电气设备中除有功电流外，还有无功电流（即电感电流），而电容电流在相位上和电感电流相差180°，感性电气设备的无功功率由电容来供给，从而减少线路能量损耗，改善电压质量，提高系统供电能力。

b. 串联电容补偿

串联电容补偿是将电力电容器串联在线路上以改变线路参数，降低线路电抗值来达到调整电压的目的。串联电容补偿对调压的主要作用是纵向降压，纵向降压越大，调压效果越好。当线路不输送无功功率时，串联电容补偿不起调压作用。在超高压输电线路上加装串联补偿电容，主要是为了改变线路参数，提高输电容量及系统稳定性，并联电容补偿和串联电容补偿的特点如表 3－7 所示。

表 3－7 并联、串联电容补偿的特点

特点	并联电容补偿	串联电容补偿
调压角度	提高负荷侧功率因数以减小无功功率流动来提高受端电压，需要根据负荷的变化进行频繁的分组投入或切除操作，且容量与电压平方成正比，当电网电压下降时，调压效果显著下降，只有在功率因数很大，线路电抗与负荷阻抗比值也很大，并考虑串联电容器单位容量价格较并联电容器大时，采用并联电容器才有利。	电压降直接抵偿线路压降，调压作用随着负荷的变化而自动连续调整，调压效果显著。

（续表）

特点	并联电容补偿	串联电容补偿
降低网损角度	减小了输电线路及变压器的无功输送容量，降低网损作用大，用减少的无功功率来相应地输送更多的有功功率到用户那里，其投资成本可以在1～2年内收回，在工业发达国家被广泛应用。	基本未改变输电线路上的无功输送容量，只是提高了末端电压水平，不能降低网损，反而提高了负荷的电压造成负荷消耗无功增加，使线损增加，串补会产生铁磁谐振和自励磁等异常现象，对用电设备造成危害：在220kV及以下超高压输电线路中，可能与发电机组产生一种低于工频的次同步震荡，引起轴扭振，造成发电机轴系破坏，因此应用较少。

c. 其他补偿装置如表3-8所示。

表3-8　其他补偿装置及其特点

类型	特点
同步调相机	调相机实质上是空载运行的同步电动机，它可以供给系统无功功率，也可以从系统吸收大约相当于其容量的50%～65%的无功功率，当系统无功出力不足，电压突然下降时，调相机可以借助励磁调节作用增加对系统的无功功率输出。反之，可以减少励磁，从系统吸收无功功率，能自动地维持系统电压，起到静态电压支持作用，改善系统潮流分布，降低电能损耗。特别是有强行励磁装置时，调相机可以对电网起到动态电压支持作用，提高电网稳定。同步调相机满载运行时，有功损耗为额定容量的1.5%～5%。一般容量越小，功率损耗越大。
静止无功补偿装置(SVC)	用不同的静止断路器投切电容器或电抗器，使其具有吸收和发出无功电流的能力，用于提高电网的功率因数，稳定系统电压，抑制系统振荡等功能的装置。

【思考与练习】

1. 什么是远方操作双确认功能？
2. 简述如何进行定值区切换？
3. 目前电力系统有哪些调压手段？

第四章　智能设备运维操作

本章共7个模块实训项目内容，重点介绍智能变电站变压器、开关类设备、电容(电抗)器、智能组件设备典型操作等设备正常的操作。

模块一　变压器的操作

一、主变压器的运行操作

1. 主变在运行前，应仔细检查本体及辅助设备处于完好状态，确认变压器及其保护装置在良好状态，具备带电运行条件。并注意所有临时接地线、标示牌、遮拦应拆除，工作票收回，常设警告牌悬挂妥当，分接开关位置正确，各阀门开闭正确。

2. 新主变试运行前，需进行五次冲击合闸试验(大修后的变压器进行三次)，应无异常，保护装置不误动作。试运行24小时后，方可转正式运行。变压器的充电应在有保护装置的电源侧用断路器操作，停运时应先停负载侧，后停电源侧。

3. 变压器的停送电顺序。变压器的充电应在有保护装置的电源侧用断路器操作；停运时，先停负载再停电源侧。送电时，先送电源侧再送负荷侧。

二、有载调压开关运行操作

1. 有载调压操作时，应逐级调压，同时监视分接位置及电压、电流变化。

2. 每次调压一档后，至少应间隔一分钟以上，才能进行下一档位的调节。

3. 对有载调压开关的调节次数应加以控制，每天尽可能不要超过10次。

4. 变压器过载1.2倍以上时，严禁调整分接头。

5. 有载开关巡视时包括：分接位置指示器指示正确；开关及其附件各部位

无渗漏油;电动机构箱内部清洁,机构箱门关闭严密,密封良好。

6. 变压器有载分接开关运行 6～12 个月或切换 2000～4000 次后,应取切换开关箱中的油样做试验;新投入的分接开关,在投运后 1～2 年或切换 5000 次后,应将切换开关吊出检查,此后可按实际情况确定检查周期;运行中的有载分接开关切换 5000～10000 次后或绝缘油的击穿电压低于 25kV 时,应更换切换开关箱的绝缘油。

模块二　开关类设备操作规定

一、断路器操作的一般要求

(1)断路器经检修后恢复运行,操作前应检查检修中为保证人身安全所设置的措施(如接地线)是否全部拆除,防误闭锁装置是否正常。

(2)检查 SF_6 断路器气体压力是否在规定的范围内,各种信号正确、表计指示正常。

(3)操作前应检查控制回路、辅助回路、控制电源、保护装置、储能电源均正常,储能机构已储能,即具备运行操作条件,保护装置应按现场需要投入或停用。

(4)操作前,检查相应隔离开关和断路器位置。

(5)操作控制把手时,不能用力过猛,以防损坏控制开关;不能返回太快,以防时间短断路器来不及合闸。

(6)长期停运超过 6 个月的断路器在正式执行操作前应在冷备用状态下用控制开关进行试操作 2～3 次,无异常后方能按操作拟定的方式操作。

(7)拉、合断路器的正常操作必须采用三相操作,分相操作只允许在对空载线路送电和切断故障后的强送电,并得到调度员的同意时才能进行。

(8)运行断路器停电检修,必须先拉开断路器,再拉开负荷侧和电源侧隔离开关,并在断路器两侧验电合接地刀闸,送电时则反之。

(9)正常情况下,采用遥控或测控装置操作断路器,不得现场就地操作。

二、断路器故障状态下的操作规定

(1)断路器运行中由于某种原因造成 SF_6 断路器 SF_6 压力降低到闭锁值时,禁止对断路器进行操作。运行中的断路器应及时采取措施改变运行方式或断开上一级断路器,将故障断路器退出运行。

(2)断路器的实际短路开断容量接近或小于运行地点的短路容量时,严禁就地(断路器处)操作,在短路故障开断后禁止强送,并应停用自动重合闸。

(3)值班人员应认真记录断路器事故跳闸次数,当断路器操作达到规定次数,应上报工区、调度,以确保断路器及时检修,当断路器切断故障电流的次数比现场规程规定的次数少一次且断路器完好时,若需合闸运行,应停用断路器的重合闸装置。

三、手车式断路器的操作步骤

1. 断路器分闸操作

(1)检查柜体显示器开关运行正常,线路带电显示器三相灯亮。

(2)使用分闸线圈拉开断路器。

(3)通过视察窗确认开关已在“分闸”位置。柜体显示装置面板中开关指示灯已由“红色”转为“绿色”,开关保护装置“分闸”指示灯亮。

2. 手车由工作位置移到试验位置的操作

(1)确认断路器处于分闸位置。

(2)确认手车在工作位置并取下操作手柄将操作手柄通过门上的孔插入手车的传动轴。按逆时针方向转动(手柄慢慢从隔室中抽出来),听到手柄的分离喀嚓声表示手车已被抽出。

(3)通过柜体上的开关位置显示装置(线路隔离开关显示为分闸状态),确认手车已移至试验位置。

3. 接地闸刀的合闸操作

(1)检查开关确已处于试验位置,开关线路带电显示器三相灯灭。

(2)提起接地闸刀解锁柄,打开操作孔。保持提起的解锁柄,将手柄朝上,插入接地开关操作手柄,将手柄往下驱动至接地闸刀被合上。

(3)检查接地开关的指示器位置,确认接地闸刀已合上。

4. 手车拉出柜体的操作

(1)检查开关确已在试验位置,接地闸刀确已合上。

(2)向外拉开柜门。

(3)打开门,检查开关在试验位置,断开手车所有低压回路空气开关,水平拉低压插头的解锁杆,断开低压插头,将它放置在手车的上部。

(4)拉出运输小车。

(5)锁好柜门。

5. 手车移进柜体的操作

(1)同上方法打开柜门。

(2)将导轨与柜体导轨对齐后,移近小车将小车紧靠导轨。将手车推入柜内,确保将手车推到底(推进斜坡的“喀嚓声”证明位置正确)。将小车把手抬起,移开小车。

(3)锁好柜门。

6. 接地闸刀的分闸操作

(1)检查开关确在试验位置。

(2)提起接地闸刀解锁柄,将手柄向下插入接地闸刀操作孔,将手柄向上驱动,打开接地闸刀。

(3)检查接地开关的指示器位置,确认接地闸刀确已拉开,手车柜门已锁好。

7. 手车从试验位置推入工作位置的操作

(1)先将低压插头(航空插头)插入插座并锁闭。

(2)检查手车断路器确已拉开,接地闸刀确已拉开。

(3)将手柄通过门上的锁孔插入手车的传动轴中。顺时针转动手柄(手柄慢慢进入到隔室中)使手车进入,听到手柄的分离喀嚓声表示手车已被推入。

(4)通过柜体上的开关位置指示确认开关确已推至工作位置。

8. 断路器合闸操作

(1)检查开关确在工作位置。

(2)使用合闸线圈拉开断路器。

(3)通过视察窗确认开关已在"合闸"位置。柜体显示装置面板中开关指示灯已由"绿色"转为"红色",开关保护装置"合闸"指示灯亮。

四、手车式操作的注意事项

1. 该装置具有良好的机械闭锁功能,在操作过程中如有问题,应先检查各机械闭锁开关是否都已打开。

2. 断路器的接地开关在"合"位置时,手车开关无法摇进;手车不在试验位置时,接地开关无法合闸。

3. 断路器合闸时,手车无法摇进/出;如果航空插头没有插入并锁紧,断路器无法被推入工作位置。

4. 停、送电操作顺序必须严格执行有关规程规定。

5. 检修结束后应认真验收,仔细检查设备有无异常和现场情况,无误后方可按调令进行送电操作。

6. 手车不允许停留在工作位置与试验位置之间任何中间位置。

7. 在拉开关停电前,应检查三相带电显示器灯均亮并显示"带电"。

8. 接地闸刀在合闸位置,断路器手车不能从试验位置推入工作位置;断路器手车在工作位置,接地闸刀不能合闸(机械联锁)。

五、三工位隔离断路器的操作

35kV设备区开关柜均采用CGIS开关柜,柜内母线舱段和隔离开关舱段均采用封闭结构，内部充装以氮气为主要成分的绝缘气体，配以传统的真空断路器构成一个完成的设备操作间隔。其中隔离开关、接地刀闸采用三工位设计，结合真空断路器实现开关与线路的状态转换过程。三工位实物画面图如图 4-1 所示。

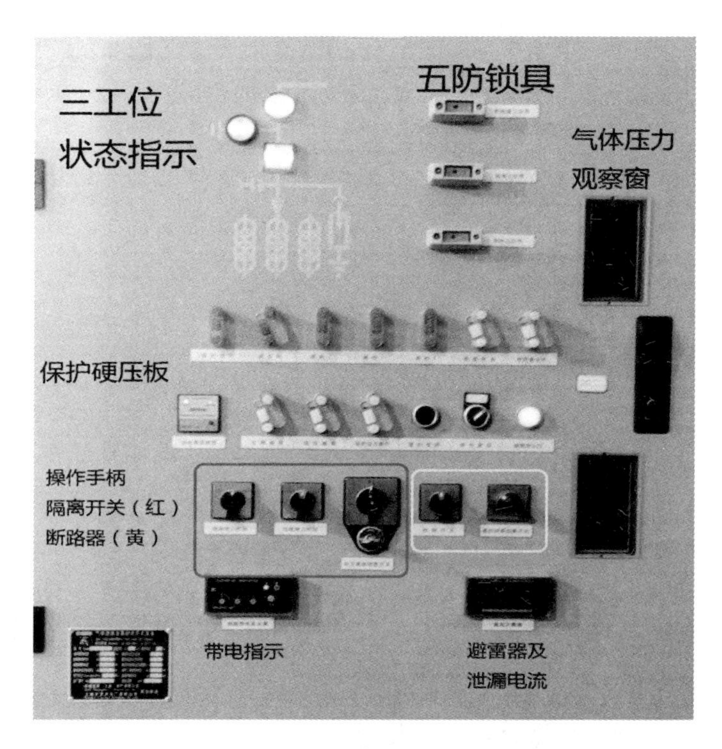

图 4-1　三工位断路器柜实物画面图

1. 基本操作

断路器操作过程与常规真空断路器操作方式一致，闭锁逻辑上，由于断路器兼作接地开关，在线路检修操作过程中(三工位隔离开关接地合状态时)，线路带电指示器显示线路三相确无电压时，才能合上断路器。线路其他状态(冷备用、热备用时)，断路器可直接分合。

隔离开关操作均由电机完成，其存在三种状态"母线合－母线分－接地合"，各个状态相互独立且唯一确定。闭锁逻辑上，只有当断路器处于分闸状态时，才能操作隔离开关进行三个状态之间的切换。

由于是封闭式绝缘柜，任何情况下，当气室内绝缘气体介质压力低于闭锁值时，隔离开关禁止操作。

常规操作过程(三工位隔离开关的手动操作过程)：

(1)操作前确认断路器处于分闸。

(2)确认三工位开关处在“操作”状态,如果在“锁定”状态,请推闭锁杆至“操作”状态,如图 4-2 所示。

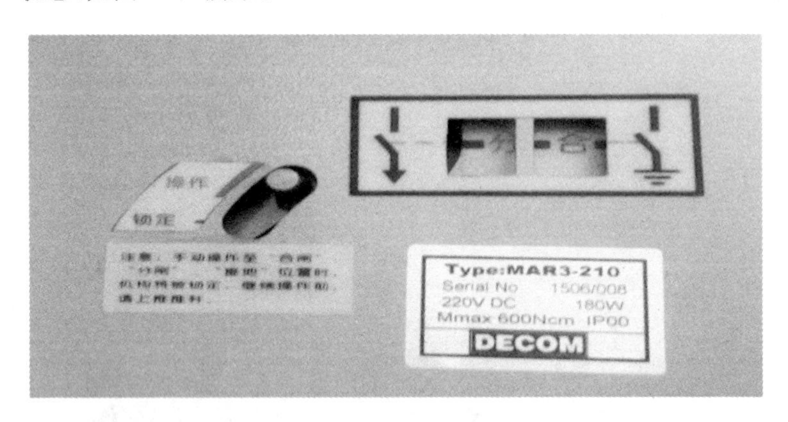

图 4-2　三工位状态图

(3)向左拨动操作插孔挡板,插入操作手柄,按照手柄插孔旋转方向操作即可,如图 4-3 所示。

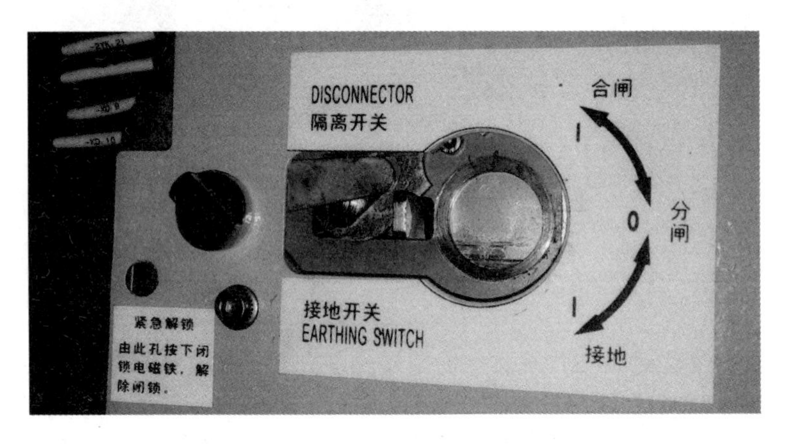

图 4-3　三工位操作开关图

但请注意:

① “分合”位置在变化到位时,闭锁杆会重新锁定,如果需要继续操作,推闭锁杆至“操作”状态。

② 当处在“合一分”状态时,隔离开关已连接母线,请不要再逆时针旋转操作杆,否则将损坏三工位机构。

③ 当处在“分一合”状态时,隔离开关已处接地状态,请不要顺、逆时针旋转操作杆,否则将损坏三工位机构。

2. 运行注意事项

(1)三工位机构电动操作失败时,请检查电机电源、操作回路是否正常,气室压力是否正常,闭锁杆是否处在“操作”状态。

(2)巡视检查应注意气体压力。

六、隔离开关的运行操作及注意事项

1. 操作刀闸前,应检查对应开关三相确在分闸位置后方可操作。电动操作的刀闸,在操作前应检查闭锁回路和电气回路应完好,操作前后应放上或取下刀闸操作电源保险,刀闸操作后应进行检查。进行分闸操作后,应逐相检查三相刀闸确实分开。进行合闸操作后,应逐相检查三相刀闸确实到位,其触头接触的深度适当,接触良好,三相同步。

2. 手合隔离开关应迅速、果断,但合闸终了时不可用力过猛。合闸后应检查动、静触头是否合闸到位,接触是否良好。

3. 手分隔离开关开始时,应慢而谨慎;当动触头刚离开静触头时,应迅速,拉开后检查动、静触头断开情况。

4. 隔离开关在操作过程中,如有卡滞、动触头不能插入静触头、合闸不到位等现象时,应停止操作,待缺陷消除后再继续进行。

5. 在操作隔离开关过程中,要特别注意。若瓷瓶有断裂等异常应迅速撤离现场,防止人身受伤。

6. 用电动操作的刀闸,操作完毕后拉开其刀闸操作电源。

7. 在改检修状态时,值班人员必须到现场进行接地刀闸的就地近控操作,此时机构箱内对应的近远控小开关应放置在近控位置。

8. 电动操作刀闸时,刀闸的机构箱正门必须关好。

在操作过程中如果发生带负荷拉、合刀闸:

(1)带负荷拉错刀闸时,在刀片刚离开固定触头时,便发生电弧,这时应立即合上,可以消除电弧,避免事故。但是刀闸已全部拉开,则不许将误拉的刀闸再合上。

(2)带负荷合刀闸时,即使发现合错,也不准将刀闸再拉开。因为带负荷拉刀闸,将造成三相弧光短路事故。

隔离开关手动操作注意事项:

(1)拉开隔离开关机构箱和断路器端子箱内的交流电源小开关。

(2)在右侧箱门,解除手动摇手柄挡板的闭锁,伸入摇手柄进行操作。

(3)在进行倒母线操作时,开关热倒母线侧刀闸应“先合后拉”,开关冷倒母线侧刀闸应“先拉后合”。

模块三 电容器的操作

1. 电容器组的投运与切除,应根据调度命令或本单位的有关规定进行。

2. 电容器组可在其额定电压的 1.1 倍下长期运行,但达到 1.15 倍时,每 24 时内运行不应超过 30 分钟。

3. 电容器的最大运行电流不应超过其额定电流的 1.3 倍。

4. 运行人员应经常监视电容器的运行环境温度。

5. 为了确保电容器的使用寿命年限,应注意避免运行中高电压(高于额定值)和高气温同时出现。

6. 新安装的电容器组或长期停用又重新启用的电容器组除交接实验或检测实验必须合格外,在正式投运前,应进行冲击合闸三次,每次间隔时间不应少于 5 分钟。

7. 电容器组切除后再次合闸,其间隔时间一般不少于 5 分钟,对于装有并联电阻的开关一般每次操作间隔不得少于 15 分钟。

8. 电容器在检查或维护工作结束,进行合闸前后应检查以下各项:

(1)检查工作现场是否符合投运条件。

(2)合闸前,所有临时接地线、标示牌、遮栏等是否已经全部拆除。

(3)合闸后,电容器组的工作电压与电流是否在允许范围。

(4)电容器投入运行后要监视电压和电流值,并做好记录,对投运的新电容器组应适当增加巡视检查次数。

(5)当电容器组在运行中个别熔丝熔断,但开关尚未跳闸,仍可继续运行,待停电后一并进行处理。

(6)接有电容器组的母线失压时,其电容器组开关应断开,恢复送电时,应后合电容器组开关。

(7)对运行中的电容器组除正常巡视外,在夏季环境温度较高或运行参数接近限值时,应适当增加巡视次数,加强监视。

(8)本站分散式并联电容器组,运行时安装电容器组的框架带电,在进行电容器组转检修操作时,必须将电容器组框架及中性点分别短路接地放电。

模块四　合并单元检修操作

一、对应间隔一次设备停电，模拟量输入式间隔合并单元检修

电气主接线方式	双母线接线方式	
检修试验项目名称	对应间隔一次设备停电，模拟量输入式间隔合并单元检修	
检修试验应具备条件	对应间隔一次设备停电	
检修试验操作步骤	1	退出对应的线路保护 SV 接收软压板
	2	退出母线保护该间隔 SV 接收软压板
	3	投入该间隔合并单元“检修压板”

二、变压器停电，本体合并单元检修

电气主接线方式	双母线接线方式	
检修试验项目名称	变压器停电，本体合并单元检修	
检修试验应具备条件	变压器停电	
检修试验操作步骤	1	退出对应的主变保护中本体合并单元 SV 接收软压板
	2	投入该变压器本体合并单元“检修压板”

对应一次设备运行，单套合并单元检修试验操作。

1. 母线运行，模拟量输入式母线合并单元检修

电气主接线方式	双母线接线方式	
检修试验项目名称	对应电压等级母线运行，模拟量输入式母线合并单元检修	
检修试验应具备条件	对应电压等级母线运行	
检修试验操作步骤	1	停用对应的线路保护或主变保护、母线保护
	2	退出对应的母线保护中母线电压 SV 接收软压板
	3	退出对应的间隔保护母线电压 SV 接收软压板
	4	投入该母线合并单元“检修压板”

双重化配置下停用单套母线电压合并单元。

2. 双母线接线方式，双母线运行，单条母线电压互感器检修

电气主接线方式	双母线接线方式	
检修试验项目名称	双母线运行，单条母线电压互感器检修	
检修试验应具备条件	对应双母线运行	
检修试验操作步骤	1	合上母联开关或检查母联开关在合位
	2	在两套母线电压合并单元上强制电压并列
	3	拉开检修电压互感器的二次空气开关
	4	检查检修电压互感器所属的母线电压指示正常
	5	拉开检修电压互感器的一次隔离开关
	6	将检修电压互感器接地(合上接地刀闸)

备注：电子式互感器合并单元检修，均应汇报调度，停用对应的一次设备，然后以参照模拟量输入式合并单元的检修方法进行。

三、对应间隔一次设备运行，模拟量输入式间隔合并单元检修

电气主接线方式	双母线接线方式	
检修试验项目名称	对应间隔一次设备运行，模拟量输入式间隔合并单元检修	
检修试验应具备条件	对应间隔一次设备运行	
检修试验操作步骤	1	停用对应的间隔保护或母联保护、母线保护
	2	退出对应的保护 SV 接收软压板
	3	退出母线保护该间隔 SV 接收软压板
	4	投入该间隔合并单元“检修压板”

当停用某套间隔合并单元、一次设备不停用时，相对应套的线路保护、母差保护、变压器电气量保护、母联(分段)独立过流保护同时停用，投入“检修状态”硬压板。此时接入该合并单元的测控、计量、故障录波器等装置失去交流采样。

当停用某套间隔合并单元、一次设备同时停用时，应将该间隔合并单元投停用状态，相对应套的线路保护、母差保护、变压器电气量保护、母联(分段)独立过流保护退出“SV 投入”压板。此时接入该合并单元的测控、计量、故障录波器等装置失去交流采样。

四、变压器运行，本体合并单元检修

电气主接线方式	双母线接线方式	
检修试验项目名称	变压器运行，本体合并单元检修（独立的本体合并单元）	
检修试验应具备条件	变压器运行	
检修试验操作步骤	1	退出对应的主变保护中本体合并单元 SV 接收软压板
	2	投入该变压器本体合并单元“检修压板”

模块五　智能终端检修操作

1. 对应一次设备停电，智能终端检修试验间隔智能终端检修操作

电气主接线方式	双母线接线方式	
检修试验项目名称	对应间隔一次设备停电，间隔智能终端检修	
检修试验应具备条件	对应间隔一次设备停电	
检修试验操作步骤	1	退出对应间隔保护 GOOSE 跳闸出口软压板
	2	停用对应间隔保护
	3	退出母线保护间隔 GOOSE 跳闸出口软压板
	4	投入该间隔智能终端“检修压板”

2. 变压器停电，本体智能终端检修

电气主接线方式	双母线接线方式	
检修试验项目名称	变压器停电，本体智能检修	
检修试验应具备条件	变压器停电	
检修试验操作步骤	1	退出非电量跳闸出口硬压板
	2	投入该变压器本体智能终端“检修压板”

3. 双母线接线方式，母线智能终端检修

电气主接线方式	双母线接线方式	
检修试验项目名称	对应电压等级母线运行，母线智能终端检修	
检修试验应具备条件	对应电压等级的母线运行	
操作内容	1	投入该终端“检修压板”

4. 双母线接线方式，单套间隔智能终端检修

电气主接线方式	双母线接线方式
检修试验项目名称	对应间隔一次设备运行，单套间隔智能终端检修
检修试验应具备条件	对应间隔一次设备运行

（续表）

电气主接线方式	双母线接线方式	
操作步骤	1	退出对应的间隔智能终端分闸、合闸压板
	2	退出间隔智能终端闭锁重合闸压板
	3	退出对应线路或主变保护的 GOOSE 输出软压板
	4	退出母线保护中对应该间隔的 GOOSE 输出软压板
	5	投入该单套间隔智能终端“检修压板”

当停用第一套智能终端时，应将第一套智能终端投停用状态，对于线路间隔，若一次开关为“双跳圈、双合圈”设备，则第二套线路保护装置仍具备单相重合闸功能；若一次开关为“双跳圈、单合圈”设备，则第二套线路保护装置还应将 GOOSE 合闸出口软压板退出、停用重合闸软压板投入；对应线路间隔将失去重合闸功能。

模块六　智能变电站的典型操作

一、基本规定

(1)退出全套保护装置时,应先退出保护装置跳闸、失灵启动和联跳等 GOOSE 输出压板,后投入检修硬压板。

(2)一次设备运行状态下修改保护定值时,必须退出保护。切换定值区的操作不必停用保护。

(3)检修范围包括智能终端、间隔保护装置时,应退出与之相关联的运行设备(如母线保护、断路器保护等)对应的 GOOSE 发送、接收软压板。

(4)退出保护装置的一种保护功能时,只需要退出该保护的功能软压板,如该保护功能设有独立的跳闸出口等 GOOSE 输出,也应退出相应的 GOOSE 输出软压板。

(5)正常运行时,保护装置的检修硬压板应退出。

(6)在投入保护的 GOOSE 输出软压板前,应检查确认保护及安全自动装置未给出动作或告警信号(报文)。

(7)对于单支路电流构成的保护及安全自动装置,如 220kV 线路保护等,一次设备停运二次设备检修时,退出保护装置。

(8)拉合保护装置直流电源前,应先退出保护装置中所有的 GOOSE 输出软压板。

(9)双重化配置的保护装置如果各自组屏(柜),则在保护装置退出、消缺或试验时,宜整屏(柜)退出,如果组在一面保护屏(柜)内,保护装置退出、消缺或试验时,应做好防护措施。

(10)在保护装置或光纤回路上工作前,现场运维人员应审核工作人员的工作票与安全措施,并监督工作人员严格按工作票中的内容进行作业。

1. 一次设备间隔停役时继电保护的操作

当一次设备某间隔(如线路、母联、变压器)为热备用时,视为该间隔投入运行,继电保护设备应正常投入运行。

当一次设备某间隔(如线路、母联、变压器)转冷备用或检修后,继电保护设备应进行如下操作:

所有母差保护退出相应间隔“SV 投入”软压板,退出相应间隔 GOOSE 出口、GOOSE 启动失灵软压板,元件投入软压板。

此间隔的保护一般应在投入状态(SV 软压板的操作按照附录 5 执行),此时不应在保护装置及二次回路上有任何工作。若有相关工作,应将保护投信号或改停用。

2. 一次设备间隔重合闸功能的操作

当需要退出某套线路保护装置的重合闸功能时，应退出该套保护的GOOSE重合闸出口压板；当需要停用整条线路重合闸功能时，第一、二套线路保护的GOOSE重合闸出口软压板应退出、停用重合闸软压板应投入。

当需要修改线路重合闸方式（如单重改综重）时，第一、二套线路保护的重合闸方式控制字均需进行修改，重合闸出口软压板不应更改。

3. 一次设备间隔定值修改的操作

一次设备间隔依照调度指令需修改保护装置定值时，在整定菜单中进行参数修改，无须调整任一软压板状态。

4. 220kV三绕组变压器两侧运行的操作

当220kV三绕组变压器两侧运行时，在某侧一次开关转冷备用或检修后，应将两套变压器电气量保护中对应侧"SV投入"软压板退出，同时退出对应侧GOOSE出口、GOOSE启动失灵软压板。

5. 母线互联时的操作

投入两套母差保护的"互联"功能软压板。

6. 母线PT检修时的操作

将第一套、第二套母线电压合并单元投PT并列，选择并列方式需特别注意，依照现场一次PT设备运行情况进行调整。

二、倒闸操作实例

1. 220kV线路间隔的设备及装置操作

此节介绍线路间隔设备与装置的典型操作内容，包括：

① 断路器转冷备用（线路转冷备用）；

② 断路器转检修；

③ 线路转检修；

④ 重合闸投停；

⑤ 主保护功能投停；

⑥ 定值修改；

⑦ 高压设备不停运情况下的单一装置转检修。

(1)断路器转冷备用、断路器转检修、线路转检修、断路器及线路转检修

一次设备与常规站一次设备操作顺序与方法相同，操作结束后需检查两套智能终端的各个设备分合位置指示灯应与现场一致。

注意：当一次设备停运后，停运间隔的一次设备或二次装置上有站内工作

时(如保护调试、电流互感器调试等),还需要按如下顺序操作:

两套220kV母差保护对应间隔"出口软压板、失灵开入软压板和元件投入软压板"退出。

两套220kV母差保护对应间隔"允许刀闸强制"选择"投",同时"Ⅰ、Ⅱ母刀闸强制"选择"退";

本间隔的两套线路保护装置"电压电流SV链路接收软压板"退出;

本间隔的两套线路保护装置"跳开关出口GOOSE发送软压板"退出;

本间隔的两套线路保护装置"启动开关失灵GOOSE发送软压板"退出。

(2)重合闸投停

220kV断路器采用"双跳圈,单合圈"设置,需要退出某套线路保护装置的重合闸功能时,应退出该套保护的GOOSE重合闸出口压板;当需要停用线路重合闸功能时,可停用两套智能终端的"智能终端合闸"硬压板。若保护装置上有工作时,第一、二套线路保护的GOOSE重合闸出口软压板应退出、"停用重合闸"软压板应投入。

(3)主保护功能投信号

对于PCS—931,主保护投信号只需退出"通道1差动"和"通道2差动"。

对于PCS—902,主保护投信号只需退出"纵联保护",主保护投停用时,还应拉开收发信机装置电源。

(4)定值修改及软压板固化

操作方式与常规站相同,密码"+←↑—"。

(5)高压设备不停运情况下的单一装置转检修

特殊情况时,在不停运主设备情况下停用单套智能装置的,参阅相关规定。

2. 220kV母线间隔的设备及装置操作

此节介绍母线间隔设备与装置的典型操作内容,包括:

① 热倒母线;

② 母线启动充电;

③ 单母、单组压变转冷备用或检修;

④ 母联(分段)断路器转冷备用或检修;

⑤ 差动保护退出运行;

⑥ 定值修改;

⑦ 高压设备不停运情况下的单一装置转检修。

(1)热倒母线

开始热倒母线的保护操作顺序:两套母差保护投入"母线互联"(互联方式依据操作实际选择)软压板→拉开母联断路器双套操作电源→开始热倒母线。

注意:不需要操作"电压并列"切换把手;热倒过程中,只需要确认每个操作的线路间隔两套智能终端的刀闸位置指示灯应与现场设备实际位置一致。

热倒结束后的保护操作顺序:

合上母联断路器双套操作电源→复归所有告警信息→两套保护装置差流正常,显示屏上的刀闸位置已与现场设备完全一致→退出两套母差保护投入"母线互联"软压板。

(2)母线启动充电

本站配有母联(分段)独立过流保护,当需要母线充电时,依照定值单投入"充电过流Ⅰ段""充电过流Ⅱ段""保护出口""启动失灵"使用,充电结束后,需退出相关软压板。

(3)单母、单组压变转冷备用或检修

一次设备操作模式与常规站相同,热倒负荷参考"热倒母线"章节。操作结束后,应检查智能终端的刀闸位置指示与现场一致。

注意:当一次设备停运后,停运设备可能影响到保护装置正常运行时(如设备上有调试工作、压变退出后母线仍运行等),还需要拉开相应的保护、计量空开,并操作"电压并列"切换把手,原则上在操作空开前,应先切换电压把手。具体操作依据表4-1。

表4-1　压变并列切换操作表

设备状态	空开或把手安装位置	把手或空开名称	运行位置
正常状态	220kVⅠ母PT汇控柜	Ⅰ母/Ⅱ母电压并解列	自动
		Ⅰ母/Ⅲ母电压并解列	Ⅰ母强制用Ⅲ母
		Ⅱ母/Ⅲ母电压并解列	自动
		第二套合并单元ⅠA母保护电压2	合位
		第一套合并单元Ⅱ母计量电压	合位
		第一套合并单元ⅠA母计量电压	合位
		第一套合并单元Ⅱ母保护电压	合位
		第一套合并单元ⅠA母保护电压1	合位
		电压监测ⅠA母计量电压	合位
		ⅠA母计量电压总开关	合位
	220kVⅡ母PT汇控柜	第一套合并单元Ⅱ母保护电压2	合位
		第二套合并单元ⅠA母计量电压	合位
		第二套合并单元Ⅱ母计量电压	合位
		第二套合并单元ⅠA母保护电压	合位
		第二套合并单元Ⅱ母保护电压1	合位
		ⅠB母计量电压	分位
		ⅠB母保护电压	分位
		电压监测Ⅱ母计量电压	合位
		Ⅱ母计量电压总开关	合位

（续表）

设备状态	空开或把手安装位置	把手或空开名称	运行位置
220kVⅠ母压变检修 注：当ⅠA母线同时检修时，“Ⅰ母/Ⅱ母电压并解列”仍切至“自动”	220kVⅠ母PT汇控柜	Ⅰ母/Ⅱ母电压并解列	Ⅱ母强制用Ⅰ母
		Ⅰ母/Ⅲ母电压并解列	自动
		Ⅱ母/Ⅲ母电压并解列	Ⅱ母强制用Ⅲ母
		第二套合并单元ⅠA母保护电压2	分位
		第一套合并单元Ⅱ母计量电压	合位
		第一套合并单元ⅠA母计量电压	分位
		第一套合并单元Ⅱ母保护电压	合位
		第一套合并单元ⅠA母保护电压1	分位
		电压监测ⅠA母计量电压	分位
		ⅠA母计量电压总开关	分位
	220kVⅡ母PT汇控柜	第一套合并单元Ⅱ母保护电压2	合位
		第二套合并单元ⅠA母计量电压	分位
		第二套合并单元Ⅱ母计量电压	合位
		第二套合并单元ⅠA母保护电压	分位
		第二套合并单元Ⅱ母保护电压1	合位
		ⅠB母计量电压	分位
		ⅠB母保护电压	分位
		电压监测Ⅱ母计量电压	合位
		Ⅱ母计量电压总开关	合位
220kVⅡ母压变检修 注：当Ⅱ母线同时检修时，“Ⅰ母/Ⅱ母电压并解列”仍切至“自动”	220kVⅠ母PT汇控柜	Ⅰ母/Ⅱ母电压并解列	Ⅰ母强制Ⅱ母
		Ⅰ母/Ⅲ母电压并解列	Ⅰ母强制Ⅲ母
		Ⅱ母/Ⅲ母电压并解列	自动
		第二套合并单元ⅠA母保护电压2	合位
		第一套合并单元Ⅱ母计量电压	分位
		第一套合并单元ⅠA母计量电压	合位
		第一套合并单元Ⅱ母保护电压	分位
		第一套合并单元ⅠA母保护电压1	合位
		电压监测ⅠA母计量电压	合位
		ⅠA母计量电压总开关	合位
	220kVⅡ母PT汇控柜	第一套合并单元Ⅱ母保护电压2	分位
		第二套合并单元ⅠA母计量电压	合位
		第二套合并单元Ⅱ母计量电压	分位
		第二套合并单元ⅠA母保护电压	合位
		第二套合并单元Ⅱ母保护电压1	分位
		ⅠB母计量电压	分位
		ⅠB母保护电压	分位
		电压监测Ⅱ母计量电压	分位
		Ⅱ母计量电压总开关	分位

（续表）

设备状态	空开或把手安装位置	把手或空开名称	运行位置
仅 220kVⅠB 母检修	220kVⅠ母 PT 汇控柜	Ⅰ母/Ⅱ母电压并解列	自动
		Ⅰ母/Ⅲ母电压并解列	自动
		Ⅱ母/Ⅲ母电压并解列	自动
	各空开无操作		

(4)母联(分段)断路器转冷备用或检修

运行方式上不允许双母线分裂运行，所以母联断路器的停役将伴随着母线停役，操作方式可参考“单母、单组压变转冷备用或检修”章节。若母联间隔内存在工作，还需要：

两套 220kV 母差保护母联(分段)间隔“出口软压板、失灵开入软压板和元件投入软压板”退出；

两套 220kV 母差保护母联(分段)间隔“允许刀闸强制”选择“投”，同时“Ⅰ、Ⅱ母刀闸强制”选择“退”；

母联(分段)独立过流保护应处停用状态。

(5)差动保护退出运行

由于保护装置升级调试等原因需要将差动保护退出运行的，原则上应轮流退出，保证母差始终有一套正常运行。停用的母差保护需退出主保护压板、所有元件投入软压板、所有失灵开入软压板和所有出口软压板。若省调另行规定的，依照省调调令要求操作。

(6)定值修改

操作方法参考相关运行规程。

(7)高压设备不停运情况下的单一装置转检修

特殊情况时，在不停运主设备情况下停用单套智能装置。

3. 220kV 主变间隔的设备及装置操作

此节介绍线路间隔设备与装置的典型操作内容，包括：

① 主变并列(负荷切换)；

② 主变本体转冷备用或检修；

③ 主变单侧断路器转冷备用或检修；

④ 非电量改投信号；

⑤ 定值修改；

⑥ 高压设备不停运情况下的单一装置转检修。

(1)主变并列(负荷切换)

#1、#2 主变参数完全相同,并列操作时,档位选择同一档位。可三侧全并列进行负荷切换,操作方式与常规变电站一致。无需调整任一智能设备。

(2)主变本体转冷备用或检修

一次设备与常规站一次设备操作顺序与方法相同,操作结束后需检查所有智能终端的各个设备分合位置指示灯应与现场一致。

注意:当一次设备停运后,停运间隔设备或装置上有工作,可能影响到保护装置正常运行的,还需要按如下顺序操作:

两套 220kV 母差保护对应主变间隔"出口软压板、失灵开入软压板和元件投入软压板"退出;

两套 220kV 母差保护对应主变间隔"允许刀闸强制"选择"投",同时"Ⅰ、Ⅱ母刀闸强制"选择"退";

两套 220kV 母差保护对应主变间隔"主变失灵联跳"和"解复压闭锁"退出;

110kV 母差保护对应主变间隔"出口软压板、失灵开入软压板和元件投入软压板"退出;

110kV 母差保护对应主变间隔"允许刀闸强制"选择"投",同时"Ⅰ、Ⅱ母刀闸强制"选择"退";

两套主变保护装置三侧"电流 SV 投/退"退出;

两套主变保护装置三侧"断路器跳闸出口"退出。

(3)主变单侧断路器转冷备用或检修

一次设备与常规站一次设备操作顺序与方法相同,操作结束后需检查所有智能终端的各个设备分合位置指示灯应与现场一致。由于主变并未完全停役,为避免保护误动,还必须按照如下顺序操作(以主变中压侧停役为例):

两套主变保护装置停役侧"电流 SV 投/退"退出;

两套主变保护装置停役侧"断路器跳闸出口"退出;

对应电压等级的母差保护主变停役侧间隔"出口软压板、失灵开入软压板和元件投入软压板"退出;

对应电压等级的母差保护主变停役侧间隔"允许刀闸强制"选择"投",同时"Ⅰ、Ⅱ母刀闸强制"选择"退";

对应电压等级的母差保护主变停役侧间隔"主变失灵联跳"退出。

如果单侧停役后,系统参数变化引起定值或保护功能需要更改的,以调度指令为准。

(4)非电量改投信号

退出主变本体智能柜非电量出口硬压板即可。

(5)定值修改

定值固化密码 800。

(6)高压设备不停运情况下的单一装置转检修

特殊情况时,在不停运主设备情况下停用单套智能装置的,请参阅规定。

4. 110kV 各间隔的设备及装置操作

此节介绍线路间隔设备与装置的典型操作内容,包括:

① 断路器、线路转冷备用或检修(线路转冷备用);

② 线路重合闸投停;

③ 线路主保护功能投停;

④ 热倒母线;

⑤ 母线启动充电;

⑥ 单母、单组压变转冷备用或检修;

⑦ 母联(分段)断路器转冷备用或检修;

⑧ 差动保护退出运行;

⑨ 定值修改。

本章节操作方式可参照 220kV 线路间隔、220kV 母线间隔的方法。由于110kV 保护装置仅配有单套,智能设备故障、异常等将导致此间隔失去保护。

深瑞装置定值固化密码 800;许继母差装置定值固化密码为空。

注意:表 4-2 特别列出单母、单组压变转冷备用或检修时,保护、计量空开,"电压并列"切换把手的操作要求。

表 4-2　压变并列投切操作表

设备状态	空开或把手安装位置	把手或空开名称	运行位置
正常状态	110kVⅠ母PT 汇控柜	Ⅰ母/Ⅱ母电压并解列	自动
		第二套合并单元Ⅰ母保护电压 2	合位
		第一套合并单元Ⅱ母计量电压	合位
		第一套合并单元Ⅰ母计量电压 1	合位
		第一套合并单元Ⅱ母保护电压	合位
		第一套合并单元Ⅰ母保护电压 1	合位
		电压监测Ⅰ母计量电压	合位
	110kVⅡ母PT 汇控柜	Ⅰ母计量电压(总)	合位
		第一套合并单元Ⅱ母保护电压 2	合位
		第二套合并单元Ⅰ母计量电压	合位
		第二套合并单元Ⅱ母计量电压 1	合位
		第二套合并单元Ⅰ母保护电压	合位
		第二套合并单元Ⅱ母保护电压 1	合位
		电压监测Ⅱ母计量电压	合位
		Ⅱ母计量电压(总)	合位

（续表）

设备状态	空开或把手安装位置	把手或空开名称	运行位置
110kVⅠ母压变检修 注：当Ⅰ母线同时检修时，“Ⅰ母/Ⅱ母电压并解列”仍切至“自动”	110kVⅠ母PT汇控柜	Ⅰ母/Ⅱ母电压并解列	Ⅰ母强制用Ⅱ母
		第二套合并单元Ⅰ母保护电压2	分位
		第一套合并单元Ⅱ母计量电压	合位
		第一套合并单元Ⅰ母计量电压1	分位
		第一套合并单元Ⅱ母保护电压	合位
		第一套合并单元Ⅰ母保护电压1	分位
		电压监测Ⅰ母计量电压	分位
		Ⅰ母计量电压(总)	分位
	110kVⅡ母PT汇控柜	第一套合并单元Ⅱ母保护电压2	合位
		第二套合并单元Ⅰ母计量电压	分位
		第二套合并单元Ⅱ母计量电压1	合位
		第二套合并单元Ⅰ母保护电压	分位
		第二套合并单元Ⅱ母保护电压1	合位
		电压监测Ⅱ母计量电压	合位
		Ⅱ母计量电压(总)	合位
110kVⅡ母压变检修 注：当Ⅱ母线同时检修时，“Ⅰ母/Ⅱ母电压并解列”仍切至“自动”	110kVⅠ母PT汇控柜	Ⅰ母/Ⅱ母电压并解列	Ⅱ母强制用Ⅰ母
		第二套合并单元Ⅰ母保护电压2	合位
		第一套合并单元Ⅱ母计量电压	分位
		第一套合并单元Ⅰ母计量电压1	合位
		第一套合并单元Ⅱ母保护电压	分位
		第一套合并单元Ⅰ母保护电压1	合位
		电压监测Ⅰ母计量电压	合位
		Ⅰ母计量电压(总)	合位
	110kVⅡ母PT汇控柜	第一套合并单元Ⅱ母保护电压2	分位
		第二套合并单元Ⅰ母计量电压	合位
		第二套合并单元Ⅱ母计量电压1	分位
		第二套合并单元Ⅰ母保护电压	合位
		第二套合并单元Ⅱ母保护电压1	分位
		电压监测Ⅱ母计量电压	分位
		Ⅱ母计量电压(总)	分位

模块七　智能变电站继电保护及运行操作注意

根据运行要求，应对变电站二次设备状态予以划分和规定，且一、二次设备运行状态之间的对应关系应明确、统一。按照《智能变电站220kV继电保护设备的运行规定》继电保护设备的运行状态一般分为“跳闸”“信号”“停用”三种状态。

一、保护方式运行状态调整

1. 线路高频保护装置状态

高频保护跳闸状态：投入装置交流电源，投入收、发讯机直流电源，通道完好，投入保护功能软压板，投入GOOSE出口软压板，保护装置检修状态硬压板置于退出位置。

高频保护信号状态：投入装置交流直流电源，投入收、发讯机直流电源，退出主保护功能软压板，投入GOOSE出口软压板，保护装置检修状态硬压板置于退出位置。

高频保护停用状态：投入装置交直流电源，退出收、发讯机直流电源，退出主保护功能软压板，投入GOOSE出口软压板，保护装置检修状态硬压板置于退出位置。

微机高频保护停用状态：退出装置交直流电源，退出收、发讯机直流电源，退出保护功能软压板，退出GOOSE出口软压板，保护装置检修状态硬压板置于投入位置。

2. 线路光纤保护装置状态

光纤保护跳闸状态：投入装置交直流电源，投入光纤接口装置直流电源，通道完好，投入保护功能软压板，投入GOOSE出口软压板，保护装置检修状态硬压板置于退出位置。

光纤保护信号状态：投入装置交直流电源，投入光纤接口装置直流电源，退出主保护功能软压板，投入GOOSE出口软压板，保护装置检修状态硬压板置于退出位置。

光纤保护停用状态：投入装置交直流电源，退出光纤接口装置直流电源，退出主保护功能软压板，投入GOOSE出口软压板，保护装置检修状态硬压板置于退出位置。

微机光纤保护停用状态：退出装置交流电源，退出光纤接口装置直流电源，退出保护功能软压板，退出 GOOSE 出口软压板，保护装置检修状态硬压板置于投入位置。

3. 线路光纤纵差保护装置状态

光纤纵差保护跳闸状态：投入装置交直流电源，投入保护功能软压板，投入 GOOSE 出口软压板，保护装置检修状态硬压板置于退出位置。

光纤纵差保护信号状态：投入装置交直流电源，退出主保护功能软压板，投入 GOOSE 出口软压板，保护装置检修状态硬压板置于退出位置。

微机光纤纵差保护停用状态：退出装置交流电源，退出保护功能软压板，退出 GOOSE 出口软压板，保护装置检修状态硬压板置于投入位置。

4. 母差保护装置状态

跳闸：投入装置交直流电源，投入相关间隔功能软压板，投入相关间隔 GOOSE 出口软压板，保护装置检修状态硬压板置于退出位置。

停用：退出装置交直流电源，退出相关间隔功能软压板，退出相关间隔 GOOSE 出口软压板，保护装置检修状态硬压板置于投入位置。

5. 母联(分段)独立过流保护装置状态

跳闸：投入装置直流电源，投入相关间隔功能软压板，投入相关间隔 GOOSE 出口软压板，保护装置检修状态硬压板置于退出位置。

停用：退出装置直流电源，退出相关间隔功能软压板，退出相关间隔 GOOSE 出口软压板，保护装置检修状态硬压板置于投入位置。

6. 智能终端装置状态

跳闸：投入装置直流电源，投入跳、合闸出口硬压板，智能终端检修状态硬压板置于退出位置。

停用：退出装置直流电源，退出跳、合闸出口硬压板，智能终端检修状态硬压板置于投入位置。

7. 合并单元装置状态

跳闸：投入装置直流电源，装置运行正常，合并单元检修状态硬压板置于退出位置。

停用：退出装置直流电源，合并单元检修状态硬压板置于投入位置。

8. 变压器电气量保护装置状态

跳闸：投入装置交直流电源，投入差动及各侧后备保护功能软压板，投入 GOOSE 出口软压板，保护装置检修状态硬压板置于退出位置。

信号：投入装置交直流电源，投入差动及各侧后备保护功能软压板，退出

GOOSE 出口软压板，保护装置检修状态硬压板置于退出位置。

停用：退出装置交直流电源，退出差动及各侧后备保护功能软压板，退出 GOOSE 出口软压板，保护装置检修状态硬压板置于投入位置。

差动保护跳闸：投入装置交直流电源，投入差动保护功能软压板，投入 GOOSE 出口软压板，保护装置检修状态硬压板置于退出位置。

差动保护信号：投入装置交直流电源，退出差动保护功能软压板，投入 GOOSE 出口软压板，保护装置检修状态硬压板置于退出位置。

某侧后备保护跳闸：投入装置交直流电源，投入某侧后备保护功能软压板，投入 GOOSE 出口软压板，保护装置检修状态硬压板置于退出位置。

某侧后备保护信号：投入装置交直流电源，退出某侧后备保护功能软压板，投入 GOOSE 出口软压板，保护装置检修状态硬压板置于退出位置。

二、SV 和 GOOSE 相关功能软压板操作

1. 保护装置的间隔“MU 投入”软压板，其投入含义是对应间隔的交流信号参与保护计算，等同于保护装置接入该间隔的次级绕组交流信号。

2. 保护装置的间隔“MU 投入”软压板的操作应在间隔的停电的情况下进行；“MU 投入”软压板的投入应在一次设备投入运行前操作，退出时应在一次设备退出运行后操作；当一次设备退出运行而二次系统无工作时，可不改变保护装置的“MU 投入”软压板状态。

3. 正常运行时，接入两个及以上 MU 的保护装置，如母差保护、变压器电气量保护，当某间隔一次设备处于运行状态时，对应该间隔的“MU 投入”软压板应投入。

4. 当 220kV 三绕组变压器两侧运行时，在某一侧开关转冷备用或检修后，现场应及时将两套变压器电气量中的对应侧的“MU 投入”软压板退出。

5. 当 220kV 某一个间隔设备退出运行时，在间隔开关转冷备用或检修后，现场应及时将两套母差保护中对应间隔的“MU 投入”软压板退出。

6. 断路器检修时，应退出母差保护装置中与该断路器相关的 SV 软压板和 GOOSE 接收软压板。

7. 操作保护装置 SV 软压板前，应确认对应的一次设备停电或保护装置 GOOSE 发送软压板已退出。否则，误退出保护装置“SV 软压板”，可能引起保护误动、拒动。

8. 典型操作票解释

在一次设备热备用转检修或运行转检修的时候，二次继电保护设备需要进行相应的操作。此时，GOOSE 相关软压板、SV 相关软压板与其对应的智

能终端和合并单元如果在检修位置上存在不对应，则可能造成保护装置闭锁。

9. 智能设备检修压板注意事项

(1)处于“投入”状态的合并单元、保护装置、智能终端不得投入检修硬压板。

① 误投合并单元检修压板，保护装置将闭锁相关的保护功能。

② 误投智能终端检修硬压板，保护装置跳合闸命令将无法通过智能终端作用于断路器。

③ 误投保护装置检修硬压板保护装置将被闭锁。

④ 设备转运行前确认各智能组件检修压板已退出。

(2)合并单元检修硬压板操作原则。

① 操作合并单元检修硬压板前，应确认所属一次设备处于检修状态或冷备用状态，且所有相关保护装置的 SV 软压板已退出，特别是仍继续运行的保护装置。

② 一次设备不停电情况下进行合并单元检修时，应在对应的所有保护装置处于“退出”状态后，方可投入该合并单元检修硬压板。

三、操作注意事项

1. 当需要退出某套线路保护装置的重合闸功能时，应退出该套保护的 GOOSE 重合闸出口压板；当需要停用线路重合闸功能时，第一、第二套线路保护的 GOOSE 重合闸出口软压板应退出，停用重合闸软压板应投入。

2. 当继电保护装置中的某种保护功能退出时，应首先退出该功能独立设置的出口压板；如无独立设置的出口压板，应退出其功能投入压板；若无功能投入的压板或独立设置的出口压板，应退出装置共用的出口压板。

3. 保护装置应处理 MU 上送的数据品质(无效、检修等)，及时准确提供告警信息。在异常状态下，利用 MU 的信息合理地进行保护功能的退出和保留，瞬间闭锁可能误动的保护，延时告警，并在数据恢复正常之后尽快恢复被闭锁的保护功能，不闭锁与该异常采样数据无关的保护功能。

4. 当继电保护设备出现危及设备安全运行或现场安全运行等紧急缺陷时，值班调度员应立即采取变更运行方式、停运相关一次设备、投停相关继电保护等应急措施。

5. 智能变电站继电保护设备的软件应经调度机构备案并允许后方可投入运行，运行中的软件版本需征得相应调度机构的同意后方可调整，版本调整后应做必要的试验。

6. 一次设备停电时,应先停一次设备,后停继电保护设备;送电时,在送电前检查继电保护设备应完好且投入,继电保护设备无工作需要时可不退出,但应在一次设备送电前检查继电保护状态正常。

7. 合并单元、智能终端、继电保护装置等双重化配置的设备其中一套异常或故障时,可不停运相关一次设备。对于单套配置的间隔,对应一次设备应退出运行。

8. 当一次设备某间隔(如线路、母联、变压器)为热备用时,视为该间隔投入运行,继电保护设备应正常投入运行。

9. 当一次设备某间隔(如线路、母联、变压器)为冷备用或检修后,继电保护设备应进行如下操作:

(1)母差保护退出相应间隔"MU 投入"软压板,退出相应间隔 GOOSE 出口,GOOSE 启动失灵软压板。

(2)相关间隔的保护一般应在投入状态,此时不应在保护装置及二次回路上有任何工作,若有相关工作,应将保护投信号或改停用。

10. 对于双重化配置的 220kV 间隔,当停用第一(二)套智能终端时,应将第一(二)套智能终端投停用状态,对应的保护装置投入检修状态硬压板。

11. 对于双重化配置的 220kV 间隔,当停用某套合并单元时,应将该合并单元投停用状态,相对应的线路保护、母差保护、变压器电气量保护、母联(分段)独立过流保护投入"检修状态"硬压板。此时接入该合并单元的测控、计量、故障录波器等装置失去交流采样。

12. 对于双重化配置的 220kV 母线电压合并单元,当单套停用时,对于线路间隔保护,若保护接入线路电压,则可不进行任何操作,线路保护正常投入;对于其他情况,相应保护将失去母线电压,保护装置的处理应现场根据原理进行相关的操作。

13. 当 220kV 三绕组变压器两侧运行时,在某侧一次开关转冷备用或检修后,应将两套变压器电气量保护中对应侧"MU 投入"软压板退出,同时退出对应侧 GOOSE 出口、GOOSE 启动失灵软压板。

14. 母线 PT 检修时,应将第一套、第二套母线电压合并单元投 PT 并列。

15. 当 220kV 线路开关停电或保护有工作时,应停用该开关的失灵保护。失灵保护故障、异常,必须停用失灵保护,并解除其启动其他保护的回路(如母差保护)。

16. 操作带有闭锁装置的隔离开关时,应按闭锁装置的使用规定进行,不得随便动用解锁钥匙或破坏闭锁装置。事故情况下,允许使用紧急解锁钥匙进行应急解锁,但是必须履行解锁申请和许可手续,并由两人进行。

17. 智能变电站扩建间隔保护传动试验时，应防止误跳运行开关，防止误启动闭锁运行间隔保护。安全措施可有以下几种：①相关一次设备陪停。②采用调试交换机进行脱网调试。③试验保护置检修态，区别于运行设备。④退出试验保护与运行设备间的出口压板及接收压板具体试验时，应根据现场运行方式和保护配置，采用不同的安全措施。

18. 智能变电站扩建间隔保护软压板遥控试验时，为防止监控后台配置错误而造成误遥控运行间隔一次设备或二次装置，试验时应将全变电站运行间隔的测控装置置就地状态；保护装置退出“远方操作”硬压板，以防止遥控试验时误遥控软压板或误修改定值。

【思考与练习】

1. 手车断路器的操作步骤如何？
2. 双母线运行，单条母线电压互感器检修操作的步骤如何？
3. 三绕组高压侧断路器由运行转检修操作步骤如何？

第五章 智能变电站异常处理

本章共9个模块实训项目内容,重点介绍智能变电站变压器、开关类设备、互感器、避雷器、电容(电抗)器、智能组件设备、继电保护设备异常处置及典型的异常处理实例办法和思路。

模块一 变压器异常处理

1. 主变压器出现下列情况之一时,应立即查明原因,加强监视并采取相应措施,同时将情况汇报值班调度员和变电运检室领导。当情况发展严重,危及安全运行时,应根据值班调度员命令停电处理。

(1)变压器音响突然增大,有异音;

(2)负荷和冷却条件变化不大而变压器温度异常升高;

(3)变压器严重漏油或喷油,导致油面异常下降;

(4)套管瓷质轻微裂纹,有放电现象;充油套管漏油;

(5)套管引线接头处发热;

(6)轻瓦斯动作信号发出。

2. 主变出现下列情况之一时,应立即停用该变压器,然后汇报值班调度员和变电运检室领导,若时间允许,应尽量与值班调度员取得联系后再处理。

(1)内部有强烈的爆裂声;

(2)压力释放装置动作喷油着火;

(3)套管严重破损漏油或放电;

(4)变压器箱体大量漏油无法制止,致使油位迅速下降。

3. 变压器过热处理。

(1)原因

① 变压器内部故障;

② 温度指示装置异常;

③ 变压器过负荷；

④ 温度指示装置误动。

(2)发现变压器油温异常升高，应对以上可能的原因逐一进行检查，做出准确判断并及时处理。

若监控系统显示变压器已过负荷，变压器各温度计指示基本一致(可能有几度偏差)，变压器及冷却装置无故障迹象，则温度升高由过负荷引起，则按过负荷处理。

若远方测温装置发出温度告警信号，且显示温度值很高，而现场温度计指示并不高，变压器又没有其他故障现象，可能是远方测温回路故障误告警，这类故障可在适宜的时候予以排除。

4. 变压器油位异常。下列情况可能使变压器油位异常：

(1)油位计出现卡涩等故障；

(2)波纹管下面储积有气体，使波纹管高于实际油位；

(3)呼吸器堵塞，使油位下降时空气不能进入，油位指示将偏高；

(4)波纹管破裂，使油进入波纹管以上的空间，油位计指示可能偏低；

(5)温度计指示不准确；

(6)变压器漏油使油量减少。

5. 有载调压开关在分接变换操作中发现下列异常情况，应及时汇报：

(1)开关操作中发生连动时，应在指示盘上出现第二个分接位置时立即切断操作电源，否则用摇柄手摇操作到适当的分接位置；

(2)远方电气操作控制时，计数器及分接位置指示正常，而电压表及电流表又无相应的变化，应立即切断操作电源，中止操作；

(3)调压开关发生拒动、误动；电压表和电流表变化异常；电动机构或传动机构机械故障；分接位置指示不一致；内部切换异常声响及其他异常情况时，应禁止或中止操作。

如有载重瓦斯动作跳闸，参照变压器本体重瓦斯动作处理。

6. 运行人员应进行下列检查和处理：

发现变压器油位异常，应迅速查明原因，并视具体情况进行处理。特别是当高油位或将低油位报警时，应立即确认故障原因及时处理，同时监视变压器的运行状态。

若发现油位异常指示，应检查油箱呼吸器是否堵塞，有无漏油现象；查明原因汇报值班调度员和变电运检室领导。

(1)若油位异常降低是由主变漏油引起，需迅速采取措施防止漏油，并立即汇报值班调度员和变电运检室领导，通知有关部门安排处理。

(2)当大量漏油使油位显著降低时,禁止将重瓦斯改信号。若继续漏油,致使瓦斯继电器油位降低,将会有轻瓦斯报警。

(3)若油位因温度上升而逐渐上升,且最高油温时的油位高出油位指示,并经分析不是假油位,则应放油至适当的高度以免溢出,应由检修单位处理,处理前应将重瓦斯改投信号。

模块二　开关类设备异常处理

一、断路器不正常处理

断路器运行中发生下列现象时，应及时汇报调度员，设法转移负荷后使断路器退出运行。

(1)支持瓷瓶断裂套管有裂纹或连续发生强烈火花。

(2)断路器内部有“噼啪”放电声及其他异常声音并不断发展时。

(3)拉杆断裂或其他严重故障。

(4)SF_6 气室严重漏气发出操作闭锁信号。

(5)连接处过热变色或烧红。

1. 开关位置指示不正常的处理

(1)开关位置灯不亮，应检查有无其他异常信号，检查指示灯是否完好。如有控制回路断线信号，则按照控制回路断线进行处理。如有开关闭锁信号，则应检查造成闭锁的原因并进行处理。

(2)开关位置指示红、绿灯全亮或闪光，不能自行处理的应报检修人员处理。

(3)监控系统开关指示位置相反，机械位置不正确应报缺陷由检修人员处理。

2. 控制回路断线处理

(1)先检查有无其他信号同时发出，如有闭锁信号发出，则应检查造成闭锁的原因并进行处理。

(2)检查控制电源小开关是否跳闸，如跳闸试合小开关，再跳不得再投。

(3)检查控制回路有无断线或接触不良的现象，操作班到现场人员能处理的尽量处理，不能则报检修人员处理。

(4)断路器控制回路断线短期不能修复的，采用倒闸操作的方法将故障断路器退出运行。

3. 拒绝合闸处理

(1)检查是否有控制回路断线或闭锁信号，如有则暂停操作，待处理恢复后再进行操作。

(2)如果无上述信号，则：

① 检查“远方/就地”操作方式选择开关位置是否正确。

② 检查辅助接点接触是否良好，机构是否卡死。

③ 检查防跳继电器、合闸线圈是否断线。

(3)以上情况不能处理的，应报检修人员处理。

4. 拒绝分闸处理

(1)检查是否有控制回路断线或闭锁信号，如有则暂停操作，待处理恢复后再进行操作。

(2)如果无上述信号，则：

(1)检查“远方/就地”操作方式选择开关位置是否正确。如果正确，经过调度命令，可将“远方/就地”选择开关置于“就地”位置，使用断路器机构箱内“就地”使其跳闸，然后继续检查原因。

(2)辅助接点是否接触良好。

(3)跳闸线圈、防跳继电器是否动作。

(4)检查联锁条件是否满足。

(5)在拒绝电动跳闸时，应立即瞬停其控制电源，以防相应线圈烧毁。

(6)拒绝跳闸的开关在未查明原因及检修处理前，严禁投入运行；断路器经检查处理后仍不能操作时，需尽快用闸刀隔离，但必须检查清楚，严防带负荷拉闸刀。

5. 本体或接头过热处理

(1)开关本体过热应立即停电处理。

(2)开关接头过热应根据环境温度和负荷情况确定缺陷等级，报缺陷处理。停电前，可先汇报调度通过限负荷或倒负荷的方式减小开关负荷电流，降低发热程度。

6. SF_6 异常泄露处理

(1)当 SF_6 压力下降时，首先发“SF_6 压力降低”报警信号，此时应汇报调度，并戴防毒面具到开关处就地检查压力值是否正常、有无压力泄漏声等，确认压力降低，汇报调度将断路器退出运行。

(2)当 SF_6 压力进一步下降时，将发操作闭锁信号，已不能对断路器进行分、合闸操作。此时严禁解除闭锁强行操作（严禁就地手动机械分、合闸）。应汇报调度，通过拉开上一级开关或改变运行方式以将断路器退出运行。

(3)在 SF_6 压力下降或发现漏气时，若至断路器处检查，应戴防毒面具。若无防毒面具，应尽量从上风口接近断路器，以防中毒。

7. 储能异常处理

(1)现场检查储能弹簧是否储能、电机是否运转，如果电机运转，应拉开储能电源(防止电机长时间运转,烧坏电机使机械进一步损坏)。

(2)检查储能电源是否正常,如电源消失可以试送一次,电源恢复后,予以储能。

(3)无法消除时,报检修人员处理。

(4)如需进行手动储能,手动储能前应断开储能电源,完毕后将手柄取下。

8. 线路断路器保护动作处理

(1)根据计算机屏幕上的保护动作信息及保护屏上显示的故障信息,查明为何种保护动作;

(2)检查站内该出线间隔有无故障;

(3)检查断路器三相是否均在断开位置;

(4)检查保护装置是否返回到起始位置;

(5)事故跳闸后是否试送,按调度规程执行。

二、隔离开关异常处理

1. 刀闸过热

(1)用红外线测温仪进行测量温度,以正确判断发热程度,分别处理;发热严重时应要求相应调度降低负荷或停电处理。

(2)外表检查,如为接触不良,则可用相应电压等级的绝缘棒使接触情况改善。

(3)汇报调度及主管领导,听候处理。

(4)未处理前,应加强监视,定时测温并记录,观察其发展情况。

(5)在拉开触头发热严重的故障刀闸时,应做好防护措施和事故预想,防止触头脱落、瓷瓶断裂伤人,特别是母线刀闸应做好母线故障的事故预想。

2. 刀闸瓷瓶破损或严重放电

应立即汇报有关调度,停电处理,在停电处理前应加强监视,严禁用刀闸断开负荷和接地点。

3. 隔离开关操作失灵

如发现操作命令发出30秒以上机构未响应即可认为隔离开关拒动。隔离开关拒动时,首先应认真检查隔离开关的操作条件是否满足,排除因防误操作闭锁装置作用而将隔离开关操作回路解除的可能。在此基础上对以下内容进行检查:

(1)控制电源是否正常(可根据有关信号判定)。

(2)隔离开关机构箱内或(远方/就地/手动)切换开关是否在“远方”位置。

(3)检查要操作的隔离开关是否与正在进行操作的隔离开关相同。

(4)隔离开关机构箱的箱门(正门或边门)是否关好。

(5)隔离开关机构箱和开关端子箱内的交流电源是否正常,保险丝是否熔断,小线接触是否良好,电动机的电源开关是否合上。

(6)隔离开关的辅助接点是否接触良好。

(7)隔离开关的传动齿轮有无卡涩、顶齿现象。

(8)隔离开关机构箱内电机保护开关是否跳闸,接触器是否卡死,三相电源是否完整。

(9)根据检查情况加以消除,不能消除时,在汇报调度后符合规定条件的情况下采用手动操作方式进行操作。

操作中若发生防误装置故障或设备缺陷而需要解锁时,原则上应先消缺后操作。

当闭锁装置失灵时,应该先检查有关的断路器、隔离开关和接地刀闸是否均在正确的位置,闭锁电源是否完好,然后向值班长汇报,由值班长确认检查结果正确,再履行解锁操作汇报程序,解锁操作要严格执行唱票复诵制度。

模块三　互感器类设备异常处理

一、电压互感器异常处理

1. 运行中的电压互感器严禁二次侧发生短路，当压变二次回路所接负载失压时，应逐级检查有关电压回路的二次小开关和保险，并按继电保护规程有关二次回路失压的规定处理，小开关跳开或保险熔断后，若经检查未发现故障点，可试送一次，如不成功，则不得再次试送。

2. 电压互感器发生下列故障现象之一时，应汇报调度，立即停电检修：

(1)35kV 高压熔断器连续熔断 2～3 次(这时压变内部故障的可能性很大)；

(2)内部发出焦臭味、冒烟或冒火；

(3)内部发热，温度过高；

(4)内部有“噼啪”声或其他噪音；

(5)套管严重破裂放电，套管、引线与外壳之间有火花放电。

3. 发生上述故障时，应根据故障的轻重和缓急按实际情况进行处理：

(1)如果电压互感器故障不很严重，时间允许，应转移负荷，进行必要的倒闸操作，使拉开故障设备时不至于影响正常供电。

(2)如果电压互感器有冒烟、冒火或有严重的放电声响等故障现象，应立即汇报调度，按调度命令迅速用断路器切断故障的母线压变的电源(停母线)。对于冒烟、着火的压变，在切断其电源后，用干粉或 1211 灭火器灭火。

4. 当运行中的电压互感器发生异常时：

(1)不得近控操作该电压互感器的高压侧闸刀；

(2)不得将异常压变的次级与正常运行的压变的次级并列。

5. 35kV 电压互感器一次熔断器熔断或二次空气小开关跳闸的处理：

35kV 电压互感器一次或二次熔断器熔断(二次电压自动开关跳开)或单相接地，应该根据电压继电器动作指示、监控后台信号、三相电压指示、万用表实测结果综合判断。

根据各种信号分析，再结合用万用表实测，判明压变二次保险是否熔断。如果压变二次保险熔断，应更换同规格的保险试送 1 次，试送不成功则汇报上级派员处理;如果二次电压自动开关跳开,在判明无明显故障后试送 1 次,试送不成功则汇报上级派员处理。

如果压变二次空气开关未跳开,确系一次保险熔断,在压变没有明显故障的情况下,可以按照调令进行压变单停的操作,将压变转检修,并做好安全措施(穿绝缘鞋、戴绝缘手套和安全帽),更换同规格的一次保险。若送电时再次熔断,汇报调度退出压变。

6. 35 千伏、10 千伏线路单相接地的处置。

接地故障发生后,值班监控员应向地调值班调度员汇报:

(1)值班监控员应根据接地现象,及时将接地时间、相别、三相对地电压值等信息向地调值班调度员汇报;若中性点经消弧线圈的接地系统发生单相接地,值班监控员应将消弧线圈动作情况、中性点位移电压、电流及系统三相对地电压情况向地调值班调度员汇报。

(2)首先拉开连接于接地故障母线上的电容器开关。

(3)如果故障系统的母线有分段,则应将母线分段运行以缩小故障范围,再实施拉路查找。

(4)永久性单相接地故障允许运行时间,一般不超过 2 小时。

(5)因接地而引起系统谐振时,应立即消除谐振。

(6)在系统发生接地时,禁止用闸刀直接拉母线压变和消弧线圈,严禁用闸刀直接切除故障点(不论接地电流多大)。

(7)寻找单相接地故障时应先拉开线路长、多分支、历次故障多、负荷轻、用电性质次要的线路,后拉开线路短、分支少、负荷重、用电性质重要的线路。

(8)当系统发生瞬间接地或三相电压稍有不平衡时,接地信号虽发出,但可复归的情况下,值班监控员应注意观察,正确区分接地和谐振。

(9)值班监控员应正确地判断区分三相电压不平衡、压变高、低侧熔丝熔断、谐振和单相接地的四种现象,要正确处置。

(10)对重要用户,试拉前应尽量通知用户。

(11)如果综合判断为单相接地故障,运行值班员应仔细检查各个开关柜内有无异响或异味,检查出线电缆至龙门架部分有无明显异常,检查电容器电缆至电容器组部分有无明显异常,检查站变单元至站变有无明显异常。并将检查情况汇报区调、配调和工区技术专职。检查人员应穿绝缘靴、戴安全帽,并注意户外不准靠近故障接地点 8 米范围内,室内不准靠近故障接地点 4 米范围内。接地故障点在母线上,应设法转移负荷后,停电检修。

表 5-1 为故障判断参考表。

表5-1 故障判断参考表

故　障	监控后台三相电压指示
一次保险一相熔断	二相指示正常,故障相指示下降,开口三角略有电压
一次保险二相熔断	一相指示正常,另二相指示下降,开口三角略有电压
一次保险三相熔断	三相指示均为0
二次保险一相熔断	二相指示正常,故障相约为0
二次保险二相熔断	一相指示正常,故障二相为0
二次保险三相熔断	三相指示均为0
单相永久性接地	二相电压升高但小于或等于线电压。故障相指示明显下降或者指零。若完全接地,零序电压为100V,若为不完全接地,零序电压小于100V。

二、电流互感器异常处理

1. 电流互感器发生下列故障现象之一时,应汇报调度,立即停电检修:

(1)有焦臭味;

(2)冒烟;

(3)冒火;

(4)温度过高;

(5)内部有“噼啪”声或其他噪音;

(6)线圈与外壳之间或引下线与外壳之间有火花放电。

2. 电流互感器二次侧开路的现象:

(1)开路处有火花放电现象;

(2)开路的电流互感器内部有较大的“嗡嗡”声;

(3)相应的电流表、有功表、无功表指示降低或到零。

3. 电流互感器二次侧开路的处理:

(1)当电流互感器二次侧开路,母差保护电流断线信号出现时,应立即将相应的母差保护停用。

(2)当电流互感器二次侧开路时,运行人员应根据异常现象,对电流互感器二次回路进行检查,迅速找出故障点。在检查时要注意做好必要的安全措施,严防人身触电。

(3)如经检查有明显开路点时,应立即戴上绝缘手套,穿上绝缘靴,用绝缘工具在开路点前的端子进行短接。

(4)如经检查无明显开路点无法处理时,应立即汇报调度,停电处理。

(5)查找电流互感二次开路时,应注意安全,使用合格的绝缘工具,并至少要有二人进行工作。

(6)若电流互感器二次开路引起火灾时,应立即切断电源,进行灭火,在灭火时也要注意人员安全,并及时汇报调度及工区领导,要求派人来所处理。

模块五 避雷器异常处理

一、运行中发现避雷器有裂纹时，根据具体情况决定处理方法

如天气正常，应申请调度停下损伤相的避雷器，进行更换，当无备件时，在考虑到不致威胁安全运行的条件下，可在裂纹处涂漆和环氧树脂防潮，并要在短期内更换。

二、运行中避雷器的爆炸处理

(1)避雷器爆炸尚未造成短路接地时，待雷雨后做更换处理，更换处理设备，停役相关母线单元压变设备，更换主变引线上避雷器，停役检修相应主变设备。

(2)避雷器瓷套裂纹爆炸造成接地时，保护无动作跳闸时，禁止用闸刀直接切除故障避雷器。

模块六　电容器异常处理

1. 当电容器环境温度接近或达到上限时，应采取加强通风降温措施，但若环境温度仍略超出上限 2℃～3℃，而电容器组的运行电压、电流不高于额定值，则允许连续运行。

2. 当运行电容器组中多根熔丝“群爆”或单台熔丝重复熔断，应及时查明原因，并用备品更换，确有故障问题妥善处理后，方可将电容器组投运。

3. 在巡视检查电容器时，如发现下列情况之一，应立即将电容器退出运行：

(1)外壳明显鼓肚和漏油；

(2)电容器套管支持绝缘子闪烁放电或损坏；

(3)电容器装置中有不正常的响声或火花；

(4)电容器端头接线处有烧灼过热现象，在未查明原因和进行妥善处理之前不得重新投运。

4. 当运行中的电容器组开关跳闸，不允许强行试送。如检查未发现异常现象，经调度或总工程师同意后，可将电容器试送一次。

5. 如电容器发生爆炸(或起火)应立即断开电源，并按电气设备消防的有关规定进行灭火工作，同时应立即向上级领导汇报，并保护好事故现场。

6. 电容器分组熔丝熔断或保护动作跳闸，应进行外部检查。若无明显缺陷应更换熔丝后试送一次，若试送不成，再汇报，安排检查。更换熔丝时必须将电容器组柜架、电容器组中性点、电容器引出线套管两端分别短路接地放电。

7. 在电容器上的一切工作，均应取得值班调度员的同意，并做好安全措施，再进行放电的工作。

8. 发生短路后，要检查电抗器是否有位移，支持绝缘子是否松动扭伤，引线有无弯曲，有无放电声及焦味。及时汇报有关部门进行处理。

模块七 智能变电站常见故障处理

一、装置故障及异常处理原则

1. 变电站智能设备异常及事故处理应按照上级调控、运检相关规范及变电站现场运行规程执行。

2. 根据变电站智能设备的功能特点，智能设备异常及事故处理遵循以下主要原则：

(1)双重化配置保护，单一元件(保护装置、智能终端、合并单元、交换机等)异常时，投入异常元件检修压板，重启一次，重启后若异常消失，恢复到正常运行状态，若重启不成功，及时采取防止运行保护不正确动作的措施。

(2)电子互感器(采集单元)、合并单元异常或故障时，应退出对应的保护装置口软压板。单套配置的合并单元、采集器、智能终端故障时，应在对应的一次设备改冷备用或检修后，退出对应的保护装置，同时应退出母线保护等其他接入故障设备信息的保护装置(母线保护相应间隔软压板等)，母联断路器和分段断路器根据具体情况进行处理。

(3)双套配置的合并单元、采集器、智能终端故障时，应退出对应的保护装置，并应退出对应的母线保护的该间隔软压板。

(4)智能终端异常或故障时，应退出相应的智能终端出口压板，同时退出受智能终端影响的相关保护设备。

(5)保护装置异常或故障时，应退出相应的保护装置的出口软压板。

(6)当无法通过退软压板停用保护时，应采用其他措施，但不得影响其他保护设备的正常运行。

(7)母线电压互感器合并单元异常或故障时，按母线电压互感器异常或故障处理。

(8)按间隔配置的交换机故障，当不影响保护正常运行时(如保护采用直采直跳方式)，可不停用相应保护装置；当影响保护装置正常运行时(如果采用网络跳闸方式)，视为失去对应间隔保护，应停用相应保护装置，必要时停运对应的一次设备。

(9)公用交换机异常和故障若影响保护正确动作，应申请停用相关保护设备，当不影响保护正确动作时，可不停用保护装置。

(10)在线监测系统告警后，运维人员应通知检修人员进行现场检查。确定在线监测系统误告警的，应根据情况退出相应告警功能或退出在线监测系统，并通知维护人员处理。

(11)运维人员应掌握智能告警和辅助决策的高级应用功能,正确判断处理故障及异常。

二、合并单元故障处理

1. 一般性合并单元故障处理方式

(1)合并单元装置电源空开跳闸时,经调度同意,应在退出对应保护装置的出口软压板后,如果异常消失,将装置恢复运行状态,如果异常未消失,汇报调度,通知检修人员处理。

(2)合并单元硬件有明显缺陷、光口损坏等,应通知检修人员处理。

(3)双重化配置的合并单元双套均发生故障时,应立即向调度汇报,必要时可申请将相应间隔停电,并及时通知检修人员处理。

(4)双重化配置的合并单元,单套异常或故障时,应通知检修人员处理。

(5)合并单元电压采集回路(PT 断线)时,应立即通知检修人员处理。

(6)合并单元电流采集回路(CT 断线)时,应停用接入该合并单元电流的保护装置,并通知检修事故异常处理。

(7)对于继电保护采用“直采直跳”方式的合并单元失步,不会影响保护功能,但是需要通知检修人员处理。

(8)当后台机发出“SV 总告警”,应检查相关保护装置采用,汇报调度,申请退出相关保护装置,通知检修人员处理。

(9)当装置接收到采样值光强低于设定值,则“光纤光强异常”指示灯亮,检查装置接收母线电压的光纤是否损坏及松动,检查保护装置电压是否正常后,汇报调度,通知检修人员处理。

2. 间隔开关合并单元异常处理

(1)线路间隔合并单元

单套合并单元异常或故障时,该合并单元投停用状态,对应的线路保护投入“检修状态”硬压板,同时退出 GOOSE 出口软压板、GOOSE 启动失灵软压板。

两套合并单元同时异常或故障时,应停运一次设备,两套母差保护均应退出对应间隔的“MU 投入”软压板,两套合并单元均投停用状态,两套线路保护均投入“检修状态”硬压板,两套母差保护还应退出对应间隔的 GOOSE 出口压板、GOOSE 启动失灵软压板。

(2)220kV 母联(分段)间隔合并单元

单套合并单元异常或故障时,该合并单元投停用状态,对应母联(分段)独立过流保护投入“检修状态”硬压板,同时退出 GOOSE 出口软压板、GOOSE 启动失灵软压板。

两套合并单元同时异常或故障时，需停运一次设备，两套母差保护均应退出对应间隔的“MU投入”软压板，两套合并单元投入停用状态，两套母联(分段)独立过流保护均应投入“检修状态”硬压板，两套母差保护还应退出对应间隔的GOOSE出口软压板、GOOSE启动失灵软压板。

两套合并单元同时异常或故障时，两套母差保护均应投入“母线互联”软压板，退出对应间隔的MU可将母联(分段)开关改为非自动状态，退出对应间隔的“MU投入”软压板，两套合并单元投停用状态，两套母联(分段)独立过流保护均投入“检修状态”硬压板。

(3)母线电压合并单元

单套母线电压合并单元异常或故障时，应将该合并单元投停用状态，保护操作按母线电压合并单元单套停用处理。

两套母线电压合并单元同时异常或故障时，应将两套合并单元均投停用状态。保护操作按现场运行规程处理。

(4)测控、计量、故障录波器等仅接入单套合并单元的影响

该套合并单元异常或故障时，将失去测控、计量以及故障录波功能，现场应汇报相关专业人员。

(5)220kV主变高压侧合并单元

单套合并单元异常或故障时，该合并单元投停用状态，对应变压器电气量保护投入“检修状态”硬压板，同时退出各侧GOOSE出口软压板、GOOSE启动失灵软压板。

两套合并单元同时异常或故障时，应停运一次设备(主变停运时)，两套母差保护均应退出对应间隔的“MU投入”软压板，两套合并单元均投停用状态，两套变压器电气量保护均应投入“检修状态”硬压板，两套母差保护还应退出对应间隔的GOOSE出口软压板、GOOSE启动失灵软压板。

两套合并单元同时异常或故障时，应停运一次设备(主变高压侧开关停运时)，两套母差保护均应退出对应间隔的“MU投入”软压板，两套合并单元均投停用状态，两套变压器电气量保护均应退出高压侧GOOSE出口软压板、“MU投入”软压板、GOOSE启动失灵软压板，两套母差保护还应退出对应间隔的GOOSE出口软压板、GOOSE启动失灵软压板。

三、智能终端异常处理

1. 一般性智能终端及异常处理

(1)当装置断路器、隔离开关位置指示灯异常时，汇报调度，必要时申请退

出该智能终端及相关保护，通知检修人员处理。

(2)当装置发外部时钟丢失、智能开入、开出插件故障、开入电源监视异常、GOOSE告警等异常信号时，汇报调度，必要时申请退出该智能终端及相关保护，通知检修人员处理。

(3)智能终端装置电源开关、硬件有明显缺陷等，应通知检修人员处理。

(4)单套配置的智能终端(如变压器本体智能终端、母线智能终端)发生故障时，应及时通知检修人员处理，必要时临时安全隔离，同时汇报调度。

(5)双重化配置的智能终端双套均发生故障时，应立即向调度汇报，必要时可申请将相应间隔停电，并及时通知有关检修人员处理。

(6)当装置运行等出现红色，发装置闭锁信号，应立即汇报调度，申请退出该智能终端及相关保护，通知检修人员处理。

2. 间隔智能终端异常处理

(1)220kV主变高压侧智能终端

若单套智能终端异常或故障时，该套智能终端投停用状态，对应的变压器电气量保护投入"检修状态"硬压板。

若两套智能终端同时异常或故障时，应停运一次设备(主变停运时)，两套母差保护均应退出对应间隔"MU投入"软压板，两套智能终端投停用状态，两套变压器电气量保护均投入"检修状态"硬压板。两套母差保护还应退出该主变间隔的GOOSE出口软压板、GOOSE启动失灵软压板。

当两套智能终端同时异常或故障时，应停运一次设备(主变高压侧开关停运时)，两套母差保护均应退出对应间隔"MU投入"软压板，两套智能终端均投停用状态，两套变压器电气量保护均应退出高压侧GOOSE出口软压板、GOOSE启动失灵软压板，两套母差保护还应退出该主变间隔的GOOSE出口软压板、GOOSE启动失灵软压板。

(2)220kV线路间隔智能终端

单套智能终端异常或故障时，该套智能终端投停用状态，对应的线路保护投入"检修状态"硬压板，对应的母差保护不需要操作，当异常或故障的智能终端是第一套时，若一次开关为"双线圈、双合圈"设备，则第二套线路保护装置仍具备单相重合闸功能，若一次开关为"双跳圈、单合圈"设备，则第二套线路保护装置还需要退出GOOSE合闸出口软压板，投入停用重合闸软压板，对应线路间隔将失去单相重合闸功能。

当两套智能终端同时异常或故障时，应停运一次设备，两套母差保护均应退出对应间隔"MU投入"软压板，两套智能终端投停用状态，两套线路保护均应投入"检修状态"硬压板，两套母差保护还应退出对应间隔的GOOSE出口软压板、GOOSE 启动失灵软压板。

(3)220kV 母联(分段)间隔智能终端

若单套智能终端异常或故障时,该智能终端投停用状态,对应的母联(分段)独立过流保护应投入“检修状态”硬压板,对应的母差保护不需要操作。

当两套智能终端同时异常或故障时,可将母联(分段)开关改为非自动状态,两套母差保护均应投入“母线互联”软压板、退出对应间隔“MU 投入”软压板,两套智能终端投停用状态,两套母联(分段)独立过流保护均应投入“检修状态”硬压板。

当两套智能终端同时异常或故障时,需要将一次设备停运,两套母差保护均应退出对应间隔“MU 投入”软压板,两套智能终端投停用状态,两套母联(分段)独立过流保护均应投入“检修状态”硬压板,两套母差保护还应退出母联(分段)间隔的 GOOSE 出口软压板、GOOSE 启动失灵软压板。

模块八 智能变电站典型异常处理实例

智能变电站继电保护(包括安全自动装置)是保障电力设备安全运行和防止电力系统长时间大面积停电的最基本、最有效的技术手段。同时,许多实例证明,智能变电站继电保护及自动装置缺陷消除不及时,易发展为严重甚至危急缺陷。设备长期带缺陷运行对电网安全运行极其不利,严重威胁系统安全稳定运行。因此,通过加强智能变电站继电保护及自动装置的缺陷管理工作,实行闭环控制,提高消缺率,已经成为保障二次设备零缺陷运行的一种重要手段。

下面以 220kV 智能变电站调试施工、定期检验以及运行期间,发现并处理的各类缺陷为例,来说明智能变电站缺陷的发现以及处理方法。

一、220kVXX 智能变电站主变保护异常

案例:某 220kV 变电站主变保护异常灯亮,运行异常灯常亮,需要退保护,操作员在操作时,先将保护功能压板如差动保护软压板退出,然后退出 GOOSE 出口软压板,最后退出 SV 接收软压板。然后将装置重启,这时,保护装置恢复正常,操作员又打算将保护恢复运行。在恢复操作的时候,先投入了保护功能压板,其次投入 GOOSE 跳闸出口软压板,最后在投入主变高压侧的 SV 接收软压板的时候,主变保护产生差流,继而主变差动保护动作,将主变高低压开关跳开,幸好主变低压侧两条母线并列运行,且站内负荷较小,另一台主变带全站负荷运行,没有造成负荷损失。

1. 事故分析原因

事故是由压板的投退顺序引起的,操作员退出保护的操作步骤是没有问题的,但是在恢复运行的操作中,理应先投入 SV 接收软压板,查看装置的采用情况,查看是否存在差流,然后投入功能压板,查看装置运行是否正常。此时即使发生保护动作行为,也不会出口跳闸开关,因为 GOOSE 跳闸出口软压板还未投,然后投入 GOOSE 跳闸出口软压板。由此可见,GOOSE 跳闸出口软压板一定要放到最后投入,这样即使前面压板投退错误导致跳闸,如果 GOOSE 跳闸出口软压板没有投,保护的跳闸报文也不会发出,这样是安全的。

2. 防范措施及建议(保护装置停用步骤)

(1)退出保护装置 GOOSE 跳闸出口软压板。

(2)退出保护装置功能压板。

(3)退出保护装置 SV 接收软压板。

以上步骤执行完毕后即可对保护装置进行检修操作。

3. 保护装置检修完毕后

(1)检查保护装置运行应正常。

(2)检查 GOOSE 出口光纤应完好。

(3)投入保护装置 SV 接收软压板。

(4)检查保护装置交流采用应正常。

(5)检查保护装置差流应正常。

(6)投入保护装置功能压板。

(7)保护装置 GOOSE 跳闸出口软压板。

对于停保护装置,操作量少,操作中应严格执行操作票,严禁无票操作,同时操作中加强监护,操作完毕及时登记压板投切记录。

二、采集器及采集器上送通道故障

1. 电压采集器 A 及其上送通道故障

【故障分析】如果电压采集器 A 及其上送通道故障,合并单元 A 检测到该通道数据异常,合并单元 A 将相应采样通道数据有效位置“0”。

【故障现象及处理措施】合并单元 A 会发出“采集器异常”告警信号,接收该数据的所有设备 A 套继电保护装置、测控装置、计量装置该相电压采样为“0”,同时发出“电压回路断线”“TV 断线信号”“采样无效”“采样中断”“电压品质异常”等信息。检查所有 A 套继电保护装置、测控装置、计量装置等会发现发生故障的故障相电压异常,检查合并单元 A 会发现合并单元告警灯点亮且相应通道监测灯熄灭。该故障将影响所有 A 套继电保护装置、测控装置、计量装置的正常工作,为防止继电保护误动,应将相应继电保护装置退出运行,同时应记录负荷电流及故障发生时间以备计量电量的补偿。

2. 电流采集器 A 及其上送通道故障

【故障分析】如果电流采集器 A 及其上送通道故障,合并单元 A 检测到该通道数合并单元 A 将相应采样通道数据有效位置“0”。

【故障现象及处理措施】合并单元 A 会发出“采集器异常”告警信号,接收该数所有 A 套继电保护装置、测控装置、计量装置该相电流采样为“0”,同时发出“电流回路断线”“TA 断线信号”“采样无效”“采样中断”“电流晶质异常”等信息。检查所有设备 A 套继电保护装置、测控装置、计量装置等会发现发生故障的故障相电流异常,检查合并单元 A 会发现合并单元告警灯点亮且相应通道监测灯熄灭。

该故障将影响所有 A 套继电保护装置、测控装置、计量装置的正常工作，为防止继电保护误动，应将相应继电保护装置退出运行，同时应记录负荷电流及故障发生时间以备计量电量的补偿。

三、合并单元故障

1. 合并单元 A 硬件故障

【故障分析】如果发生合并单元 A 硬件故障(不含单个通信输出端口故障)，所有 A 套继电保护装置、测控装置、计量装置的电流和电压采样均为“0”。

【故障现象及处理措施】所有 A 套继电保护装置、测控装置、计量装置会发出“电压回路断线”“TV 断线信号”“电压品质异常”“电流回路断线”“TA 断线信号”“采样无效”“采样中断”“电流品质异常”等信息。检查所有 A 套继电保护装置、测控装置、计量装置等会发现所有相关设备电流、电压均异常，检查合并单元 A 会发现合并单元告警灯点亮或运行指示灯熄灭。

该故障将影响所有设备 A 套继电保护装置、测控装置、计量装置的正常工作，为防止继电保护误动，应将相应继电保护装置退出运行，同时应记录负荷电流及故障发生时间以备计量电量的补偿。

2. 合并单元上送通道及收信设备故障

如果合并单元上送通道及收信设备故障(含合并单元单个通信输出端口故障)，故障信号、故障影响、故障表现等与发生故障的通道有关，应根据告警设备分析故障的通道、分析故障的影响，并采取必要的措施，如合并单元 A 上送通道及收信设备故障。

(1)如果发生故障的是母线保护 A 的通道，则母线保护 A 会发出“电流回路断线”“TA 断线信号”“采样无效”“采样中断”“电流品质异常”等信息。此时检查母线保护 A 的“交流采样”，会发现母线保护 A 中相应间隔的电流采样三相均为“0”，该故障会影响母线保护 A 的正常工作，为防止母线保护 A 误动，应将母线保护 A 退出运行。

(2)如果发生故障的是线路保护 A 的通道，则线路保护 A 会发出“电压回路断线 TV 断线信号”“电压品质异常”“电流回路断线”“TA 断线信号”“采样无效”“采样中断”“电流品质异常”等信息，此时检查线路保护 A 的“交流采样”，会发现线路保护 A 中电流电压采样均为“0”，该故障会影响线路保护 A 的正常工作，为防止线路保护 A 误动，应将线路保护 A 退出运行。

如果发生故障的是 SVA 网的通道，则测控装置和计量装置会发出必要的告警信息，此时检查测控装置和计量装置的“交流采样”会发现测控装置和计量装置中电流电压采样均为“0”，该故障会影响测控装置和计量装置的正常工作，应记录负荷电流及故障发生时间以备计量电量的补偿。

对于110kV线路间隔，其保护装置、测控装置及计量装置均采用单套配置，其电流电压采样方式与220kV线路A套装置的采样方式基本相同，因此当出现电流电压采样故障时，处理方法与220kV线路A套装置处理方法基本相同。考虑到110kV线路保护装置单套配置的特殊情况，为了防止110kV线路无保护运行，当采样回路故障影响到110kV线路保护装置的正常工作时，应停运该线路。

四、GOOSE网络故障分析及异常处理

过程层GOOSE网络是智能变电站间隔层设备之间、间隔层设备与过程层设备之间进行开关量信息交互的主通道，智能变电站的过程层GOOSE网类似于常规变电站的信号回路、操作回路、遥控操作回路的综合体，它肩负着断路器操作、隔离开关及接地开关操作、各种开关量信息的采集、各种继电保护闭锁信息传输等多重任务。

在智能变电站中，同一个设备往往需要承担GOOSE信息采集和发送双向交互任务，因此，为了便于对过程层GOOSE网络进行监测，提高过程层GOOSE网络的工作可靠性，过程层GOOSE网络采用发信光纤、收信光纤组成的双光纤数字通道进行信息传输，与过程层SV网采用单芯光纤通道信息传输相比要复杂一些，因此对于过程层GOOOE网络故障的排查处理也比较困难。要做好过程层GOOSE网络故障的诊断处理应先做好以下准备工作。

(1)绘制智能变电站过程层GOOSE网络数据流图。所谓过程层GOOSE网络数据流图就是将智能变电站过程层GOOSE网络信息、网络信息流向、光缆信息、光缆纤芯使用及备用情况等明确标注于过程层GOOSE网络图上，进而制成GOOSE信息可视化网络示意图。绘制过程层GOOSE网络数据流图应依据智能变电站过程层网络图、SCD配置文件、智能变电站虚端子图、间隔层设备通信配置文件、过程层设备通信配置文件等技术资料，详细掌握过程层GOOSE网络每一芯光纤传输信息内容及信息流向。

(2)了解智能变电站智能设备GOOSE网络监测原理。对于过程层GOOSE网络，通常采用信号采集端(即受端)监测是否收到信息数据来判断信号发出端(即源端)装置及通道的工作状态，如果在规定的时间内收不到数据，则发出“GOOSE断链”“GOOSE通道异常”等警告信息，同时将该开入信息状态维持在前一个时间收到的状态直至数据恢复。

(3)应了解继电保护、合并单元、智能终端、测控装置等智能设备的工作原理。认真阅读智能变电站各智能组件(合并单元、智能终端)说明书、继电保护

装置说明书、测控装置说明书等技术资料，深入了解智能设备相关 GOOSE 信号的作用，掌握各智能设备在 GOOSE 数据异常时的动作行为及处理方式。

由于智能变电站过程层 GOOSE 网络结构、智能设备配置、SCD 文件均不相同，因此在诊断处理过程层 GOOSE 网络故障时应以各变电站过程层 GOOSE 网络数据流图为依据，根据各变电站设备实际情况及可能会出现的各种 GOOSE 故障，编制过程层 GOOSE 网络故障诊断处理工作方案，指导运行维护人员对过程层 GOOSE 网络故障处理工作。

以下以某智能变电站 220kV 线路间隔层 GOOSE 网为例介绍智能变电站过程层 GOOSE 网络故障诊断处理方案。

某智能变电站 220kV 线路间隔 GOOSE A 网数据。该间隔线路保护 A、母线保护 A 以“直跳”方式实现断路器的跳/合闸，同时利用“直跳”光缆的收信光纤采集开关量信息。母线保护 A 通过过程层 GOOSE 网络向线路保护 A 发送闭锁重合闸及远方跳闸信号，线路保护 A 通过过程层 GOOSE 网络向母线保护 A 发送“启动失灵”信号。线路测控装置以“网跳”方式实现断路器、隔离开关等过程层设备的遥控操作，以“网采”方式采集过程层设备遥信信号及告警信号，同时还经过程层 GOOSE 网络向智能终端装置发送五防解锁信号。合并单元通过过程层 GOOSE 网络从智能终端装置采集电压切换所需的母线隔离开关位置信息，同时通过过程层 GOOSE 网络向测控装置发送自检告警信息。过程层 GOOSE A 网交换机是核心设备，所有需要进行网络信息采集的设备均通过 GOOSE A 网交换机进行信息传输。

针对该间隔的 GOOSE 网络，可能出现的故障主要有智能终端 A 故障、智能终端 A 至 GOOSE A 交换机通道故障、智能终端 A 至线路保护 A 通道故障、智能终端 A 至母线保护 A 通道故障、GOOSE A 交换机故障、母线保护 A 至 GOOSE A 交换机通道故障、线路保护 A 至 GOOSE A 交换机通道故障、线路测控至 GOOSE A 交换机通道故障、合并单元至 GOOSE A 交换机通道故障等几种，以下针对各种可能的故障进行分析。

五、智能终端 A 故障(不含单个通信光口故障)

【故障分析】智能终端装置是智能变电站开关量信息采集和转换的主要设备，测控装置、继电保护装置、合并单元等设备的开关量信息均通过智能终端装置取得，同时也是继电保护装置跳/合闸出口、测控装置遥控操作、测控装置五防解锁等开出命令的转换执行设备。智能终端装置故障将会影响智能变电站开关量信息的采集、断路器遥控操作、接地开关遥控操作、隔离开关遥控操作、继电保护装置出口跳/合闸等重要功能。

【故障现象】智能终端A发生故障，则线路测控装置、线路保护A、母线保护A、合并单元等接收智能终端A信息的设备均会发出相关GOOSE通道告警信息，现场检查会发现，智能终端装置告警灯点亮或运行指示灯熄灭，监控后台可能会出现智能终端装置故障的相关告警报文。

【故障影响】此时该间隔的断路器、隔离开关、接地开关等将无法操作，线路保护A、母线保护A的断路器跳闸命令也不会执行。

【紧急处理措施】为防止出现故障的智能终端装置出口误动，应退出该装置的所有出口硬压板(单套配置智能终端的应停运该线路，若是单套配置智能终端的母联间隔故障，应改变为单母运行方式)。为防止线路保护A误启动断路器失灵保护，应退出其失灵启动出口软压板。为防止母线保护A运行方式识别功能失效，应将母线保护中该间隔隔离开关位置开入按实际运行方式人工置位。

六、智能终端A至GOOSE A交换机通道故障(含通信光口故障)

【故障分析】智能终端A至GOOSE A交换机通道由2根独立光纤组成，由于2根光纤传输的信息不同，应根据信息内容、信息流向、智能设备GOOSE通道监测原理，区别对待处理。如果智能终端A向GOOSE A交换机发送信息的通道故障，则需要从过程层GOOSE A网上获得信息的所有设备均会发出相关GOOSE网络告警信息；如果GOOSE A交换机向智能终端A发送信息的通道故障，则智能终端A会通过上送信息的GOOSE通道向测控装置发出相关GOOSE网络告警信息。

【故障现象】智能终端A向GOOSE A交换机发送信息的通道故障，测控装置、合并单元会因收不到智能终端的信息而点亮相关告警灯，监控系统出现合并单元、测控装置相关GOOSE通道告警报文，监控系统遥信刷新异常，合并单元母线隔离开关位置指示灯熄灭；如果GOOSE A交换机向智能终端A发送信息的通道故障，监控后台上会出现智能终端A网络报警信息，现场检查智能终端装置会发现智能终端A GOOSE网络告警灯点亮。

【故障影响】智能终端A向GOOSE A交换机发送信息的通道故障，既影响测控装置的遥信采集及遥控输出功能，也会影响合并单元的电压切换功能，但运行方式改变前不影响合并单元的电压正确输出；如果GOOSE A交换机向智能终端A发送信息的通道故障，只影响测控装置的遥控操作功能。

【紧急处理措施】由于该故障主要影响测控装置的功能，基本不影响继电保护装置的正常工作，不必采取紧急处理措施。

七、智能终端A至线路保护A通道故障(含通信光口故障)

【故障分析】智能终端A至线路保护A的通道由2根独立光纤组成，由于2

根光纤传输的信息不同，应根据信息内容、信息流向、智能设备 GOOSE 通道监测原理区别对待处理。如果智能终端 A 至线路保护 A 的发信通道故障，线路保护 A 无法接收智能终端 A 发送的断路器位置及闭锁重合闸信息，因此线路保护 A 会发出相关 GOOSE 通道告警信息，可能会影响线路保护 A 的重合闸装置正确动作；如果线路保护 A 至智能终端 A 的发信通道故障，智能终端 A 会因接收不到线路保护 A 的跳合闸信息而发出相关告警，此时线路保护 A 的跳/合闸命令将不能被智能终端执行。

【故障现象】如果智能终端 A 至线路保护 A 的发信通道故障，线路保护 A 告警灯点亮，保护运行监控窗口出现详细 GOOSE 通道中断异常报告，监控系统出现线路保护 A 相关 GOOSE 通道告警报文；如果线路保护 A 至智能终端 A 的发信通道故障，监控系统出现智能终端 A 相关 GOOSE 告警报文，现场检查智能终端 A 相关 GOOSE 通道监测告警灯点亮。

【故障影响】如果智能终端 A 至线路保护 A 的发信通道故障，会影响母线保护动作跳闸断路器、断路器操作压力降低、断路器 SF_6 压力低等情况下闭锁断路器重合闸（或跳闸）功能，影响断路器位置采集功能；如果线路保护 A 至智能终端 A 的发信通道故障，会影响线路保护 A 跳合闸断路器功能。

【紧急处理措施】如果智能终端 A 至线路保护 A 的发信通道故障，为防止线路保护在断路器 SF_6 压力低、操作压力低等误动，应退出线路保护 A（单套配置的线路保护应停运该线路）；如果线路保护 A 至智能终端 A 的发信通道故障，为防止线路保护 A 误启动失灵保护，应退出线路保护失灵启动出口软压板或退出线路保护运行（单套配置的线路保护应停运该线路）。

八、智能终端 A 至母线保护 A 通道故障（含通信光口故障）

【故障分析】智能终端 A 至母线保护 A 的通道由 2 根独立光纤组成，由于 2 根光纤传输的信息不同，应根据信息内容、信息流向、智能设备 GOOSE 通道监测原理，区别对待处理。如果智能终端 A 至母线保护 A 的发信通道故障，母线保护会因收不到智能终端发送信息而告警；如果母线保护 A 至智能终端 A 的发信通道故障，则智能终端 A 会因接收不到母线保护 A 的信息而告警。

【故障现象】如果智能终端 A 至母线保护 A 的发信通道故障，监控系统出现母线保护相关异常报文，母线保护 A 告警灯点亮，母线保护 A 运行监控窗口出现开入采集异常及 GOOSE 网络异常，现场检查母线保护 A 的开关量采集状态能发现异常间隔的母线隔离开关变位异常；如果母线保护 A 至智能终端 A 的发信通道故障，监控系统出现智能终端 A 相关 GOOSE 告警报文，现场检查智能终端 A 相关 GOOSE 通道，监测告警灯点亮。

【故障影响】如果智能终端A至母线保护A的发信通道故障，影响母线保护采集该间隔母线侧隔离开关位置的功能，会影响母线保护A运行方式识别；如果母线保护A至智能终端A的发信通道故障，会影响母线保护A跳闸该间隔断路器的功能。

【紧急处理措施】如果智能终端A至母线保护A的发信通道故障，为防止母线保护A因采集不到该间隔母线侧隔离开关位置而影响其运行方式的识别，应将该间隔母线侧隔离开关开入按当前运行方式人工置位；如果母线保护A至智能终端A的发信通道故障，若母线保护双重化配置，可以不必采取紧急措施，若母线保护单套配置且发生故障的是母联间隔，应退出母线保护投入母线过流保护(或充电保护投长投方式)。

九、GOOSE A交换机故障(不含单个通信光口故障)

【故障分析】需要通过过程层GOOSE网络进行信息交互的大部分设备均需要通过GOOSE网络交换机进行信息交互，因此当GOOSE网络交换机故障时，凡是通过该交换机进行信息采样的设备均会因收不到相关信息而告警。经GOOSE A交换机进行信息采集的设备主要有测控装置、线路保护A、母线保护A、合并单元A、智能终端A，故GOOSE A交换机故障时，以上设备会报警。

【故降现象】监控系统会出现测控装置、线路保护A、母线保护A GOOSE通道异常报文，现场检查智能终端A相关GOOSE通道告警灯点亮，现场检查合并单元A母线侧隔离开关位置指示灯熄灭且告警灯点亮。测控装置、线路保护A、母线控窗口会出现GOOSE通道异常报文，同时点亮相关告警灯。

【故障影响】线路保护A因接收不到母线保护A闭锁重合闸信息而影响重合闸工作；测控装置遥信及遥控、遥调功能异常；监控系统遥信刷新异常；合并单元母线侧隔离开关位置采集异常，影响其电压切换功能，但运行方式不变的情况下，不影响电压的正确输出(对于母线电压合并单元影响其电压并列功能)；母线保护A因接收不到线路保护A的启动失灵信号，影响其断路器失灵保护动作。

【紧急处理措施】为防止线路保护A重合闸因收不到母线保护A的闭锁重合闸闭锁命令而误动，应退出线路保护A的重合闸功能。

十、线路保护A至GOOSE A交换机通道故障(含通信光口故障)

【故障分析】线路保护A至GOOSE A交换机的通道由2根独立光纤组成，由于2根光纤传输的信息不同，应根据信息内容、信息流向、智能设备GOOSE通道监测原理，区别对待处理。如果线路保护A至GOOSE A交换机的发信通道故障，则接收线路保护 A 失灵启动信息的母线保护 A 会发出相关 GOOSE 通道异常告警；如果 GOOSE A 交换机至线路保护 A 的发信通道故障，则线路保护 A 会发出相关 GOOSE 通道异常告警。

【故障现象】如果线路保护 A 至 GOOSE A 交换机的发信通道故障，监控系统会出现母线保护 A 相关 GOOSE 网络异常告警报文，母线保护 A 告警灯点亮，母线保护 A 运行监控窗口出现相关异常报文；如果 GOOSE A 交换机至线路保护 A 的发信通道故障，线路保护 A 会通过监控系统发出相关 GOOSE 网络异常告警信息，线路保护 A 告警灯点亮，线路保护 A 运行监控窗口会出现相关异常报文。

【故障影响】如果线路保护 A 至 GOOSE A 交换机的发信通道故障，会影响该线路保护 A 启动失灵断路器保护功能；如果 GOOSE A 交换机至线路保护 A 的发信通道故障，会影响母线保护闭锁该线路保护 A 重合闸及远方跳闸功能。

【紧急处理措施】如果线路保护 A 至 GOOSE A 交换机的发信通道故障，由于线路保护采用双重化配置，则不需采取紧急处理；如果 GOOSE A 交换机至线路保护 A 的发信通道故障，为防止线路保护 A 重合闸接收不到母线保护 A 闭锁重合闸信息而无动作，应退出线路保护 A 重合闸功能。

十一、合并单元 A 至 GOOSE A 交换机通道故障(含通信光口故障)

【故障分析】合并单元 A 至 GOOSE A 交换机通道由 2 根独立光纤组成，由于 2 根光纤传输的信息不同，应根据信息内容、信息流向、智能设备 GOOSE 通道监测原理，区别对待处理。如果合并单元 A 向 GOOSE A 交换机发送信息的通道故障，线路测控因收不到合并单元 A 的信息会发出相关 GOOSE 网络告警信息；如果 GOOSE A 交换机向合并单元 A 发送信息的通道故障，因合并单元 A 会因接收不到母线侧隔离开关位置信息发出 GOOSE 告警信息，合并单元 A 告警信号灯点亮，合并单元 A 母线侧隔离开关位置指示灯熄灭。

【故障现象】如果合并单元 A 向 GOOSE A 交换机发送信息的通道故障，线路测控会因收不到合并单元的信息而点亮相关告警灯，监控系统出现测控装置相关 GOOSE 通道告警报文；如果 GOOSE A 交换机、合并单元 A 告警信号灯点亮，合并单元 A 母线侧隔离开关位置指示灯熄灭。

【故障影响】如果合并单元 A 向 GOOSE A 交换机发送信息的通道故障，会影响合并单元告警信息的上传；如果 GOOSE A 交换机向合并单元 A 发送信息的通道故障，会影响合并单元的电压切换功能，但运行方式改变前不影响合并单元的电压正确输出。

【紧急处理措施】由于该故障基本不影响继电保护装置的正常工作，不必采取紧急处理措施。

模块九　智能站设备特殊异常处理实例

一、电磁干扰类

【案例一】某 220kV 智能变电站 110kV 间隔送电时，隔离开关操作过程中，110kV 线路 1、线路 2 等线路保护装置出现电压数据异常情况。

故障分析：

(1)查找网络分析仪、故障录波器等设备同时刻的记录，发现在该时刻均有同样异常波形，可以排除保护装置本体故障引起装置告警。

(2)保护回路调试过程中，严格按照相关调试方案、现场调试作业指导卡执行，所有数据记录清楚，并无异常发现，排除合并单元配置错误引起。

(3)综合专家及厂家技术开发人员的意见，以上现象是由于合并单元装置安装于室外智能终端柜，受到了电磁干扰，影响了 FT3 电压数据的接收引起。

组织对该型号的合并单元重新进行了电磁兼容试验，发现该装置在定型时采用的是合并单元智能终端合一装置进行的型式试验，试验结果能够达到 GB/T 14598 系列标准最高的 4 级标准。而该变电站采用的是单一合并单元装置，硬件配置不同，只能通过 GB/T 14598 系列标准的 3 级指标，未能达到 4 级标准。

故障处理：按照合并单元智能终端合一装置的配置形式重新配置合并单元，将 D0 板右移一个插槽，通过检测达到了 GB/T 14598 系列标准的 4 级指标，解决了电磁干扰的问题。

【案例二】某 220kV 变电站在送电期间，断路器、隔离开关操作过程中出现通信中断，初步分析原因可能是互感器采集环节抗电磁干扰能力不够，造成保护装置多次出现采样无效、闭锁保护。

故障分析：该变电站 220kV 电子式互感器(ECVT)采用的是与隔离开关组合安装的方式，当时对这种高电压等级的智能电气设备缺乏经验和数据积累，对干扰的定量分析不充分，没有相关的型式试验数据。220kV 断路器和隔离开关操作时产生的操作过电压和电磁干扰导致采集器模块工作异常。

故障处理：通过电磁抗扰度测试，将电压、电流互感器与采集器、合并单元整体进行电磁兼容试验，重现现场故障状态，找出引起采集信号异常的原因，并进行整改，要求其抗干扰性能符合相关电磁兼容标准要求。在完成电磁抗扰度测试并合格的前提下进行模拟 110kV/220kV 隔离开关分合试验。

二、通信异常类

【案例一】某 220kV 智能变电站母联间隔第二套智能终端报通信中断。

故障分析：根据报文内容，现场初步分析为智能终端 GOOSE 插件损坏造成，于是更换 GOOSE 插件，更换后仍多次上报上述报文，故障未能消除。分析报文发现两个特点：间歇性且仅为该间隔组网通信中断。

测试交换机光口衰耗数据如下：220kV 母联第二套智能终端用光口为交换机 7 智能终端发送衰耗为 −18dBm，交换机接收衰耗为 −19dBm；交换机 7 口发送衰耗 −31.87dBm，交换机备用口 17 口发送衰耗 −20.07dBm。查阅技术资料得知该套智能端发送衰耗范围为 −22～−12dBm，接收衰耗要求小于或等于 −30dBm。因此可以判定光口 7 衰耗过大，导致智能终端接收信号异常。

故障处理：更换 220kVGOOSE 变换机 220kV 母联智能终端接口至备用口 17，通信恢复正常。

【案例二】某变电站 110kV 间隔安装调试送电期间，在拉合隔离开关、分断传动试验时，智能终端报 GOOSE 通信中断，某变电站 110kV 母联智能终端操作期间 GOOSE 中断报文。

故障现象 1：2012 年 4 月，该站 110kV 间隔送电期间，合 110kV 母联间隔关时，装置报通信中断，设备厂商技术人员解释该站内智能终端存在故障，更换了站内所有该型号装置电源插件。

故障现象 2：2012 年 10 月，在调试某 110kV 线路间隔期间，保护人员合断路器时，智能终端多次上报通信中断，且马上恢复，再次怀疑该装置电源存在故障，更换其他相同间隔电源插件，更换后装置试验时无该报警情况。

故障现象 3：2012 年 10 月，在 110kV 母差保护传动开关时，多次出现“110kV GOOSE 子交换机告警”报文，没有报上述其他告警中断报文，查交换机配置，110kV 第三台交换机配置 PORT 6 口为该站 110kV 线路智能终端 GOOSE 口，查阅交换机历史掉线报文发现，其他 110kV 间隔也有类似中断情况。中断时间为 200ms 左右，保护无法报出此中断，但是已能闭锁保护。

故障处理：智能终端电源插件同开关机构的防跳继电器配合上存在缺陷，继电器具有较大的反向电动势，这种反向电动势会对智能终端造成较大的干扰，导致在拉合隔离开关时，GOOSE 主插件电源供应不足，产生上述现象。通过更换所有智能终端电源插件，同时在断路器机构防跳线圈上并联反向二极管，以减少断路器分合闸对智能终端电源的冲击，从而保证 GOOSE 通信正常。

三、对时系统故障

【案例一】由于合并单元未对时引起装置波形 2～10ms 间断。

故障观象：2011 年 12 月某 220kv 变电站 1 号主变压器智能化改造完工，低压侧送电成功。运行方式为：1 号主变压器中压侧供 1 号主变压器，带低压侧双绕组运行，1 号主变压器带负荷后，保护装置校验均显示正常，但故障录波器上不断有启动报文，启动原因为：1 号主变压器低压侧采样启动，启动波形显示在启动瞬间有 2～10m 波形突变。

1 号主变压器低压侧采样回路具体情况如下：低压侧分 A 网及 B 网两套合并单元，两套合并单元的数据分别点对点传输至主变压器保护 A、B 屏与故障录波器，通过 SV 组网传输至网络分析仪及 1 号主变压器低压侧测控装置。

故障分析：

故障原因假设 1：故障录波装置软件设置问题。同时段其他所有合并单元波形均正常，先排除此原因。

故障原因假设 2：1 号主变压器低压侧两套合并单元采样回路故障。若 1 号主变压器低压侧两套合并单元均故障，则整个采样回路均应有启动或告警报文，而检查 1 号主变压器保护装置 A、B 屏无任何异常或启动报文；检查 1 号主变压器低压侧测控装置也无任何异常或启动报文。

在排除了上述两种假设后，通过网络分析仪检查故障录波装置启动报文同一时间点记录的采样波形，显示波形无异常。

进一步分析网络分析仪原始报文发现：SCD 文件中该装置叫“IT101B”，该装置的描述为主变压器低压侧 32 断路器 B 套合并单元。故障录波波形图显示 2011－12－8 的 14：37：89 有 APPID 为 0x4022 的合并单元（即主变压器低压侧 32 断路器 B 套合并单元）发送的 SV 报文的 Sync 位置为 0，发布“丢失同步信号”的告警。通过以上分析，装置异常录波主要原因是 32 低压侧合并单元 GPS 未对时引起，并怀疑网络分析仪中异常报文也是由于主变压器低压侧 GPS 未对时引起。

但是，保护装置及网络分析仪为什么不受对时的影响呢？原因如下：合并单元采样频率为 4000Hz，即一个周波含 4000/50＝80 个点，1s 为 4000 个点，一个点 250μs，1 号主变压器中压侧合并单元延时固定为 1550μs，相当于减去保护装置接收延时 50s 后 6 个点，低压侧合并单元延时固定为 1300μs，相当于减去保护装置接收延时 50μs 后 5 个点，保护装置同时接收到中低压侧的合并单元采样，接收到采样后，根据报文中的延时信息（即中压侧 1550μs，低压侧 1300μs 自动前推中压侧采样 6 个点、低压侧采样 5 个点，这样就确保了采样的实时性和连续性，因此即使合并单元没有GPS对时，也不影响保护装置的正常采样和运行。而故障录波装置的波形绘图机制是建立在合并单元计数器基础上，即同一时刻i计数器开始计数，若在整点时则对所有合并单元自检，采样从0～3999点依次循环，若整点对时时发现不在0点，则将报文强行拉至0点，因此就出现了故障录波波形中的缺口。

故障处理：根据以上分析，尽管该故障不影响保护装置的正常运行，但是故障录波长期启动这一不安全因素，可能诱发其他更严重故障，因此应对该故障进行处理。2011年12月，分别停用1号主变压器Ⅰ套及Ⅱ套保护，对低压侧A套及B套合并单元同步信号进行检查，经检查发现GPS对时信号均已接入低压侧合并单元，但是存在配置错误，在更新合并单元配置文件后，装置同步对时成功，再未发现该异常启动波形。

【案例二】对时异常导致采样无效。

故障现象：某智能变电站在运行中全站合并单元多次报“同步异常”信号，并伴随有保护装置报“保护采样无效启动录波”，保护闭锁现象。网络报文分析仪记录了全站合并单元失步、同步报警报文。合并单元在同步恢复时，所发数据帧出现重发倒序现象，保护装置报“保护采样无效录波”“启动采样无效录波”。

故障分析：(1)查阅一体化平台报警记录、网路报文分析，发现全站合并单元多次在同一时刻发生失步、同步现象，初步怀疑对时系统故障导致合并单元对时异常，初步判断可能有以下两点原因：

(1)当GPS时钟失步，GPS时钟切换为北斗时钟时，输出光B码的时间抖动超过10μs，引起合并单元同步异常。

(2)扩展时钟输入源为GPS时钟和北斗时钟的光B码，以北斗时钟输入的IRIG－B1码为主，GPS时钟输入的IRIG－B2码为辅，当GPS时钟失步切换为北斗时钟时，扩展时钟时钟源切换为北斗时钟输入的IRIG－B2码为主，CPU判断IRIG－B1码源切换为IRIG－B2码源输出时间抖动超过10μs，导致合并单元同步异常。

(3)该智能变电站对时系统为秒脉冲对时，其对时信号上升沿在整秒出现。①合并单元在对时恢复前的最后一帧报文采样计数器为170。②合并单元在对时信号恢复后的第一个对时上升沿发出一帧报文，采样计数器为171，250μs后发送一帧报文，采样计数器为170，并且该帧报文与对时信号恢复前的最后一帧报文数据内容一样，属于重发帧，接着重复帧170，合并单元按250μs间发送172、173两帧后，采样计数器跳变到3998。

因此可以判断,合并单元在运行中发生了失步现象,并且在再次同步时所发数据帧出现重发、倒序、跳变现象。

(3)该保护装置 SMV 的丢帧判据为采样计数器不连续,例如,此帧收到序号为 171 后续没有收到序号为 172 的数据帧,则判断为丢帧。

该变电站保护装置无效录波的原因是保护装置检测到合并单元发送的采样数异常,异常类型为采样数据丢帧,装置在判断丢帧后将闭锁保护 50ms,保护判断正确。

结合以上分析,可判断该智能变电站异常报警现象的根本原因是由于对时故障导致合并单元失步后再同步;导致保护闭锁的直接原因是合并单元在失步再同步时所发数据帧出现重发、倒序、跳变等异常情况。

为验证上述判断,利用停电机会,拔除合并单元对时光纤,待合并单元对时异常灯亮起后恢复合并单元对时光纤,保护出现闭锁动作报文,异常报警现象得到重现。

故障处理:上述异常是由于对时系统在运行中出现异常引起,主要原因是合并单元在失步再同步时发送数据帧处理错误,保护行为正确。

处理步骤 1:更换对时装置相关模块,然后测试对时系统时钟精度及切换精度。

处理步骤 2:修改合并单元在失步再同步时数据帧的处理逻辑,升级合并单元程序。最终故障得以解决。

四、装置软件程序漏洞产生的各类缺陷

【案例一】110kV 母差保护装置电压采样正常,但是做复压动作试验时,报文不正常。具体报文如下:

电压通道 1:UA=51V,UB=58V,LC=58V,3U0=6V,U2=2V;

电压通道 2:UA=58V,UB=58V,UC=6V,3U0=2V,U2=58V。

双通道报文不一致,为装置程序漏洞,厂家技术人员更新装置程序时,发现装置程序无法下装,直接更换装置 CPU 板,方可解决问题。

【案例二】主变压器保护装置,主变压器低压侧零序电压告警信号不能发出,检查发现该主变压器保护版本过低,须升级版本。

【案例三】故障录波启动报文存在乱码,厂家解释为字符冲突,将间隔名称里面的“线”字删除后恢复正常。

【案例四】某 220kV 等级第二套母差保护装置在运行期间报“CRC 校验错”“定值校验错”等报文，且不能复归。厂家更换装置总线板后装置报内部通信中断，再次更换后，装置恢复正常，但几天后再次报出上述异常报文，第三次更换总线板、CPU 板，研发人员现场测试并升级程序，异常报文消失。

【案例五】某 220kV 第二套母差保护装置在做功能试验时，投入 220kV 母差失灵保护检修状态压板、线路保护检修状态压板、合并单元检修状态压板后，失灵保护不能正常动作，厂家修改该部分逻辑，修改后动作正常。

【案例六】某 220kV 变电站 110kV 进线备用电源自投装置，正常逻辑应该为主变压器中压侧电压电流消失，启动备用电源自投功能，但是在退出主变压器中压侧压板时，备用电源自投动作，跳主变压器中压侧与进线，逻辑存在问题，在升级程序后问题得到解决。

五、施工期间人为直接原因产生的缺陷

【案例一】某 220kV 变电站 110kV，间隔合并单元配置文件误配置为 110kV 其他间隔合并单元配置文件。

故障现象：110kV 各间隔用电压均为母线电压，试验时加入母线电压，110kV 所有间隔均应有电压，但在网络分析仪上显示 14 间隔电压波形有杂波。

故障分析与处理：经检查发现，厂家人员在下装合并单元配置时，将 20 间隔配置文件下到 14 间隔，导致有两个配置相同 MC 地址的合并单元，产生了冲突，造成 14 间隔波形异常，更改合并单元配置文件后恢复正常。

【案例二】某 220kV 智能站定期检验时，在进行 220kV 第二套母线合并单元相关回路采样试验过程中，220kV 母线装置、220kV 故障录波装置、网络分析仪均无采样值。

故障分析与处理：测试发现合并单元内部通信中断，但此时合并单元无任何报警信号发出。查找中断原因最终定为背板插件固定螺钉松动，紧固螺钉后恢复。产生原因可能是产品运输过程中振动导致螺钉松动，发现该问题后，试验人员对部分装置螺钉进行了检查，发现插件固定螺钉均未紧固，因此全站整组联调试验前应先紧固所有间隔螺钉，送电前更应检查所有插件端子螺钉是否已紧固。

【案例三】站内所有 GOOSE 及 SV 通信告警系统。

故障现象:某 220kV 智能变电站定期检验期间,在做插拔光纤试验时,站内后台机光字牌无法正常显示对应的告警报文,母联、线路间隔各 70 余光字牌,母差间隔 90 余光字牌仅有 10 余个能正常显示,其余信号无光字牌或有光字牌但不能正常点亮。

故障处理:组织专人专班根据需要增加和修改百余个光字牌,删除两百余个光字牌。确保能上报正确、易懂的报文。

【思考与练习】

1. 220kV 线路间隔智能终端异常如何处置?
2. 220kV 主变高压侧合并单元异常如何处置?
3. 一般性合并单元异常如何处置?

第六章　智能变电站事故处理

本章共4个模块实训项目内容，本章重点介绍智能电网故障处置的一般规定、事故处理职责和注意事项、电网设备事故的处理原则及步骤等。

模块一　电网故障处置的一般规定

1. 值班调度员处置故障原则：

(1)及时发现故障，尽速限制故障的发展，消除故障的根源，尽速解除对人身和设备安全的威胁。

(2)尽可能保持设备继续运行，保证对用户连续供电。

(3)尽速恢复对已停电用户的供电，特别需先恢复发电厂的厂用电、变电站的站用电和重要用户的保安用电。

(4)尽速调整系统运行方式，使其恢复正常。

2. 系统发生异常或故障情况时，有关单位值班人员(包括监控及运维人员)应迅速正确地向有关调度汇报如下内容：

(1)异常现象、异常设备及其他有关情况。

(2)故障跳闸的开关名称、编号和跳闸时间。

(3)继电保护及安全自动装置动作情况。

(4)电压、频率及主干线潮流变化情况。

(5)人身安全及设备损坏情况。

(6)故障录波器、行波测距装置有关记录。

(7)天气情况。

在未能及时全面了解情况前，值班人员应先简明正确汇报开关跳闸情况及异常情况，待详细检查后再具体向调度汇报。

3. 监控员、运维站(变电站)值班长或主值班员、县调主值调度员在故障处置中应坚守在控制室和调度室,及时与地调取得联系,如需离开时要指定专人代理。

4. 故障处置中,涉及电网的重大操作,须取得地调的同意,故障单位的领导人有权向本单位值班人员发布指令或指示,但不得与地调下达的指令相抵触。

5. 当电网发生故障时,非故障单位的值班人员除汇报异常现象、加强监视、做好故障蔓延的预想外,不要急于询问故障原因和占用调度电话。

6. 为防止故障扩大,下列情况无须等待地调指令,故障单位值班人员可立即自行处置,但事后应迅速汇报地调值班调度员。这些情况是:

(1)对人身和设备安全有严重威胁者,按现场规程立即采取措施。

(2)确认无来电的可能时,将已损坏的设备隔离。

(3)线路开关由于误碰跳闸,应立即对联络开关检定同期后并列或合环。

(4)对末端无电源线路或中、低压侧无电源变压器开关因误碰跳闸,应立即恢复运行。

(5)已有明确规定可不待调度下令自行处置者。

7. 各级调度机构值班调度员,可以在电网发生故障时,根据电网故障情况采取拍停机组或拉停主变切负荷等快速方式处置故障,以防止造成大面积停电或电网崩溃。

8. 交接班时发生故障,且交接班手续尚未办理完毕时,仍由交班者负责处置,接班者协助进行处置,在告一段落或处置结束后,才允许交接班。

9. 故障处置过程中,一切调度指令和联系事宜均须严格执行发令、复诵、汇报和录音制度,必须使用统一调度术语和操作术语,并需详细记录故障发生及处置情况。

10. 发生重大故障时,值班调度员应一边处置故障,一边尽速报告相关领导,并按规定向上级调度汇报。

11. 异常、故障对电网安全运行造成严重影响时,为提高应急处置效率,必要时可不待运维人员到达现场检查,由监控员通过集中监控系统、KVM终端、视频监控、故障信息子站、故障录波、输变电设备在线监测等系统收集异常故障信息,确认受控变电站开关具备远方操作条件,由调度下令监控远方遥控操作拉开(或合上)具备远方遥控操作条件的受控变电站内开关,隔离故障设备或对停电设备送电。

12. 遇有恶劣天气可能导致电网故障时,值班调度员应提前通知相关发电厂、运维站及监控值班人员做好故障预想,并采取调整发电机组出力、开启水电机组发电、改变负荷分布等措施，降低重要输电线路或断面潮流，避免因恶劣天气引发的多重故障导致电网稳定破坏。

13. 电网发生故障导致对高危客户停电时，值班调度员应通知相关监控尽快收集故障信息，判明故障范围，必要时可不待运维人员到达现场详细检查，通过监控远方操作开关对失电设备试送，尽速恢复高危客户供电。

模块二 事故处理的职责和注意事项

一、事故处理时运行人员的职责与主要任务

(1)当班正值班员是事故处理的现场负责人,组织指挥现场值班员进行事故处理,并对事故处理的正确性负责。

(2)变电站站长若发现当班值长及正值处理事故指挥不力,可直接取代指挥,并对事故处理负责。

(3)当班副值班员及本所非当班值班员应服从指挥迅速准确地处理事故,发生事故时,所有值班员必须迅速返回控制室,听候指挥,事故处理中以当班值长、正值班员为主,副值及非当班值班员进行协助一同处理事故。

(4)事故处理中,现场指挥及与事故处理有关的领导和工作人员可留在控制室内,其他人员必须迅速离开。

(5)处理事故时应做到:

变电站事故和异常处理,必须严格遵守电业安全工作规程、调度规程、现场运维规程及有关安全工作规定,服从调度指挥,正确执行调度命令。

迅速向调度汇报,做到尽快限制事故的发展,消除事故的根源并解除对人身和设备的威胁,对已发生故障的设备应迅速切断电源,限制故障发展。

当系统或有关设备事故或异常运行造成站用电消失,应首先处理和恢复站用电的运行,保证事故处理用电。

当发生充油设备、房屋及易燃设备着火,立即切断着火设备电源,迅速灭火并报警,若电源无法切断时,禁止使用泡沫灭火器灭火;尽快对停电的用户恢复送电,对重要用户优先恢复供电;尽可能地保持未停电用户的正常供电;调整系统运行方式,使其恢复正常运行方式;为了防止事故的扩大,在事故处理过程中,变电站值班人员应与调度员保持联系,主动将事故处理的进展情况报告调度员;每次事故处理完后,都要做好详细的记录,并根据要求,记录在值班记录、缺陷记录及开关跳闸记录本上。当事故未查明,需要检修人员进一步试验或检查时,运行人员不得将继电保护屏的报警信号复归,以便专业人员进一步分析。

二、事故处理中应注意事项

(1)事故发生后值班员应做的工作

根据仪表指示的保护动作信号自动装置动作情况和设备异常现象,正确判

断事故的性质及可能进一步发展的情况；迅速解除对人身和设备安全的威胁；必要时使用试验装置，判断事故地点性质和范围；迅速向局调度汇报，对一时不能判断性质的事故要准确地汇报事故情况，汇报内容如下：

异常现象、设备损坏等有关情况；

事故跳闸的开关名称、编号和跳闸时间；

断电保护及自动装置动作情况；

电压、频率，负荷及电源级，全干线潮流变化；

汇报及事故处理全过程必须使用录音电话，并录音。

(2)紧急事故处理时，可不用操作票，但必须严格执行发令、复诵、汇报和录音制度，必须使用统一规范和操作术语。命令和汇报内容应简明扼要。

(3)事故处理时涉及系统和重大操作，须经调度同意，事故单位领导和局有关领导有权向事故处理单位发布命令，但不得与调度命令相抵触。

(4)事故发生后，非事故变电站值班员除汇报本所异常现象、加强设备巡视、做好事故蔓延预想外，不得急于询问事故原因和占用调度电话。事故单位有权拒绝一切无关人员的询问电话。

(5)为防止事故扩大，下列情况无须取得值班调度命令，本所当班值班员可自行处理，但事后迅速汇报值班调度员：

对人身和设备安全有严重威胁时，应立即隔离电源抢救人身和设备；

线路开关由于误碰跳闸，应立即恢复送电。对于联络线开关由于误碰跳闸，必须等待调度命令；

确知无来电可能时，将已损坏的设备隔离；

系统失电造成母线失压时，应拉开电容器开关及馈线联络线开关，等待来电；

具体设备故障，按规程内规定可自行处理的部分，自行处理事故告一段落后，应尽快汇报调度。

(6)事故处理时，不得交接班。交接班时发生事故应由交班人员负责处理，接班人员协助；事故处理完毕再进行交接班。

模块三　电网设备事故的处理原则

一、220千伏线路开关跳闸处理原则

当系统联络线或环网线路(包括双回和多回线路)中,某一回线开关跳闸时,值班调度员和有关单位值班人员首先按本规程的有关规定处置由此引起的稳定破坏、系统解列、设备过负荷等异常状态,然后再对跳闸线路进行故障处置。

当220千伏线路开关跳闸后,为加速故障处置,各级调度运行人员可以不待查明原因,按规定确定强送点,对故障跳闸的线路进行强送电。其规定如下:

1. 按照稳定要求选择强送点或选择距离主要发电厂和负荷中心较远的系统开关作强送点,并需考虑强送电成功后便于并列。

2. 强送电端的电力变压器相应电压侧中性点应接地,不允许用本侧中性点不接地的电力变压器单独向220千伏线路强送电。

3. 强送电的开关应完好,应有足够的遮断容量,开关跳闸次数应在允许的范围内,且具有完备的继电保护(至少有一套快速、可靠的继电保护)。

4. 强送电前需检查了解主要联络线潮流不应超出稳定限额,否则需采取相应降低潮流或提高稳定的措施。

5. 有带电作业的线路开关跳闸后,必须与带电作业人员取得联系后,才能对线路进行强送电。

6. 纯电缆线路跳闸后,不允许试送。架空、电缆混合线路跳闸后,经检查故障点不在电缆段,视线路重要程度可试送一次。

7. 线路故障跳闸开关未重合或重合不成功,且故障测距显示故障点远离线路两侧变电站,紧急情况下,值班调度员汇总监控信息,判断具备远方操作强送条件后,可不经现场检查,下令监控员远方操作对线路进行一次强送。

220千伏系统联络线或环网线路(包括双回线路)开关跳闸时按下列原则处置:

1. 投入单相重合闸的线路开关,若单相跳闸,单相重合闸动作重合成功,现场值班人员需及时将继电保护及单相重合闸动作情况向值班调度员汇报。

2. 投入单相重合闸的线路开关,若单相跳闸后,单相重合闸未启动或单相重合闸动作但开关拒合造成非全相运行,现场值班人员应立即手动拉开该开关,并汇报值班调度员。地调根据线路对端继电保护及重合闸动作情况可

决定：

(1)若对端单相重合闸动作成功可立即恢复并列或合环。若开关有拒合，应设法用旁路开关代替运行。

(2)若对端三相开关跳闸，可根据系统方式选择强送电，经与对方联系后对线路进行强送一次，强送成功后立即恢复并列或合环。但应对继电保护、重合闸或开关检查不正确动作原因进行检查。

3. 未投入单相重合闸的线路开关，若线路故障造成三相跳闸或虽投单相重合闸，但线路发生单相故障，单相重合闸动作重合未成造成三相跳闸时，现场值班人员应将继电保护及重合闸动作情况向值班调度员汇报。

220 千伏馈电线路开关故障跳闸后，可以由送电端强送一次。但送电端强送前，应将受电端开关拉开，待送电端强送正常后，再对受电端逐级试送。

二、母线故障处置

判别母线失电的依据是同时出现下列现象：

(1)该母线的电压表指示消失。

(2)该母线的各出线及变压器负荷消失(电流表、电压表指示为零)。

(3)该母线所供厂用电或站用电失去。

1. 变电站母线故障失电的处置

(1)若母差保护动作，或母差保护未动但某一开关失灵保护动作，母线失电，现场值班人员应及时将继电保护动作、开关跳闸及故障情况向值班调度员汇报，并对失电母线进行外部检查。

(2)经检查判明失电母线确有故障时，首先隔离故障母线。若双母线中的一组故障失电，则将故障母线上的全部或部分开关倒至运行母线上(操作应采用冷倒方式，即母线闸刀先拉后合)。如系单母线方式故障失电，应尽可能先隔离故障点，恢复部分运行(分段或启用旁路母线等)，应尽速恢复与系统并列。

(3)经检查若确系母差或失灵保护误动作，应停用母差或失灵保护，立即对母线恢复送电。

(4)经过检查，若未查出母线失电原因，进行试送电时，经分管生产的副总经理(或总工)同意后，应首先考虑用外来电源送电，可用规定的主电源开关对母线试送。220 千伏母线用外部电源对母线试送时，需将试送线路本侧方向高频保护(或高频闭锁保护)改停用，若线路配置双光纤保护，线路两侧保护正常投入，将线路送电侧后备保护距离 II 段时间定值调至 0.5 秒。如双母线失电，则应尽量用外电源分别进行试送。

(5)如必须用本侧电源试送时,试送开关必须完好,并有完备的继电保护,主变后备保护应有足够的灵敏度,主变后备保护应尽量降低整定值和动作时限。

(6)当试送正常后迅速恢复正常运行方式。

2. 变电站母线无故障失电的处置

(1)在确认母线失电后,当无母差保护或母差保护未动,母线上无开关跳闸时,现场值班人员可自行拉开失电母线上所有开关(包括母联开关),并汇报值班调度员。

(2)对失电母线、母线保护进行外部检查(包括出线开关及其保护),查找故障点,并汇报值班调度员。

(3)若经检查判断并非母线本身原因,而系某一出线开关拒动(包括失灵保护动作)越级所致,对拒动开关首先隔离(拉开开关两侧闸刀)。对失电母线进行外部检查(包括出线开关及其保护),如不能立即消除拒动开关故障,有条件时应采用旁路开关代替运行。

(4)若经检查,未查出明显原因,经分管生产的副总经理(或总工)同意后,对失电母线试送,恢复正常方式,具体处置要求同上一条。

封闭式(GIS)母线故障的故障处置:

① 封闭式(GIS)双母线运行的其中一条母线故障或失电,禁止将故障或失电母线上的开关冷倒至运行母线。

② 封闭式(GIS)母线上设备发生故障,必须由设备所属单位查清并修复故障或隔离故障点后方能予以试送。

③ 如设备所属单位查不到故障,但调度判断该设备跳闸时确有故障(如该设备主保护动作、系统有突波、故障录波装置动作等),调度应将故障情况、继电保护动作情况、电网结线方式、用户停电情况、故障录波装置动作情况等汇报有关领导,由领导决定是否试送电,或进一步采取试验措施(有条件时应进行零起升压及升流)。

三、变压器跳闸处置

1. 变压器重瓦斯动作的处理

(1)现象:变压器各侧开关跳闸,发“本体重瓦斯”或“有载重瓦斯”信号。事故警报响,变压器负荷到零。

(2)原因:

变压器内部有严重故障,如层间、匝间短路,单相接地,多相短路。滤油加油时,未停用瓦斯保护而使之误跳闸。保护二次回路故障,瓦斯继电器下接点二端电缆，因油腐蚀造成短路而动作瓦斯继电器内部故障，引起误动作等。

(3)处理：

做好记录并汇报调度及有关部门。进行变压器外部检查及气体性质的检验。若发现变压器外部有不正常现象时，应在进行内部检查和试验后，方可根据具体情况决定是否投入运行。瓦斯保护动作使开关跳闸后，未经查明故障原因，不得合闸送电，但若放出气体是无色、无臭的空气，且外部又无异常现象，证明变压器内部无故障，经查明为重瓦斯断电器误动，此时可投入运行。反之，不准运行。

若上述检查均无任何发现，应对瓦斯保护装置的二次回路进行检查，如属于二次回路故障引起误动，且变压器装有瞬时动作的过流保护或差动保护时，则可将瓦斯保护停用后，再对变压器合闸送电。如 24 小时内无法排除故障，则应停用该变压器。

2. 主变差动保护动作处理

(1)现象

变压器各侧开关跳闸，发“差动保护动作”信号。事故警报响，变压器停止运行，变压器负荷到零。

(2)原因

变压器内部的单相和多相短路。变压器外部设备且属于差动保护范围内的短路故障。电子式互感器故障或保护误动。

(3)处理

做好记录并汇报调度及有关部门。对主变差动保护范围内的设备做详细检查，如进出线和供差动保护用的电子式互感器、套管等有无短路、放电、闪络等现象。对变压器外部进行检查。若经检查试验均未发现任何异常现象，但与此同时，差动保护范围以外发生过短路时，则可能由于穿越性故障引起差动保护误动，此时经过调度同意可对变压器合闸送电，以后再通知有关单位进行详细检查。

若试送或带上负荷时开关又跳闸，同时又无明显的短路现象，再次测绝缘时，也良好，则可将差动保护解除，投入变压器的其他后备保护进行送电，送电后情况正常，即可带上负荷，差动回路待查明原因处理后，方可投入。

变压器的瓦斯、差动保护同时动作跳闸，查明原因和消除故障之前，不得对变压器送电。

3. 主变过流保护动作处理

查明变压器各侧开关、各出线开关及保护动作情况，做好记录并汇报调度及有关部门。

检查变压器外部及各负荷侧母线、开关和其他一次设备有无异常。检查保护装置至智能终端及二次回路有无不正常情况。若是由于变压器近区发生短路故障造成主变开关越级跳闸，则必须停役变压器并对其进行全面的试验检查，之后再决定变压器是否重新投入运行。

4. 变压器着火处理

变压器着火时，应将其各侧开关和隔离开关拉开，切断电源，停用冷却器。根据火情，采取正确的处理措施，使用灭火器、砂子等消防器材进行灭火。及时拨打“119”火警电话，并派人在变电站门口指引道路。在灭火时须遵守“电气设备典型消防规程”的有关规定。

5. 变压器其他异常的处理

发现下列情况运行人员应进行综合判断并立即汇报调度及有关部门，同时加强运行监视。油温异常时应检查是否过负荷和冷却器工作情况等。

音响异常：

若响声比平常增大，但均匀，则可能是过电压或过负荷；若响声大，且其他设备无异常，则可能是主变铁芯故障，如铁芯夹件松动等，应申请退出运行待查；响声夹有放电“吱吱”声，则可能是变压器器身或套管发生表面局部放电，应申请停止运行，检查铁芯接地与各带电部位对地距离是否符合要求，铁芯接地引线是否牢固可靠。

若响声中夹有水的沸腾声，则可能是绕组有较严重的故障，或分接开关的接触不良而局部点有严重过热，当响声夹有爆裂声，既大且均匀时，可能是变压器器身绝缘有击穿，则应立即停运进行检修。

油面异常应核实变压器负荷和环境温度，并分析比较是否因内部故障引起，应设法尽快消除，当油位因温度升到最高油位时，应立即汇报有关部门。

变压器开关跳闸而变压器保护没有任何信号时，则必须对变压器、开关及保护装置进行详细检查。

系统变压器故障跳闸时，值班人员应立即将继电保护动作情况、变压器外部征状汇报值班调度员。值班调度员应根据现场汇报和系统状况判断变压器故障性质做出处置。

四、开关拒动和无故障跳闸处理原则

1. 开关运行中，由于某种原因造成油开关严重缺油，SF_6 开关气体压力异常、液压(气动)操作机构压力异常导致开关跳合闸闭锁时，应迅速消除故障，严禁对开关进行操作。

2. 联络线开关跳合闸闭锁，采取旁路开关代路或母联开关串联等方式隔离，在旁路开关代路隔离时，环路中开关应改为“非自动”状态。特殊情况下，可采取改为馈供受端开关的方式。

3. 开关发生拒动时，应立即采取措施将其停用，待查明拒动原因并消除缺陷后方可投入运行。

4. 开关发生无故障跳闸，应对相关一、二次设备本体及信号进行检查，待查明跳闸原因并消除缺陷后方可投入运行。

5. 双母线母联开关跳合闸闭锁，优先采取合上出线（或旁路）开关两把母线闸刀的方式隔离，否则采用倒母线方式隔离。

6. 单母线无旁路接线发生开关跳合闸闭锁时，应采取切断与该开关有联系的所有电源的方法来隔离此开关。

五、开关其他异常情况处理原则

1. 当开关瓷套管发生裂纹、闪络、炸裂或开关内部有异常声音、喷油严重或着火等情况，运行值班人员应立即把现场异常现象准确向值班调度员和有关领导汇报。

2. 气体压力机构的开关发现压力异常时，运行值班人员应按现场规程对开关机构进行手动补压等处置，汇报调度，值班监控员加强监视，必要时由专业人员现场处置。

3. 开关故障跳闸已到规定次数，需继续运行，必须对开关进行详细检查，如无异常，经有关领导同意方可继续运行，并停用开关重合闸。

六、系统联络设备过负荷处理

为了防止系统联络设备过负荷，地调需按联络设备（开关、闸刀、流变、阻波器、线路导线、联络变压器）的允许限额、继电保护整定值要求或系统稳定限额，确定其最大允许负荷值，并通过有关单位进行监视。

正常运行中发电厂、变电站的值班人员及监控值班人员，应按规定的允许限额，监视联络设备的负荷（有功、无功、电流），使其不超过最大允许值。当达到最大允许值时，应报告值班调度员，按事先规定调整出力或负荷，或采取其他措施进行处置，使其不超过最大允许值。设有联络设备跳闸联切或远切负荷装置者应进行现场检查，确保其正常运行。

处置电力系统联络设备过负荷的一般原则：

1. 增加受端系统发电厂的出力，直至限制或切除部分负荷，并提高电压，必要时发电机可按事故过负荷方式运行。

2. 降低送端系统发电厂的出力，直至切除部分发电机，并提高电压，其中若有频率调整厂应停止调整频率，由值班调度员临时指定其他发电厂调整频率。

3. 调整系统运行方式，转移过负荷设备中的潮流。

4. 当联络设备的负荷已达到热稳定或按稳定计算要求或继电保护整定值要求的最大允许限额时，值班调度员应在五分钟内消除其过负荷。

5. 系统联络变压器过负荷时，其过负荷的允许范围及持续时间按现场规程规定进行处置。

七、直流接地处置

变电站寻找直流接地或更换直流熔丝，应按现场有关规定执行。寻找直流接地或更换直流熔丝时间应尽量缩短，以减少无继电保护运行时间，同时避免对侧纵联保护穿越故障而误动。

在 220 千伏系统因查找直流接地而短时停用直流电源时，不需要停用任何继电保护或自动装置，也不需要对侧配合操作。若直流消失或更换直流熔丝时间超过 15 分钟，应向地调或省调值班调度员汇报，将相应纵联保护停用。

八、自动化系统异常时调度处置

调度自动化系统异常并影响到值班调度员对数据统计及管理时，值班调度员应与自动化专业人员联系，自动化值班人员也应加强监视，及时采取人工统计生产数据，保证调度工作的正常进行。

调度自动化系统异常并影响到值班调度员对电压调整时，值班调度员应立即停用 AVC 控制系统，并与省调联系，明确地区重要变电站母线电压值、重要设备或元件负载值等。

调度自动化系统异常并影响到值班调度员正常系统操作或故障处置时，地调值班调度员应采取以下措施：

1. 暂缓正常的系统操作。

2. 对于改善系统运行方式的重要操作及故障处置应及时进行，但此时应与现场仔细核对运行方式。

影响到调度自动化系统正常运行的通信设备异常由地调自动化专业人员负责联系处置。

【思考与练习】

1. 开关拒动和无故障跳闸的处置原则是什么？
2. 变压器着火如何处理？
3. 220kV 线路开关跳闸处置原则是什么？

第七章　智能在线监测系统

本章共4个模块实训项目内容，主要介绍电网设备检修模式的发展、在线监测的发展和基本构成、相关的要求和应用的案例。

模块一　检修模式及监测技术发展

一、电网设备检修模式的发展

设备检修是生产管理的重要组成部分，对提高设备健康水平，保证电网安全、可靠运行具有重要的意义。国内外电力系统变电站设备以可靠性为中心的检修经历了三个阶段：故障检修、计划检修、状态检修。

1. 故障检修

故障检修是20世纪50年代以前主要采用的方式，其主要是对故障状态下功能部分或者全部失效的设备或设备部件进行维护、修理或更换。检修工作一般在故障发生后才进行，检修工作是非计划性的，检修的目的就是消除故障。由于故障的不可预期性，设备故障可能造成本设备严重损坏甚至对系统内其他的运行设备产生影响。故障检修通常需要进行停电，不但检修费用高，在检修过程中还容易造成人身安全事故，对设备安全极为不利。在现代设备管理的要求下，故障后检修仅仅用于对生产影响极小的非重点设备、有冗余配置的设备或采用其他检修方式不经济的设备。

2. 计划检修

到了第二次产业革命时期，技术的发展使得设备的效率提高，同时带来的问题就是突发的故障会给电网造成巨大的损失。电气设备故障引起的电网大规模停电事故时有发生，因此各国都在研究如何避免大规模电网事故的发生，以及如何在电网事故后将损失降至最低，计划检修应运而生。计划检修也称为定期检修，是指按照一定的时间间隔进行检修，这个时间间隔是根据相关规程规定即设定好的计划来实施的，而与设备本身的状态无关。这种方式首先在苏联实施，并逐步在全世界推广，也是目前我国变电站应用最为普遍的检修模式。计划检修模式有自身的科学依据和合理性，在多年的实践中有效地减少了设备突发事故，保证了设备的良好运行；但这种检修模式存在明显的缺点就是“一刀切”式的检修模式，并没有考虑到设备的实际运行状况，存在“小病大医，无病也治”的盲目现象。近年来地电网设备制造质量大幅度提升，集成式、少维护、免维护式设备得到了广泛应用，早期制定的设备检修、试验周期已不再能适应设备诊断和管理水平的进步；而这种与设备状态无关的计划检修缺少针对性，极易造成设备过检修，又由于人为的原因，也会造成设备的欠检修。过检修是设备本身运行状态很好时又对其进行检修；欠检修是设备状态已经不能满足要求，但是由于人为的原因或者计划安排失当等，没有及时进行检修。过检修浪费了大量的人力和财力，而且有可能对设备造成一定损伤，从而出现新的故障，特别是在检修周期较短时更为突出；欠检修又会造成有潜在故障隐患的设备得不到及时维修，从而使得设备出现较大故障，甚至酿成电网事故。计划检修中的部分试验项目如绝缘预防性试验的耐压试验电压远远高于设备的额定电压，易对设备绝缘造成不可恢复性的损伤，从而缩短设备的运行寿命。

3. 状态检修

状态检修是根据状态监测和诊断技术提供的设备状态信息，结合对设备的日常检查、定期重点检查情况，经过分析处理后，判断设备状况与发展趋势，并在设备发生故障前及性能降低到不允许的极限前有计划地安排检查。状态检修的目的是实现有针对性按需检修，改变传统的计划检修凭经验和推断以及规定来确定检修计划的模式。状态检修是通过检查电气设备的实际运行的情况来确定需要检修的时间和部位，这种方式有很强的针对性，所以相对于计划检修来说，更加合理。

4. 状态检修在国内的发展

我国早在 1987 年国务院颁布的《工业设备管理条例》中就指出：应采用以设备状态监测为基础的方法，不断提高设备管理和维修现代化水平。从 80 年代起，国内开展以在线监测与故障分析技术为基础的状态检修。供电企业开展变电设备状态检修试点工作始于 90 年代初，各地供电部门结合自身特点进行了各具特色的探索：1995 年开始，浙江省电力公司绍兴、金华、丽水等地区公司尝试变电设备状态检修，至目前已形成了计算机辅助分析系统为技术支撑、状态评估为主要手段的变电设备状态检修管理。如宝鸡供电局用十多年的时间，通过对三百多台高压断路器的近千次检修状态的统计分析，制定了断路器累计开断电流为依据的“弹性检修法”。

国家电网公司从 2009 年开始在电力系统范围内全面推行状态检修策略，

先后制定了状态检修的技术和管理等多项规范性文件，经过多年的应用已经收到初步的效果。如今我国在大力推广及普及应用设备诊断技术的基础上，完善和发展了多种监测及诊断方法：诸如振动与噪声分析法、测温及红外热像法、油色谱分析法、声发射法以及针对绝缘的局部放电检测方法。与此同时，建立了包括故障诊断、信号分析与识别、时间序列、模糊理论、灰色理论、神经网络理论、专家系统等在内的一整套诊断理论。目前，国内在诊断理论、诊断技术的采用与推广下，设备的可靠运行、维修体制、全寿命管理等方面已逐渐接近世界先进水平，其中油色谱在线监测仪、局部红外热成像仪、避雷器在线监测仪等应用较成熟。

状态检修的发展离不开监测技术的广泛应用。通过各类监测手段能够及时发现电气设备的异常情况，并由专业人员或者系统进行分析，从而得出需要检修的设备。在电网高速发展的今天，用户对电网的安全性和可靠性提出了新的要求，状态检修是满足新要求的重要手段。

二、电气设备监测手段发展

电力系统变电设备监测实现方式主要有两种：离线检测和在线监测。

1. 离线检测

离线检测一般指通过各类检测仪器，对生产及设备状况进行必要的人工检测。离线检测可以在设备运行时采集样本或数据，通过仪器、设备等在实验室对样本进行检测分析或对数据进行分析加工，离线检测一般具有非实时性的特点，试验结果常常有一定的滞后性和间隔性，不能连续反映设备的状态。离线检测根据设备运行数据、缺陷记录、停电试验等手段发现设备故障的征兆，通过设备可能发生故障的原因和部位，从而提出处理方法。

离线检测大部分情况下须停电，如 SF_6 微水检测，须在停电的情况下抽取 SF_6 气体。然而诸多数据在停电的情况下又无法测量，离线检测一般只能检测一些常规数据，而对于其他一些数据如断路器的热效应、开断电流波形、触头行程在离线的情况下是无法测量的，而这些数据恰恰是反映设备状态的重要数据。

长期以来，电力设备都依赖于定期离线检测，这在防止事故方面有很大的局限性，离线试验不能全过程地反映设备运行条件下的各种状态，对突发性故障无法提前预知。近年来，国内故障统计表明，突发性故障在高压一次设备事故中占相当大的比重，如变压器、GIS、HGIS 等主设备故障（如气室内含杂质导致放电、三相电流不平衡、气室渗漏）已经多次造成严重故障。

随着智能电网的大规模建设，离线检测的需要停电离线进行，试验时间长、工作量大，会造成停电损失和可能的设备损伤等缺陷，越来越制约电力设备的安全稳定运行，所以实时监测电气设备的运行状态对电力系统的安全运行至关重要，加强电气设备运行状态的监测和诊断，有利于及时发现隐患以确保电力设备和人身安全。

2. 在线监测

在线监测一般是指在设备不停电、保持正常运行的情况下，运用安装在被检测设备上的相关的设备、仪器和仪表对电力设备实时进行连续或者周期性的自动监视监测的过程。在线监测的优点是可以在设备正常运行的情况下实时连续地测量设备的状态参量，能够最为真实地反映设备的当前状态；缺点是在现有技术条件下因其不能影响设备的正常安全运行，致使监测项目有限。

离线检测是对可能存在或者已经存在的故障进行分析，而在线监测的实质是要求分析设备当前状态及未来趋势，在发生故障之前提出检修计划，做到防患于未然，是状态检修的技术基础之一。在实际的应用中有时需要结合在线监测和离线检测两种手段，充分发挥各自的优点，一般的做法是采用在线监测的方法对运行的设备实施实时监测，当发现异常后，根据严重程度采用必要的合适的离线检测方法对异常作进一步的判定，最终制定检修策略。

随着智能变电站逐步实现无人值守，带电检测在智能变电站中占有越来越重要的地位，带电检测技术是指在电气设备运行的状态下，通过特殊的实验仪器、仪表装置对被测量的电气设备进行的检测，用于发现运行中电气设备所存在的潜在性的故障。它可以测出电气设备在所测时刻下的使用状态，便于及时发现隐患，了解隐患的变化趋势等，可以发现常见的电气设备在运行状态下出现的问题，诸如局部放电、发热、气体泄漏等可能造成重大事故的隐患。

20世纪70年代，为了满足不停电而对电气设备的某项绝缘参数进行直接测量的需要，出现了简易测试仪器，其结构简单，测试项目少，而且要求被试设备完全对地绝缘，测试的灵敏性较差，应用范围较小。20世纪80年代开始出现了各种专用的带电测试仪器，使监测技术开始从传统的模拟量测试走向数字化测试，摆脱了将测试仪器接入或靠近测试回路的传统测量模式，而代之以利用传感器将被测量量转换成数字仪器可以直接测量的电气信号。同时还出现一些其他通过非电量测量来反映设备状况的测量仪器，如远红外装置、超声装置等。

20世纪90年代开始，出现了以数字波形采集和处理技术为核心的微机多功能在线监测系统。利用先进的传感器、计算机、数字波形采集和处理等高新技术，实现更多的绝缘参数（如介质损失角正切值、电容量、泄漏电流、局部放电、油色谱等）在线监测。这种在线监测系统可以实时连续地巡回监测各被测量，因此监测内容丰富、信息量大、处理速度快，对监测结果可显示、存储、打印、远传及越限告警，实现了监测的自动处理。

随着技术的不断发展，各类单一功能、针对单一设备的在线监测系统趋向集成，各种变电站设备的监测单元通过现场总线或以太网与主机相连，监测单元负责数据采集、初步分析，并将数据上传至监控主机，主机对数据进一步处理，统一生成图形、报表并将数据存入数据库。变电设备在线监测系统的形成实现了对变电站变压器、电抗器、断路器、GIS、避雷器、高压套管、容性设备等变电设备的实时在线监测功能。虽然离线检测可以部分实现带电检测，如 GIS 局部放电检测，但是其缺乏实时性，不能连续、实时对一次设备进行监测，因此在线监测成为智能变电站状态监测的主要实现手段。

模块二　在线监测的发展及基本构成

一、在线监测的目的和意义

电力设备在运行中经受电、热、机械的负荷作用，以及自然环境（气温、气压、湿度以及污秽等）的影响，长期工作会引起老化、疲劳、磨损，以至于性能逐渐下降，可靠性降低，设备故障率逐渐增大，危及电力系统的安全稳定运行，因此需要对电力设备的运行状态进行监测。

随着计算机技术、数字信号处理技术、通信技术的飞速发展，实现在线监测高压一次设备运行状态成为必然的趋势。智能变电站状态监测在不影响变电站设备正常运行的前提下实时获取一次设备运行状态和周围环境信息，结合专家诊断算法，可对设备运行状态做出分析和判断，并及时给出预警信息。变电站设备状态监测系统是智能变电站的重要内容，也是实现状态检修的主要技术基础。

电力系统一直沿用计划检修和故障检修相结合的检修模式，在多年的实践中有效地减少了设备的突发事故。随着电力需求的不断上升，电网规模快速发展，电网设备数量的快速增多，计划检修的工作量也随之快速增大，造成检修人员紧缺，这种检修模式已不能满足电网日益发展的要求。因此基于电气设备状态监测技术，通过加强管理和技术分析，结合未来电力技术发展方向，有选择地对电气一次设备进行在线监测，实时监测运行设备的各种参数，及时发现设备的潜在故障，真正实现高压电气设备的状态检修，对智能变电站安全可靠运行有着重要的意义。

二、智能变电站在线监测系统构成

1. 变电站站内在线监测系统的基本结构

变电设备状态监测系统采用总线式的分层分布式结构，由过程层、间隔层和站控层设备组成。对于过程层到间隔层均采用DL/T 860通信标准的在线监测系统，应在间隔层配置综合监测单元，实现在线监测装置通信标准统一转换为DL/T 860与站端监测单元通信。其系统结构可参见图7-1。对于各层之间均采用DL/T 860通信标准的在线监测系统，其系统结构可参见图7-2。

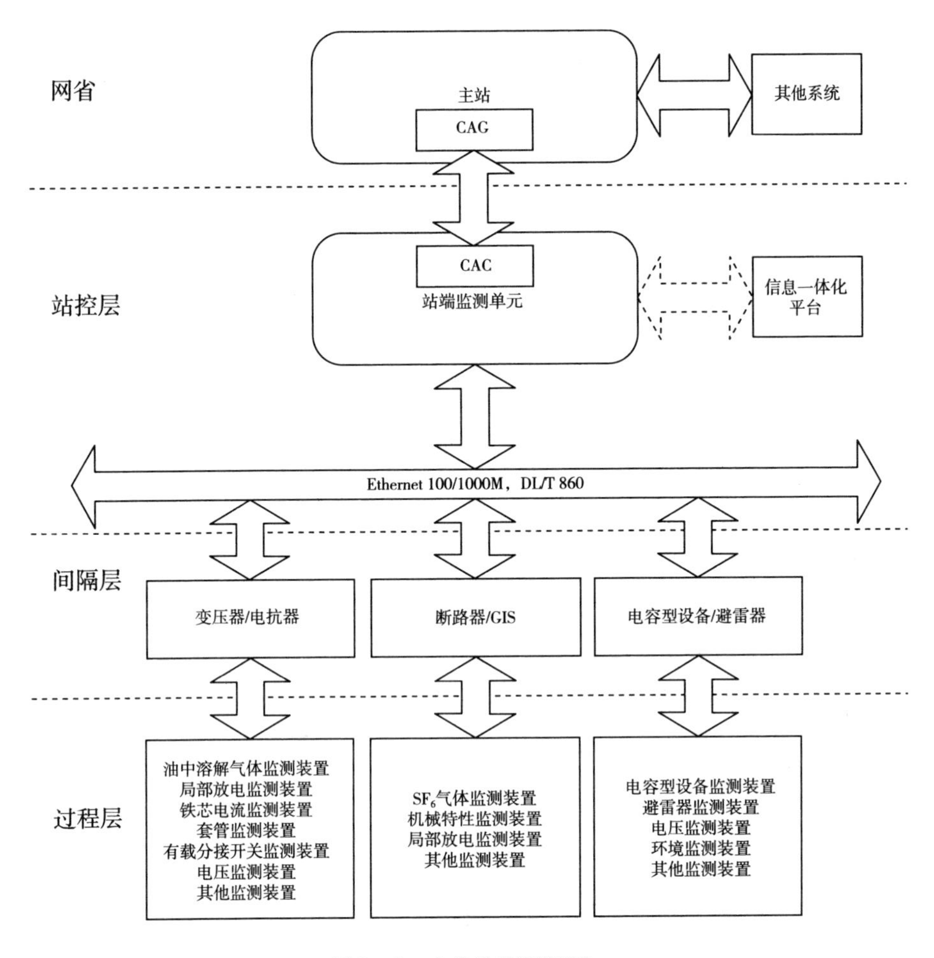

图 7－1　在线监测框架图一

(1)过程层

过程层包括变压器、电抗器、断路器、GIS、电容型设备、金属氧化物避雷器等一次设备的在线监测装置，实现变电设备状态信息自动采集、测量、就地数字化等功能。

(2)间隔层

在图 7－1 中，间隔层包括变压器/电抗器综合监测单元、断路器/GIS 综合监测单元、电容型设备/金属氧化物避雷器综合监测单元。实现被监测设备相关监测装置的监测数据汇集、数据加工处理、标准化数据通信代理、阈值比较、监测预警等功能。在图 7－2 中，过程层的监测装置均符合 DL/T 860 通信标准，省去了综合监测单元，各监测装置直接与站端监测单元通信。

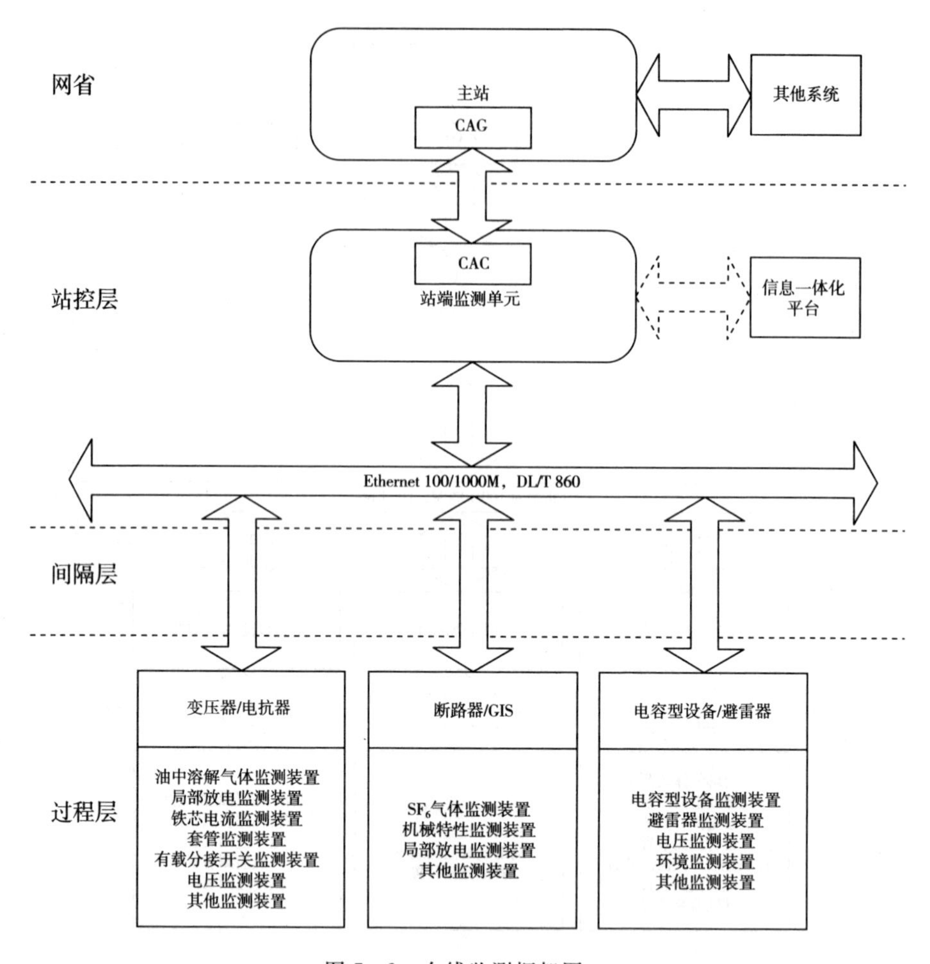

图 7－2　在线监测框架图二

(3)站控层

站控层包括站端监测单元。实现整个在线监测系统的运行控制，以及站内所有变电设备的在线监测数据的汇集、综合分析、故障诊断、监测预警、数据展示、存储和标准化数据转发等功能。

2. 在线监测系统通信配置

在常规站及早期的 220kV 变电站均是采用流程来完成数据接入，即：

在线监测装置—I1 协议⟶CAC—I2 协议⟶系统主站 CAG

采用此种接入方式网络结构相对简单，只需要给站内 CAC 分配一个综合数据网 IP 地址，CAC 与 CAG 通过综合数据网通讯。CAC 的主要作用是将在线监测装置数据格式(I1 规约)转为 I2 规约与主站 CAG 通讯。

2012 年国网公司颁布了企业标准 Q/GDW679－2011《智能变电站一体化监控系统建设技术规范》(下文简称《技术规范》)。《技术规范》规范了智能变电站一体化监控系统的体系架构、系统功能、网络结构、系统配置、数据采集与信息传输、安全防护等建设技术要求。

其中智能变电站一体化监控系统架构如图 7－3 所示。

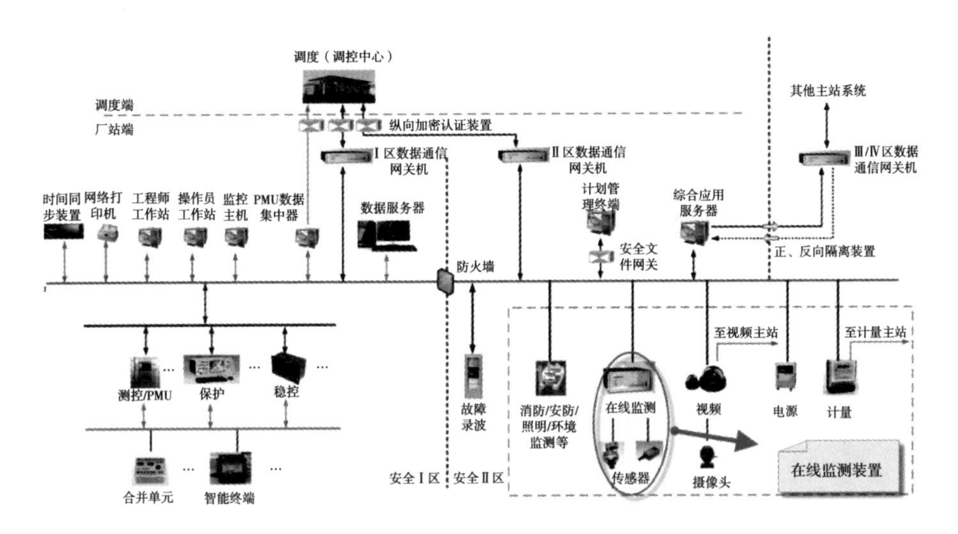

图 7－3　智能变电站一体化监控系统架构示意图

从图 7－3 可见,《技术规范》中将在线监测装置要求设在了Ⅱ区,在线监测装置将数据传至综合应用服务器,同时也通过 II 区数据通信网关机送至调度控制中心。在线监测装置数据若要接入输变电设备状态监测系统,综合应用服务器通过正、反向隔离装置(图 7－4、图 7－5),经Ⅲ/Ⅳ区数据通信网关机将数据

图 7－4　正向隔离装置

图 7－5　反向隔离装置

传送至系统主站CAG。

在实际变电站应用中变电设备状态监测系统可以独立配置主机，也可以集成于其他系统中，如监控一体化平台（即图中的综合应用服务器）等，但必须考虑二次系统安全防护的要求，符合国网相关要求。对于早期接入的在线监测系统应考虑配合一体化监控平台进行改造。

模块三　在线监测系统的相关要求

一、在线监测系统的相关要求

1. 基本功能要求

(1)在线监测装置功能

① 实现被监测设备状态参数的自动采集、信号调理、模数转换和数据的预处理功能；

② 实现监测参量就地数字化和缓存，监测结果可根据需要定期发至综合监测单元或站端监测单元，也可通过计算机本地提取；

③ 监测装置至少可以存储一周的数据；

④ 若已安装综合监测单元或站端监测单元，可不实现②和③项功能。

(2)综合监测单元功能

① 汇聚被监测设备所有相关监测装置发送的数据，结合计算模型生成站端监测单元可以直接利用的标准化数据，具备计算机本地提取数据的接口；

② 具有初步分析(如阈值、趋势等比较)、预警功能；

③ 作为监测装置和站端监测单元的数据交互和控制节点，实现现场缓存和转发功能。包括上传综合监测单元的标准化数据，下传站端监测单元发出的控制命令，如计算模型参数下装、数据召唤、对时、强制重启等。

(3)站端监测单元功能

① 对站内在线监测装置、综合监测单元以及所采集的状态监测数据进行全局监视管理，支持人工召唤和定时自动轮询两种方式采集监测数据，可实现对在线监测装置和综合监测单元安装前及安装后的检测、配置和注册等功能。

② 建立统一的数据库，进行时间序列存盘，实现在线数据的集中管理，并具有 CAC 的功能与上层平台通信，同时具有与站内信息一体化平台交互的接口。

③ 实现变电设备状态监测数据综合分析、故障诊断及预警功能。

④ 系统具有可扩展性和二次开发功能，可接入的监测装置类型、监视画面、分析报表等不受限制。同时系统的功能亦可扩充，应用软件采用 SOA 架构，支持状态检测数据分析算法的添加、删除、修改操作，能适应在线监测与运行管理的不断发展。

⑤ 实现变电设备状态监测数据及分析结果发布平台，提供图形、曲线、报表等数据发布工具。

⑥ 具有远程维护和诊断功能，可通过远程登录实现系统异地维护、升级、故障诊断和排除等工作。

2. 通信要求

(1)一般性要求

① 变电设备在线监测系统应采用满足监测数据传输要求的标准、可靠的通信网络；

② 间隔层向站控层传送的变电设备状态监测数据接入规范应满足相关规定的要求；

③ 变电站过程层和间隔层之间宜选用统一的通信协议，推荐采用符合 DL/T 860 标准的通信协议；

④ 基于 DL/T860 标准的变电设备在线监测系统宜采用 100M 及以上高速以太网作为通信网络。

(2)监测装置通信要求

监测装置应该采用统一的通信协议与综合监测单元通信，当直接与站端监测单元通信时，应采用 DL/T860.92 标准。

(3)综合监测单元通信要求

综合监测单元支持多种协议的转换，采用 DL/T 860.81 标准与站端监测单元通信。

(4)站端监测单元通信要求

站端监测单元应具有 CAC 的功能与上层平台通信。

3. 技术要求

(1)总体技术要求

① 连续或周期性监测、记录被监测设备状态的参数，并能及时有效地跟踪设备的状态变化，有利于预防事故的发生。

② 根据监测数据能够有效地判断被监测设备状况，以便调整设备试验周期，减少不必要的停电试验，或对潜伏性故障进行预警。

③ 在线监测系统宜具备多种输出接口，具有与其他监控系统间按统一通信规约相连的接口。系统还宜具有多种报警输出接口，既可以通过其他监控系统报警，又可接常规报警装置。

④ 在线监测系统的软件具有良好的人机界面，操作简单，便于运用。

⑤ 在满足故障判断要求的前提下，装置和单元的结构应简单，使用维护应方便。

⑥ 应严格遵照《电力二次系统安全防护总体方案》和《变电站二次系统安全防护方案》的要求，实现在线监测数据安全接入主站（如身份认证、数据加解密

等)，确保信息安全。

⑦ 在线监测系统设计寿命一般应不少于8年。对于预埋在设备内部的传感器，其设计寿命应不少于被监测设备的使用寿命。

(2)监测装置技术要求

① 监测装置向上层单元传送经过信号调理、模数转换和预处理的被监测设备状态监测数据，以及接受上层单元下传的参数配置、数据召唤、对时、强制重启等控制命令；

② 监测装置安装在被监测设备附近，需要对信号与电路实施有效的隔离和绝缘，其电源也应采用合适的隔离措施。

(3)综合监测单元技术要求

① 综合监测单元向站端监测单元传送经过计算模型生成的站端监测单元可以直接利用的标准化数据以及简单的分析结果和预警信息，并接收上层单元下传的更新分析模型、更新配置、数据召唤、对时、强制重启等控制命令；

② 重要的综合监测单元，应该具有备用单元；

③ 综合监测单元安装在被监测设备附近，需要对信号与电路实施有效的隔离和绝缘，其电源也应采用合适的隔离措施。

(4)站端监测单元技术要求

① 站端监测单元向上层传送经过深度加工的数据(即"熟数据")、分析诊断结果、预警信息以及根据上层需求定制的数据，并接受上层单元下传的下装分析模型、参数配置、数据召唤、对时、强制重启等控制命令。

② 站端监测单元的安全性和可靠性直接影响全系统稳定运行，应采用主备设计(即主机出故障后，备用计算机能代替主机运行)，其电源应采用UPS供电，通信模板应采用良好的隔离措施，以防止由于异常干扰电压而损坏主机。还应有防止主机"死机"的措施。

③ 计算机系统应安装完整、安全、可靠的操作系统、应用软件和数据库软件。

④ 宜分别建立历史数据库和实时数据库，历史数据库应能存放5年以上的历史数据，实时数据库存放最近的实测数据，应能根据生产运行需要及变电站设备变更的实际状况，对监测系统进行配置和修改，对装置厂商开放在线监测系统的数据结构，负责解释其含义，对监测系统数据分析算法进行封装，用适应CAC的标准接口提供给上层平台调用。

⑤ 应具有专门软硬件设备，对操作系统、数据库系统、应用软件系统及其他软件和数据进行管理、维护、备份和故障恢复。

二、在线监测系统配置原则

基于在线监测技术的发展水平、在线监测系统应用效果以及变电设备重要

程度,对在线监测系统进行配置,其原则如下:

1. 变压器/电抗器

(1)500千伏(330千伏)电抗器、330千伏、220千伏油浸式变压器宜配置油中溶解气体在线监测装置。

(2)对于110千伏(66千伏)电压等级油浸式变压器(电抗器)存在以下情况之一的宜配置油中溶解气体在线监测装置:

① 存在潜伏性绝缘缺陷;

② 存在严重家族性绝缘缺陷;

③ 运行时间超过15年;

④ 运行位置特别重要。

(3)220千伏及以上电压等级变压器、换流变可根据需要配置铁心、夹件接地电流在线监测装置。

(4)220千伏及以上电压等级变压器宜预留供日常检测使用的超高频传感器及测试接口,以满足运行中开展局部放电带电检测的需要。对局部放电带电检测异常的,可根据需要配置局部放电在线监测装置进行连续或周期性跟踪监视。

(5)220千伏及以上电压等级变压器可预埋光纤测温传感器及测试接口。

2. 断路器及GIS(含HGIS)

(1)220千伏及以上电压等级GIS应预留供日常检测使用的超高频传感器及测试接口,以满足运行中开展局部放电带电检测的需要。对局部放电带电检测异常的,可根据需要配置局部放电在线监测装置进行连续或周期性跟踪监视。

(2)220千伏及以上电压等级SF_6断路器及GIS可逐步配置断路器分合闸线圈电流在线监测装置。

3. 电容型设备

(1)220千伏及以上电压等级变压器(电抗器)套管可配置在线监测装置,实现对全电流、tanδ、电容量、三相不平衡电流或不平衡电压等状态参量的在线监测。

(2)对于110千伏(66千伏)电压等级电容型设备存在以下情况之一的宜配置在线监测装置:

① 存在潜伏性绝缘缺陷;

② 存在严重家族性绝缘缺陷;

③ 运行位置特别重要。

(3)倒立式油浸电流互感器、SF_6 电流互感器因其结构原因不宜配置在线监测装置。

(4)金属氧化物避雷器:220 千伏及以上电压等级金属氧化物避雷器宜配置阻性电流在线监测装置。

(5)其他在线监测装置应在技术成熟完善后,经由具有资质的检测单位检测合格方可试点应用。

三、传感器概述

1. 传感器简介

传感器是高压一次设备的状态感知元件,通常安置在高压一次设备内部或者外部。很多传感器可以看作高压一次设备本体的一部分,主要用于将高压一次设备的某一状态参量转变成可采集的信号,如 SF_6 压力传感器、变压器铁芯接地电流传感器等,但是传感器不包括集成于高压一次设备的各型互感器等原属于一次设备的功能元件。

传感器是状态监测系统的关键组成部分,其性能直接决定了整个系统的测量准确性,是整个系统的基础。传感器按照安装的位置可以分成内置式和外置式。内置式传感器直接安装于被检测设备本体,需要改变设备的原有机械机构,例如用于测量变压器或者 GIS 设备的超高频传感器;外置式通常与被监测设备分体,不与设备有结构上或者电气上的直接连接,最典型的就是穿心式小电流互感器,被广泛应用于泄漏电流的测量。内置式互感器由于能够直接接入被测设备的相应部分,因此信噪比高、测量灵敏度高,但是由于需改变被测量设备的结构,有可能带来新的安全隐患,并且由于固定式的安装,传感器无法复用,投资较大。外置式传感器则使用方便安全,不影响被监测设备的原有性能,某些传感器还可以复用,如用于带电测量的超声波局放传感器等。

2. 传感器性能要求

(1)传感器一般性能要求

① 能够反映出设备状态特征量的信号和变化。有良好的静态特性和动态特性。静态特性是指传感器的灵敏度、分辨率、线性度、准确度、稳定性和迟滞特性,动态特性是指在输入变化时对应的输出特性变化。

② 对于被监测设备无影响或者影响很微弱,吸收被测设备的能量极小,对于被测设备原有特性不会产生根本影响,特别是对于内置式的设备应该体积小,重量轻,便于安装固定,传感器的输出能够与后一级的处理单元功能匹配。

③ 工作稳定、可靠性高、使用寿命长,适用于各种恶劣特别是恶劣电磁环境下。

(2)传感器选择要求

① 涉及高压设备本体，可使用内置亦可使用外置的传感器，推荐使用外置传感器；

② 涉及高压设备本体，内置传感器尽量采用无源型或仅内置无源部分；

③ 内置传感器宜由高压设备制造商在制造时植入，已投运设备内置传感器时，须咨询高压设备制造商的意见。

(3)内置传感器的要求

① 宜采用无源型或将有源部分外置；

② 高压设备的所有出厂试验应在安装内置传感器之后进行；

③ 内置传感器与外部自检测单元的联络通道应符合高压设备的密封要求；

④ 内置传感器的使用寿命应不少于 15 年。

(4)外置传感器的要求

① 新设备应设计有外置传感器的安装位置。外观要求整洁、易维护、不降低高压设备外绝缘水平；

② 一般安装在地电位处，不推荐安装于高压部位，特殊情况除外；

③ 与高压设备内部绝缘介质相通的外置传感器，其密封性能、机械杂质含量控制等应符合或高于高压设备的相应要求；

④ 有良好的电磁屏蔽措施。

3. 常用传感器介绍

(1)局部放电传感器

局部放电发生的过程中伴有声、光、电、热以及化学分解等现象，因此局部放电的检测方法有超声波法、紫外成像法、脉冲电流法、特高频法、红外检测法、色谱分析等。其中应用较为广泛的有超声波法和特高频法，也有采用两种方法共同检测和定位局放故障的(图 7－6)。

图 7－6　局放传感器

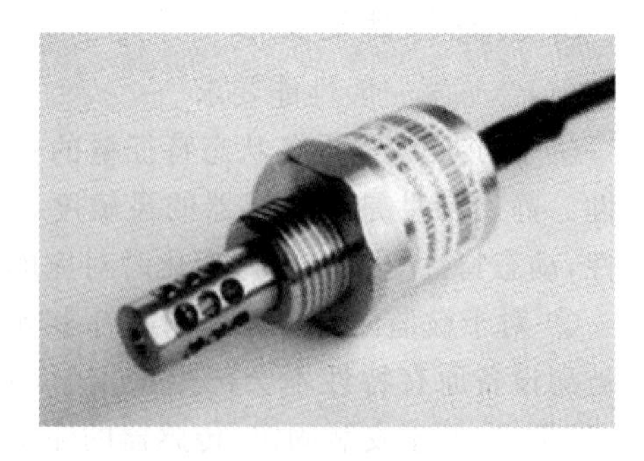

图 7－7　微水传感器

(2)温度传感器

温度是变电设备最直接检测量。温度传感器是利用一些金属、半导体材料与温度之间的相关特性制成的，这些特性包括膨胀、电阻、电容、磁性、热电势等。温度传感器从使用上可分为接触型和非接触型，前者是将传感器直接接触被测物，后者是利用被测物体发射的红外线，将传感器设置在一定的距离下测量。测量局部温度则是将传感器直接置于被测环境中进行。目前温度传感器种类繁多，有热电偶、双金属片、铂测温电阻、热敏电阻、半导体管及集成电路等。

(3)湿度传感器

湿度传感器一般用于气体中含水量的监测。湿敏元件是最简单的湿度传感器，湿敏元件主要分为电阻式和电容式两类。前者是在基片上覆盖一层用感湿材料制成的膜，当空气中的水蒸气吸附在膜上时，元件的电阻率和电阻值发生明显变化，从而可以测得湿度；后者则是使用高分子薄膜电容制成，当环境相对湿度发生变化时，电容值也发生变化，两者呈现线性变化的关系。除了这两者之外还有电解质离子型湿敏元件、重量型湿敏元件、光强型湿敏元件、声表面波湿敏元件。由于湿敏元件长期处于待检测的湿度环境下，其准确度和长期稳定性容易变化(图 7－8)。

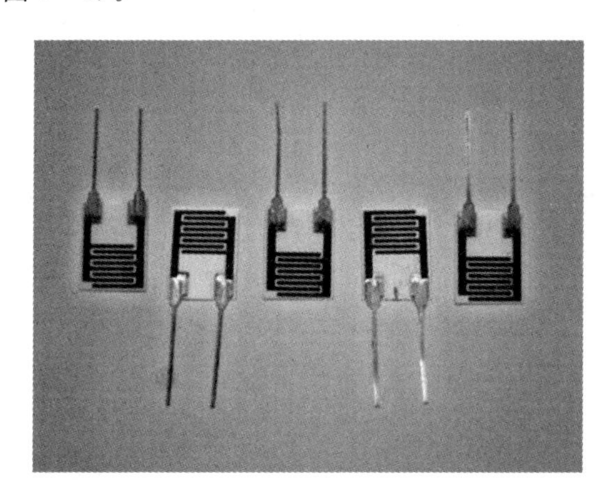

图 7－8　湿度传感器

(4)SF_6 气体密度传感器

密度传感器直接关系到 SF_6 气体密度在线监测系统的可靠性，精度高、反应灵敏的密度传感器是实现准确、快速监测气隔内部放电及分析气体密度变化趋势功能的必要条件。

SF_6 密度传感器的原理是红外光谱原理。红外 SF_6 传感器具备可靠性和精确性，与其他气体不会产生交叉反应，不会误报，与电化学传感器和电击穿相比，红外 SF_6 传感器寿命长达 10 年，能够减少维护费用，无辐射源，无危害，可实现数字量和模拟量的输出。

由于 SF_6 的压力、温度、密度之间无固定的补偿关系，补偿曲线根据密度的不同而不同，所以必须在信号采集及处理单元中建立起完整的数序模型，可通过一个密度、压力、温度矩阵，根据压力、温度可直接得到相应的密度。由于温度在不同物质中传播的速度不同，温度传感器测量点的温度不能完全真实反映 SF_6 的真实温度，还需在算法中对温度传感器测量到的温度进行补偿。

(5)SF_6 微水传感器

微水在线监测装置的传感器主要由湿度传感器、温度传感器和压力传感器三部分组成。可将传感器安装于设备取气口外界的在线监测仪的测量腔体内，通过取气口使传感器与被测气体连通，当 SF_6 中的微水含量变化时，由于自然扩散的作用，安装于设备取气口外部的湿度探头可以在较短时间内检测到 SF_6 中的微水含量变化。

(6)避雷器监测传感器

避雷器传感器一般采用精密互感器耦合方式。隔离雷电流和装置电气连接，可使电场、磁场对装置干扰大大降低。装置一般不设置阀片，不会存在残压，需要能够测量全电流、阻性电流、放电次数及放电时间。

模块四 在线监测应用实例

智能变电站的建设目前已经全面展开，状态监测系统基本上成了智能变电站的标准配置，一般主要针对变电站内的一次设备，包括主变压器、油浸式电抗器、高压断路器、气体封闭组合(GIS)、避雷器等实施状态监测，监测方式可以是在线、带电或两者结合的形式，下面对在线监测系统中各子系统进行介绍，并以安徽省220kV某变电站为案例介绍其构架和应用。

一、智能变电站在线监测系统接入概述

该智能变电站的主变压器分别配备局部放电在线监测、油色谱在线监测、铁芯接地电流避雷器在线监测。

综合监测单元(主IED)负责变压器所有监测数据的收集工作，并集中向站端监测单元(CAC)按照IEC61850要求的数据模型和接口服务模型发送数据并下发配置及控制命令等。综合监测单元通过光纤转换器与CAC连接，与各种监测单元的通信连接及通信规约则根据实际装置的通信形式不同而不同，可采用光纤(网线)进行基于MMS协议的IEC61850规范进行通信，也可采用基于MODBUS或CDT规约的满足RS485通信的双绞线，或者直接通过电缆进行采集。CAC通过I2规约与主站CAG进行通信，并应满足规范接入要求(见表7-1)。

表1 变电站在线监测接入数据规范

变电设备监测内容		接入类型编码
变压器/电抗器	局部放电	021001
	油中溶解气体	021002
	微水	021003
	铁心接地电流	021004
	顶层油温	021005
	绕组光纤测温	021006
	变压器振动波谱	021007
	有载分接开关	021008
	变压器声学指纹	021009
电容型设备	绝缘监测	022001

（续表）

变电设备监测内容		接入类型编码
金属氧化物避雷器	绝缘监测	023001
断路器/GIS	局部放电	024001
	分合闸线圈电流波形	024002
	负荷电流波形	024003
	SF_6 气体压力	024004
	SF_6 气体水分	024005
	储能电机工作状态	024006

二、在线监测子系统分类简介

1. 局部放电装置(见表 7-2 及图 7-9 所示)

局部放电监测装置可以对局部放电数据进行实时采集，并经过一定周期后便进行一次统计计算，可以计算出放电量、脉冲个数等信息。

表 7-2 局部放电接入数据规范

序号	参数名称	参数代码	字段类型
1	被监测设备标识	BJCSBBS	字符
2	监测装置标识	JCZZBS	字符
3	监测时间	JCBJ	日期
4	被监测设备相别	BJCSBXB	字符
5	放电量	FDL	数字
6	放电位置	FDWZ	数字
7	脉冲个数	MCGS	数字
8	放电波形	FDBX	二进制流

图 7-9 某站 GIS 腔体超高频法局放检测调试

2. 油色谱在线监测装置(见表 7-3 及图 7-10、图 7-11 所示)

油色谱在线监测采用气相色谱技术，采用循环取样和真空脱气的方式，能够测量规程要求的其中气体以及微水含量。

表 7-3 油中溶解气体接入规范

序号	参数名称	参数代码	字段类型
1	被检测设备标识	BJCSBBS	字符
2	监测装置标识	JCZZBS	字符
3	监测时间	JCSJ	日期
4	被监测设备相别	BJCSBXB	字符
5	氢气	QINGQI	数字(μL/L)
6	甲烷	JIAWAN	数字(μL/L)
7	乙烷	YIWAN	数字(μL/L)
8	乙烯	YIXI	数字(μL/L)
9	乙炔	YIQUE	数字(μL/L)
10	一氧化碳	YYHT	数字(μL/L)
11	二氧化碳	EYHT	数字(μL/L)
12	氧气	YANGQI	数字(μL/L)
13	氮气	DANQI	数字(μL/L)
14	总烃	ZONGTING	数字(μL/L)

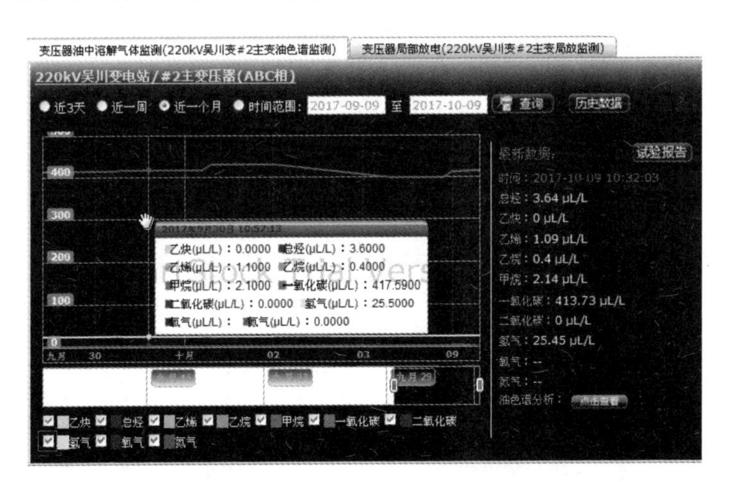

图 7-10 远方主站——PMS 系统主变油色谱分析

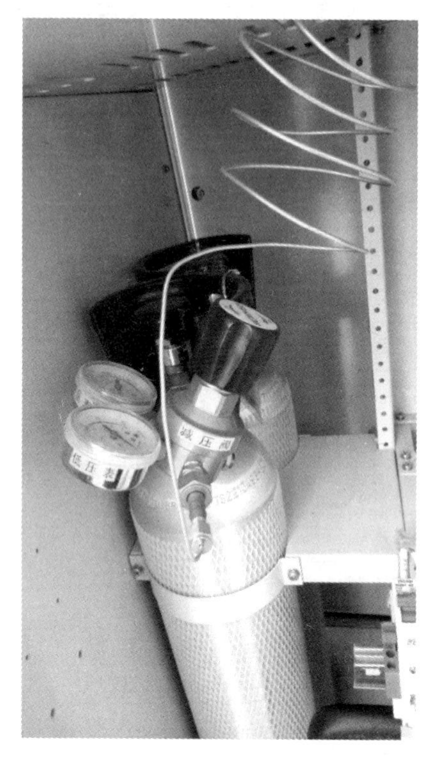

图 7－11　油色谱载气瓶及备用气瓶

3. 铁芯接地电流及温度监测装置(见表 7－4 及图 7－12 所示)

铁芯接地电流监测单元采用高精度的穿心式传感器来对接地电流进行监测,不与变压器本体有任何电气连接和物理结构连接。铁芯接地电流监测装置可以实时监测铁芯电流,最小采样间隔为 1min,监测周期可通过通信规约设置,一般设置为 15min。

表 7－4　铁芯接地电流接入规范

序号	参数名称	参数代码	字段类型
1	被监测设备标识	BJCSBBS	字符
2	监测装置标识	JCZZBS	字符
3	监测时间	JCSJ	日期
4	被监测设备相别	BJCSBXB	字符
5	铁心全电流	TXQDL	数字(mA)

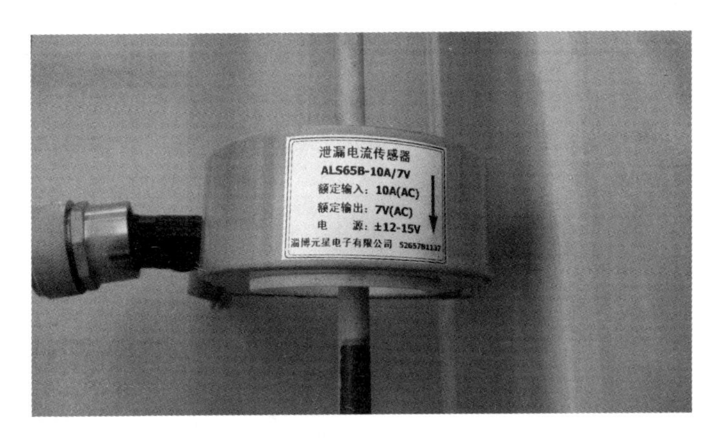

图 7-12 铁芯接地电流传感器

绕组温度和油温，可由综合监测单元直接从相应的温度变送器 4～20mA 输出信号进行接入和采样，不另外添加监测装置，或者采用光纤测温。

表 7-5 变压器温度接入规范

序号	参数名称	参数代码	字段类型
1	被监测设备标识	BJCSBBS	字符
2	监测装置标识	JCZZBS	字符
3	监测时间	JCSJ	日期
4	被监测设备相别	BJCSBXB	字符
5	顶层油温	DCYW	数字(℃)

4. 微水密度监测装置(见表 7-6、图 7-7 及图 7-13 所示)

GIS 和 HGIS 两种组合电器主要配置 SF_6 微水密度监测装置。每个间隔的 SF_6 微水密度监测装置及本间隔的避雷器装置共同组成监测功能组。监测组按间隔配置，监测组的结构也是由综合监测单元及连接的监测装置构成。综合监测单元通过光缆与 CAC 进行通信连接，采用基于 IEC61850 规范的数据模型和接口服务模型与站内 CAC 进行数据交互。综合监测单元配置于现场相应间隔的智能控制柜中。

SF_6 微水密度监测装置安装于每个气室的补气阀处，与 GIS 厂家原配的密度表安装在一处。SF_6 微水密度监测装置主要监测微水、压力、温度和 20℃下的压力。所有的监测实时进行。密度及微水监测装置可在线单独拆卸与安装，并可在线独立校准。

表7-6 SF_6 密度接入规范

序号	参数名称	参数代码	字段类型
1	被监测设备标识	BJCSBBS	字符
2	监测装置标识	JCZZBS	字符
3	监测时间	JCSJ	日期
4	温度	WENDU	数字(℃)
5	绝对压力	JDYL	数字(MPa)
6	密度	MIDU	数字(kg/m^3)
7	压力(20℃)	YANGLI	数字(MPa)

表7-7 SF_6 微水接入规范

序号	参数名称	参数代码	字段类型
1	被检测设备标识	BJCSBBS	字符
2	监测装置标识	JCZZBS	字符
3	监测时间	JCSJ	日期
4	温度	WENDU	数字(℃)
5	水分	SHUIFEN	数字($\mu L/L$)

图7-13 SF_6 微水密度在线监测装置及传感器

5. 避雷器在线监测装置(见表7-8)

避雷器在线监测装置采用穿心式传感器,可以测量全电流、阻性电流、放电次数和最后一次放电时间。

表 7-8 避雷器在线接入规范

序号	参数名称	参数代码	字段类型
1	被检测设备标识	BJCSBBS	字符
2	监测装置标识	JCZZBS	字符
3	监测时间	JCSJ	日期
4	被监测设备相别	BJCSBXB	字符
5	系统电压	XTDY	数字(kV)
6	全电流	QDL	数字(mA)
7	阻性电流	ZXDL	数字数字(mA)
8	计数器动作次数	JSQDZCS	
9	最后一次动作时间	ZHYCDZSJ	日期

6. 断路器机械特性在线监测装置(见表 7-9 及图 7-14 所示)

主要有监测分、合闸线圈电流及波形、储能电动机电流波形、储能电动机的电压、储能时间、分合闸时间、速度、行程曲线等功能。

表 7-9 分合闸线圈电流波形接入数据规范

序号	参数名称	参数代码	字段类型
1	被监测设备标识	BJCSBBS	字符
2	监测装置标识	JCZZBS	字符
3	被监测设备相别	BJCSBXB	字符
4	监测时间	JCSJ	日期
5	动作	DONGZUO	整型
6	线圈电流波形	XQDLBX	二进制流

图 7-14 断路器机械特性在线监测装置

三、某变电站在线监测系统

1. 某变电站在线监测系统简介

某变电站在线监测系统主要由变压器在线监测和避雷器在线监测两部分

组成。

变压器在线监测系统在每台户外主变旁安装一面主变在线监测智能组件柜(本期共两面),柜内含主变主 IED、主变局放 IED、监测装置、油色谱装置、数据采集装置、数据处理模块、气瓶及备用气瓶、终端盒和光纤交换机等(图 7-15)。主变在线监测智能组件柜对主变数据进行采集并处理,后将处理信息通过光缆上传至主控室内的在线监测控制屏。

图 7-15　光纤收发器

油色谱监测装置的最小采样间隔为 2 小时,并且能够就地对测量值进行分析,提供三比值法、改良电协研法、无编码法、大卫三角形法等分析诊断方法,并提供报警功能,报警值可参考相关规程规定,采样周期可通过通信规约设定,一般为 24h。油色谱在线监测需设置气瓶,在实际运行过程中,需对气瓶压力值进行巡视检查,发现异常或者低于正常值时应进行维护更换。

变压器的局部放电装置采用超高频原理的产品,由四个传感器和一个监测装置构成。四个局部放电传感器中有三个是用于定位的传感器,分别位于变压器侧面两侧及顶部;一个是测量传感器,布局于变压器的一侧。局部放电监测装置可以对局部放电数据进行实时采集,经过一定周期后便进行一次统计计算,可以计算出放电量、脉冲个数等信息,另外可以根据这些放电信息按照预置的故障模型库给出放电的诊断信息,如放电类型、风险程度等,并通过 CAC 送至远方主站。装置可以存储一定时间的原始采集数据和统计信息,采样周期和计算周期可通过通信规约进行设定,采样周期一般设置为 15min。

避雷器在线监测系统由避雷器泄漏电流和全电流采集单元、母线电压采集单元及后台系统组成,对站内 220kV 避雷器和 110kV 避雷器进行在线监测。220kV 区域和 110kV 区域均安装一面避雷器在线监测智能组件柜,柜内含避雷器监测主 IED、光纤收发器和光终端盒。系统通过分布式安装的监测单元对避雷器的电流和母线电压信号进行采集,将采集的信息通过 RS485 总线上传到避雷器在线监测智能组件柜，避雷器在线监测智能组件柜对这些信息计算处理，并将处理的结果通过光缆传送至主控室在线监测控制屏。电流采集单元安装在避雷器支架上，电压采集单元安装在母设钢支架上。

综合监测单元设置时应考虑单总线所连接监测装置的个数一般不超过 32 个，建议不超过 16 个，避雷器在线监测装置能够对各种数据进行实时测量，最小采样周期为 1min，一般设置为 15min，并具有显示全电流和当前日期时间的功能，具有本地时钟，并可通过协议进行对时。

主控室设置一面在线监测控制屏，内有在线监测主机、交换机等，为实现《技术规范》所要求的构架，还需从交换机通过网线将数据传送至综合应用服务器，同时也通过 II 区数据通信网关机传送至调度控制中心。在线监测装置数据若要接入输变电设备状态监测系统，综合应用服务器通过正、反向隔离装置，经Ⅲ/Ⅳ区数据通信网关机将数据传送至系统主站 CAG。

2. 吴川站在线监测系统站内连接图(图 7-16)

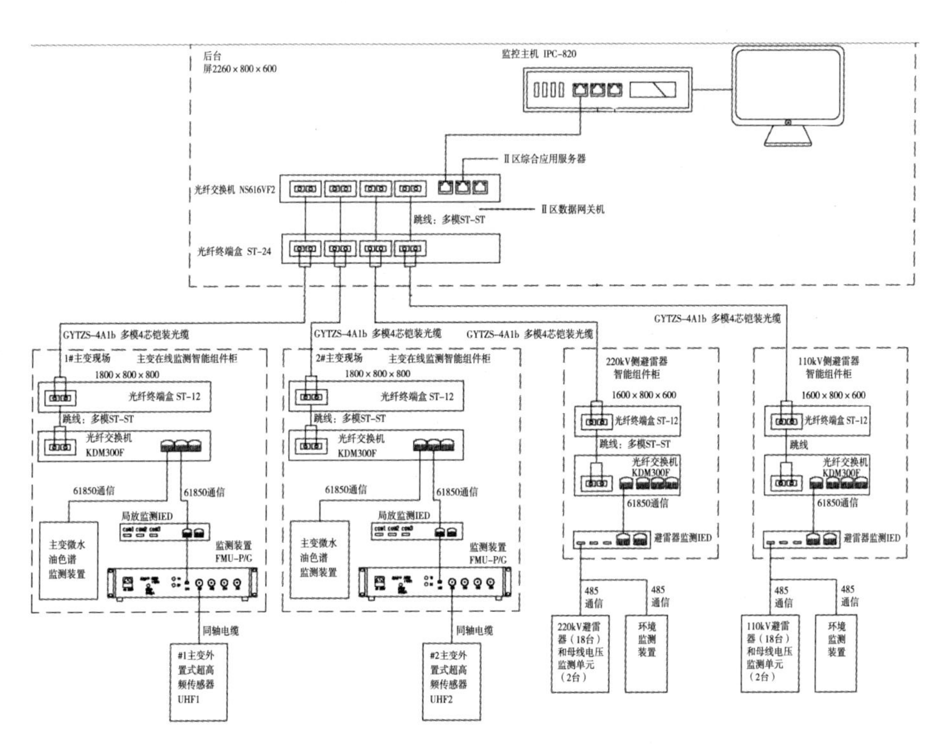

图 7-16　220W 某站内在线监测系统站内连接图

3. 在线监测系统巡视及维护要点

(1)对于在线监测智能组件柜和保护室内在线监测控制屏均应检查空开位

置，检查安装于就地或屏柜内的在线监测装置、综合监测单元、监测主机装置供电和运行情况，如出现装置失电，检查电源输入，如正常可试送一次，如试送不成功则通知相关专业人员进行检查。

(2)在线监测智能组件柜应检查柜内温度、湿度，有无渗水，风扇(热交换器)运行情况，定期对散热风扇、防尘网进行清洁，一般一年一次。

(3)对于油色谱监测装置还需注意以下几点：

① 油色谱装置处于运行状态时(运行灯亮时)，不可硬件重启，即设备运行时不可断电，防止损坏硬件；

② 检查变压器侧进出油阀在常开位；

③ 巡检时应检查各进出油接头是否有渗漏油情况，如果出现漏油严重必须将油色谱装置停电，关闭进出油阀进行处理；

④ 检查载气压力是否正常：载气瓶阀门在打开位，高压端压力＞1MPa，低压端压力在 0.26～0.3MPa，当出现压力异常时通知相关专业人员进行检查或更换备用气瓶(图 7-17)。

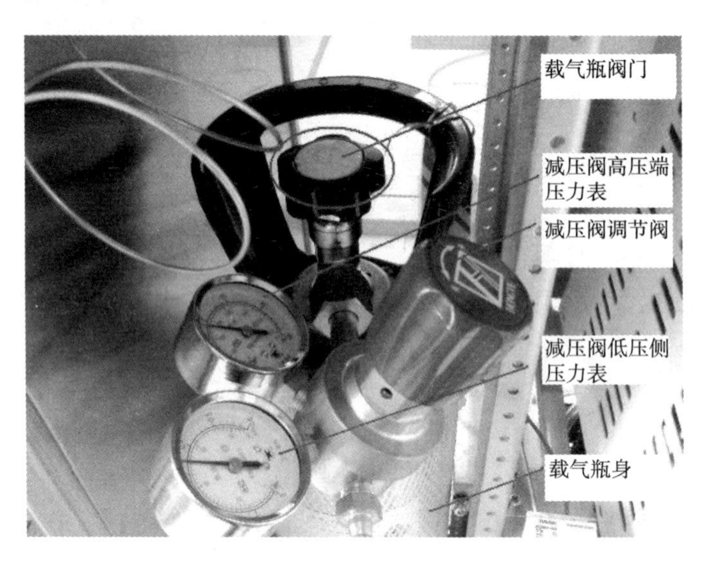

图 7-17　油色谱装置载气瓶

【思考与练习】

1. 电网设备检修模式发展过程中的各种模式及特点是什么？
2. 智能变电站在线监测系统分层结构中各层的设备及功能是什么？
3. 一个典型 220kV 变电站需配备的在线监测设备及构架是什么？

第八章　一体化电源系统

本章共有6个模块实训项目内容，主要介绍交直流一体化电源组成、直流电源相关要求、蓄电池充放电、直流设备的巡视、站用电系统、通信直流变换电源和交流不间断电源。

模块一　交直流一体化电源组成

一、概述

常规变电站站用电源分为交流系统、直流系统、UPS、通信电源系统等，各子系统采用分散设计，独立组屏，设备由不同的供应商生产、安装、调试，供电系统也分别由不同的专业人员进行管理。这种模式存在的主要问题如下：

(1)运行维护不方便。现有变电站站用电源分别由不同专业人员进行管理：交流系统与直流系统由变电人员进行运行维护，UPS由自动化人员进行维护，通信电源由通信人员维护，不能总体调配人力资源。

(2)站用电源自动化程度不高。由不同供应商提供的各子系统的通信规约一般不兼容，需分别经规约转换装置接入站内自动化系统，难以实现全站统一网络化管理，系统缺乏综合的分析平台，制约了管理的提升。

(3)经济性较差。直流系统配置蓄电池组，UPS不间断电源系统、通信电源系统各自分别配置独立的蓄电池，浪费严重；交流系统配置电源自动切换设备，充电模块前又重复配置，既浪费又使设备之间难以协调运行。

交直流电源一体化设计解决了上述诸多问题。

(1)交直流一体化电源系统中，将“UPS蓄电池＋操作蓄电池组＋通信蓄电池组”合并为一体进行配置，减少了蓄电池组配置组数，相关蓄电池室可取消，简化了基建设计，同时解决了UPS电池和通信蓄电池的日常维护和管理问题。

(2)交直流一体化电源系统采用模块化设计,解决了站用电源施工二次线多、跨屏二次电缆多问题,开关智能模块化,可监测开关位置、事故跳闸告警、负荷电流等,电源监测不再有盲点。

(3)交直流一体化电源系统建立了统一站用电源管理平台,解决了站用电源信息共享问题,采用 IEC61850 实现了与变电站自动化系统的统一接口。

二、系统组成

交直流一体化电源系统对站用电源进行全面整合:对站用交流电源系统、直流电源系统、逆变电源系统、通信电源系统进行统一设计、监控、生产、调试、服务;通过一体化监控模块使站用电源各子系统通信网络化,实现站用电源信息共享,建立数字化电源软件平台;通过将站用电源所有开关智能模块化,集中功能分散化,减少二次电缆,建立电源管理平台;一体化监控模块通过以太网接口、IEC61850 规约与站内自动化系统通信,使站用电源系统成为开放式系统。

交直流一体化电源系统由站用交流电源、直流电源、交流不间断电源(UPS)、逆变电源(INV)、直流变换电源(DC/DC)等装置组成,并统一监视控制,共享直流电源的蓄电池组。

各电源一体化设计、一体化配置、一体化监控,其运行工况和信息数据能够上传至远方控制中心,能够实现就地和远方控制功能以及站用电源设备的系统联动。各电源通信规约应相互兼容,能够实现数据、信息共享。系统的总监控装置应通过以太网通信接口和 IEC61850 规约与变电站后台设备连接,实现对一体化电源系统的远程监控维护管理。

采用具备远方控制及通信功能的智能型开关,具有监视交流电源进线开关、交流电源母线分段开关、直流电源交流进线开关、充电装置输出开关、蓄电池组输出保护电器、直流母线分段开关、交流不间断电源(逆变电源)输入开关、直流变换电源输入开关等的状态的功能。系统可监视站用交流电源、直流电源、蓄电池组、交流不间断电源(UPS)、逆变电源(INV)、直流变换电源(DC/DC)等设备的运行参数。系统可控制交流电源切换、充电装置充电方式转换等。

1. 统一监控

设立站用电源总监控模块,所有站用电源智能模块均采用通信方式将信息接入总监控模块,包括交流进线模块、直流监控模块、充电模块、逆变电源模块、通信 DC/DC 模块、母线绝缘检测模块、含绝缘检测的直流馈线模块、蓄电池监测模块。站用电源总监控模块以一个以太网通信接口，使用IEC61850规约与上位机通信，也可使用常规规约与上位机通信。

2. 模块化配置

所有开关智能模块化：开关、传感器、智能电路集成在一个模块内，采集、开关量输入、开关量输出、控制等二次线在机箱内解决。模块化开关的实施将使单个柜体安装开关数量更多，检修维护更方便，所有开关实现智能检测或控制。

3. 功能分散化。直流绝缘检测分成“母线绝缘检测＋馈线绝缘检测”。“母线绝缘检测”只需将母线电压作为装置电源接入即可，“馈线绝缘检测”分散到馈线模块中监测漏电流，并通过通信上传数据到一体化模块后进行综合分析。

蓄电池巡检分散化：每层蓄电池配置一台采集模块，各采集模块通过通信总线上传数据分析。

三、直流电源系统

1. 系统配置及接线方式

一体化电源一般采用酸性电池，目前多数采用阀控密封铅酸蓄电池，也有少量采用铅酸胶体或固定排气式蓄电池。

充电装置可采用高频开关型充电装置或晶闸管型充电装置。高频开关型充电装置，体积小，质量轻，效率高，使用维护方便，可靠性高，指标先进，自动化水平高，得到广泛使用。目前新建站时直流系统已经基本使用高频开关型充电装置。

充电装置应有两路交流进线输入，并有自动切换功能，为防止过电压，交流进线应安装避雷器。系统配置充电装置组数时应充分考虑设备检修的冗余。对变电站经常负荷供电，单组充电装置模块选择时应满足蓄电池均衡充电的要求，并考虑模块故障情况而附加备用模块。

(1)330～750kV变电站及重要的220kV变电站应装设2组蓄电池组、配置3套充电装置。

(2)220kV变电站及重要的110kV变电站可装设2组蓄电池、配置2套充电装置。

(3)110kV变电站宜装设1组蓄电池，可配置1套充电装置，也可配置2套充电装置。

(4)35kV及以下变电站原则上应采用蓄电池组供电。

图8-1为两充两电接线原理图。

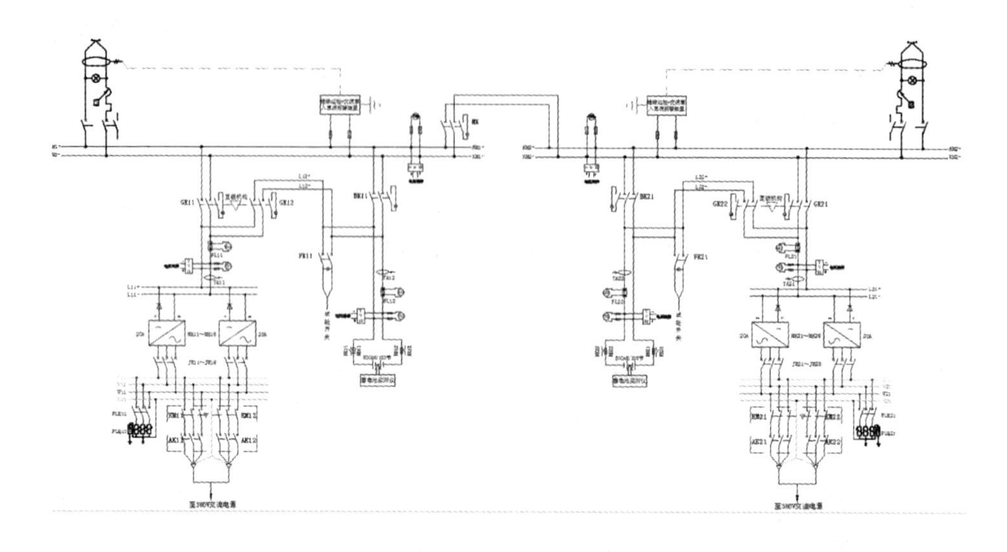

图 8-1 高频开关型充电装置

模块二　直流电源的相关要求

一、系统电压要求

直流电源标称电压为220V、110V。

正常运行时蓄电池组应以浮充方式运行，浮充时直流母线电压为标称电压的105%。在均衡充电时，直流母线电压不应高于直流电源系统标称电压的110%，在事故放电末期，蓄电池出口端电压不应低于直流电源系统标称电压的87.5%。

二、直流系统接线

直流系统根据不同蓄电池组和充电装置数量采取不同的接线方式。

一般采用下述接线方式：

(1)1组蓄电池配置1套充电装置的直流系统，采用单母线分段接线或单母线接线。蓄电池和充电装置共接在单母线上，或分别接在两段母线上。

(2)1组蓄电池配置2套充电装置的直流系统，采用单母线分段接线。2套充装置分别接在两段母线上，蓄电池组应跨接在两段母线上。

(3)2组蓄电池配置2套充电装置的直流系统，应采用两段单母线接线。每组蓄电池组和充电装置应分别接入相应母线段，两段直流母线之间应设联络电器。正常运行时，两段直流母线应分别独立运行。运行过程中两段母线切换时不中断供电，允许两段母线短时并列运行。

(4)2组蓄电池配置3套充电装置的直流系统，应采用两段单母线接线，其中2组蓄电池和2套充电装置应分别接于相应母线段，第3套充电装置应通过隔离和保护电器经切换电器对2组电池分别进行充电。

三、直流系统供电网络

(1)直流系统的馈出网络采用集中辐射状供电方式或分层辐射供电，严禁采用环状供电方式。

(2)分层辐射供电网络，应根据用电负荷和设备情况，合理设置分电屏供电方式，不应采用直流小母线供电方式。

(3)直流母线采用单母线供电时，应采用不同位置的直流开关，分别带控制用负荷和保护用负荷。

(4)直流分电柜内每段母线宜由来自同一蓄电池组的两回直流电源供电。对于需要双电源供电的负荷应设置两段母线,两段母线分别由不同蓄电池组供电,每段母线宜由来自同一蓄电池组的两回直流电源供电,母线之间不宜设联络电器。

四、保护及隔离电器

(1)蓄电池出口回路、充电装置直流侧出口回路、直流馈线回路和蓄电池试验放电回路应装设保护电器(图 8-2、图 8-3)。

图 8-2 直流塑壳断路器

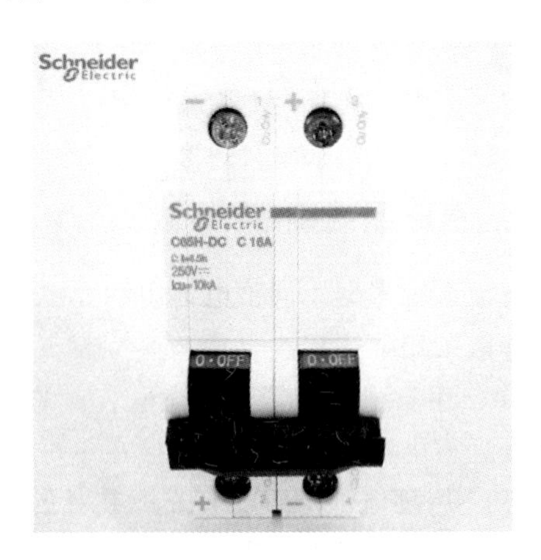

图 8-3 直流断路器

(2)除蓄电池出口回路可采用熔断器外,其他保护电器均宜采用具有自动脱扣功能的直流断路器,其断流能力应满足安装地点最大预期短路电流,并能满足上下级的级差配合。不准使用交流断路器,直流断路器下级不应使用熔断器。

(3)采用分层辐射供电时,直流柜至分电柜的馈线断路器应选用具有短路延时特性的直流塑壳断路器。分电柜直流馈线断路器宜选用直流微型断路器。

(4)蓄电池组和充电装置应经隔离电器接入直流电源系统。

(5)直流分电柜电源进线应经隔离电器接至柜内母线。

(6)蓄电池出口熔断器应带有报警触点,直流断路器宜带有辅助触点和报警触点,隔离电器宜配置辅助触点。

五、测量、信号和监控要求

(1)直流电源系统在直流柜母线、直流分电柜母线、蓄电池回路和充电装置输出回路上装设直流电压表;在蓄电池回路和充电装置输出回路上装设直流电流表。表计采用数字式表计，准确度不低于1.0级。

(2)直流电源系统宜按每组蓄电池分别设置微机监控装置、绝缘监测装置和蓄电自动巡检装置。

(3)蓄电池自动巡检装置可监测全部单体蓄电池电压，以及蓄电池组温度，并能通过通信接口将监测信息上传至微机监控装置。

(4)绝缘监测能够实时监测和显示直流电源系统母线电压、母线对低电压和母线对地绝缘电阻，220V直流系统绝缘电阻不小于25kΩ，110V系统不小于15kΩ。具有监测各种类型接地故障的功能，能够实现对各支路的绝缘检测功能，并具有选线功能。具有自检和故障报警功能，具有对两组直流电源合环故障报警的功能，具有交流窜电故障及时报警选线的功能。能够通过接口与微机监控装置通信。

(5)微机监控装置具有对直流电源系统各段母线电压、充电装置输出电压电路及蓄电池电压和电流等的监测功能，对于直流电源系统各种异常和故障报警、蓄电池组出口熔断器检测、自诊断报警以及主要电器位置状态的监视功能。具有对充电装置开机、停机和充电装置运行方式切换等的监控功能。能够接受子装置的通信信息并对外通信。

(6)蓄电池进线电压、正反向电压电流，充电进线电压、电流，浮充电进线电压、电流，直流母线电压以及直流绝缘监视的正对地电压(电阻)、负对地电压(电阻)应送至监控系统。蓄电池出口熔丝熔断信号、充电装置交流侧和直流侧断路器状态、直流联络(馈线)断路器位置和脱扣信号、交流窜直流信号、直流电压各类异常信号、直流接地信号以及直流系统各装置异常故障信号应送至监控系统。

六、蓄电池布置及专用蓄电池室要求

(1)阀控式铅酸蓄电池容量在300Ah及以上时，应设专用蓄电池室。

(2)胶体式阀控式铅酸蓄电池宜采用立式安装，贫液吸附式的阀控式铅酸蓄电池可采用卧式或立式安装。

(3)同层蓄电池间采用具有绝缘或者保护套的连接条连接，不同层的蓄电池间应采用电缆连接。

(4)蓄电池室应无高温、无潮湿、无震动、少灰尘，避免阳光直射。

(5)蓄电池室内的窗户玻璃应采用毛玻璃或涂以半透明油漆，阳光不应直射室内。

(6)蓄电池室应采用非燃性建筑材料，门应装设弹簧锁，并向外开启，并采用非燃烧体或难燃烧体的实体门，门的尺寸不应小于750mm×1960mm(宽×

高)。

(7)蓄电池室内温度宜为15℃~30℃,通风良好。空调及通风机应为防爆式。

(8)蓄电池室内照明灯具应为防爆式,且应布置在通道的上方,室内不应设开关和插座。

(9)蓄电池组的电缆引出线应采用穿管敷设,且穿管引出端靠近蓄电池的引出端。金属管外围应涂防酸漆,封口处应严格采用防酸材料封堵。蓄电池引出电缆应采用耐火或者阻燃单芯电缆,正负极不应共用一根电缆,并有明显颜色标识,正级为红色,负级为蓝色。

模块三　蓄电池充电

铅酸蓄电池的充电方式分类如下：按照充电过程中充电电压和充电电流的变化情况，充电分为一阶段充电和二阶段充电；按照充电的作用，充电分为初充电、均衡充电或补充电；按照蓄电池正常运行方式，可分为充放电制和浮充电方式。

一、充电

充电可分为一段定电流充电方式，一段定电压充电方式，二段定电流充电方式，二段定电流、定电压充电方式，低定电压充电方式。

在国内外比较普遍使用的是二段定电流、定电压充电方式。在充电过程中的两个时间阶段内，分别用定电流和定电压进行充电的方式，叫二段定电流、定电压充电方式。这种充电方式的通常做法是：第一阶段用某一恒定电流进行充电，充电电流值一般取(0.1～0.125)C10A，其中 C10 为蓄电池以 10h 放电率放电的容量，通常简称 10h 容量，并以此容量定义为蓄电池的额定容量。当蓄电池的端电压上升到某一定值，转入到第二阶段，维持充电电压不变，则其充电电流随着时间的逐渐减少，直至充电结束。

低定电压充电方式是指，在充电过程中始终以一定恒定的电压进行充电，一般取 2.25～2.35V。这种充电方式的优点在于：充电细微，活性物质利用充分，电池容量得到充分利用，而且水分解较轻微，电池温度较低，对电池伤害较少，目前国内外一些公司和科研机构开始研究这种充电模式。

二、均衡充电转入浮充电的判定

在使用定电流、定电压二段式充电法时，第二阶段是在定电压下进行充电，不能以电池端电压的情况来判断电池的充电终期，而应该以充电电流的变化来判断。充电过程的本质应是电池两极性活性物质的转化过程，充电终了，也就是极板活性物质全部转化后，充电电流即为零。但是由于电池两极板上存在自放电现象，充电电流不可能为零，而是达到一个较低的极限后趋于稳定。所以充电终止的判据是充电电流。当充电电流达到最低值且在一定时间内稳定不变时，即可终止充电，此充电电流最低实际上就是浮充电流值，其持续稳定不变的时间一般取 2h。

三、初充电

充电初期电池端电压较低，电解液密度较小，尽管此时两极活性物质转化效率高，但极板内密度高的电解液向孔隙外扩散仍较困难。因此，当电池端电压未达到2.4V以前，电池内电解液密度的变化仍不明显。当电池端电压达到2.4V后，由于气体析出使电解液得到充分搅拌，电解液密度变化才明显。初充电电压宜取2.7V。

当充入容量达到3倍额定容量时，电池的端电压及电解液密度的变化已不显著，再充已无济于事。过多的充入电量，只起到将电解液中的水分解成氢气和氧气的作用，并不增加储存的电量。初充电采用定电流、定电压二段充电方式，同样具有耗电量少、充电电流利用率高和逸出气体少的优点。

四、均衡(补充)充电

所谓的均衡充电是为了消除各蓄电池在使用过程中产生密度、端电压等不均衡现象，出现落后电池甚至反极性电池而进行的过充电措施。所谓补充电是对事故放电后进行补充充电的措施。本节所述包含上述两种充电方式。均衡充电一般采用定电流、定电压二段充电法。均衡充电一般定期进行。对于浮充运行的蓄电池通常一个季度进行一次。如遇下列情况之一，则应及时均衡(补充)充电：

(1)过量放电使电池端电压低于规定的放电终止电压；

(2)放电后未能及时进行充电；

(3)长期充电不足；

(4)用小电流长期深度放电；

(5)极板呈现不正常装填或有轻微硫化现象；

(6)长期静置不用；

(7)放电电量超过允许值。

对正常浮充制，直流母线电压的稳定是至关重要的。因此，要求蓄电池的浮充电压维持不变。但是从蓄电池的固有特性来看，环境温度的变化引起电解液温度变化，温度升高电解液导电率增大。在同一浮充电压下的浮充电流也增加，反之就减少。另外，新旧电池的自放电率相差也较大，旧电池的自放电率约是新电池的2～3倍。这样，不变的浮充电压势必造成电池的过充或欠压，且欠压的概率大于过充。均衡(补充)充电是弥补浮充制蓄电池容量亏损的有效措施。

放电试验后，也需进行均衡充电。

以提高浮充电压取代定期均衡充电的方法并不可取。过高的浮充电压会造成母线电压波动范围过大，加速电池极板腐蚀，降低蓄电池寿命。同时蓄电池组中可能存在个别落后电池，长期不进行均充，会加速落后电池损坏，从而影响整个蓄电池组的电压稳定。因此，均衡(补充)充电是保证直流系统安全可靠运行所必需的方式之一。

五、浮充充电

蓄电池和其他直流电源并联供电，称为浮充电制。浮充电又分为定期浮充（半浮充）和连续浮充（全浮充）两种制式，电力系统中均采用全浮充。采用这种制式时，其他直流电源一方面向直流负荷供电，另一方面向蓄电池进行小电流补充电。浮充电压和浮充电流的选择对蓄电池的使用寿命、对直流系统的安全可靠运行具有十分重要的作用。蓄电池的浮充电压与电池本身构造、电解液密度、温度和自动电率有关。持续过高的浮充电压会造成浮充电流增大而使蓄电池过充，使蓄电池寿命降低。对阀控式密封蓄电池还会导致水的加速蒸发，而水损失有可能会导致电解液干涸进而使电池损坏。浮充电压过低，浮充电流也相应弥补不了电池自放电损失的容量下降，电解液导电率下降内阻增大，两极活性物质中不能复原的硫酸盐增加。长期欠充最终也会导致电池损坏。一般浮充电压为标称电压的105%（图 8－4）。

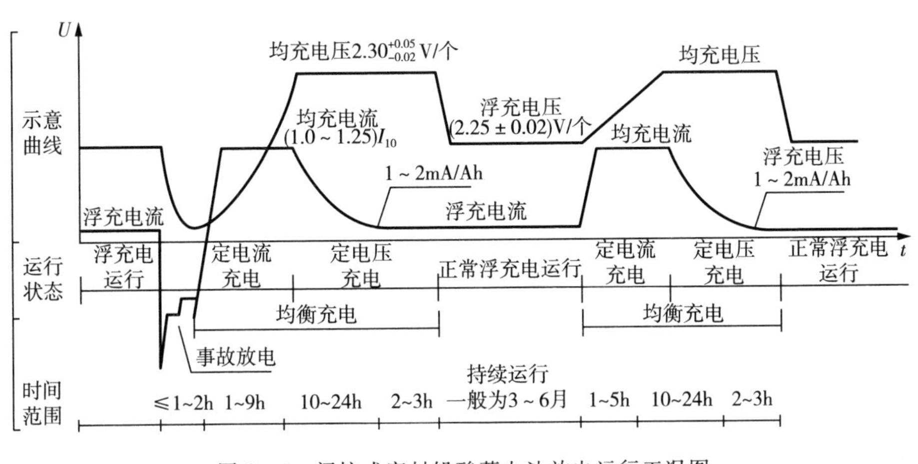

图 8－4　阀控式密封铅酸蓄电池放电运行工况图

六、蓄电池的放电

1. 正常放电

正常放电包括充放电循环制的放电和浮充电的事故放电。前者以规定的放电电流放至规定的深度，当到达“放电终期”时，立即进行充电。后者则根据不可预见的事故放电电流进行放电，放电结束立即转入充电。

2. 蓄电池容量放电实验

新安装的蓄电池和正常使用的蓄电池，为检验其实际容量，均需进行放电试验，新电池在初充电后立即进行，运行中的电池则每年或两年进行一次，放电容量可取 0.5C10A。

放电试验应以规定的放电电流进行，并记录电池端电压、密度、液温等数据。当放电至终期判据时，应立即停止放电并转入充电。

3. 浮充蓄电池的深放电

以浮充电方式运行的蓄电池，由于长时间不放电，负极板的活性物质容易产生结晶，不易还原。为消除这一现象，要求浮充运行的电池在每次充电前应进行深放电。深放电通常以 10h 放电率进行。

4. 铅酸蓄电池放电终期的判定

放电深度对蓄电池安全运行有很大影响，过放电也会降低蓄电池的寿命，所以要正确判定蓄电池的放电终期。放电终期可根据以下几点进行判断：

(1)电池放出的容量与相应放电率的放电容量一致；

(2)每个电池的端电压在以 10h 放电率放电时降低到规定的终止放电电压(大于 87.5%的标称电压)；

(3)正极板颜色由深褐色变为浅褐色，负极板由浅灰色变为深灰色；

(4)累计的放出电量接近电池额定容量。

对于常见的阀控式铅酸蓄电池，通常只能以放出的容量或电池的端电压进行判定。

七、蓄电池的放电试验

放电试验，即核对蓄电池剩余容量的试验。阀控式铅酸蓄电池一般也要求进行定期放电试验。阀控式密封铅酸蓄电池由于酸比重较高且相应的浮充电压较高，因此极板的腐蚀速率高于普通防酸式铅酸蓄电池。此外，阀控式密封铅酸蓄电池的水分损耗虽然较小，但水分损失后却不能像普通电池一样再加液。由于极板的腐蚀和水分蒸发是影响蓄电池寿命的两个主要的因素，因此，阀控式密封铅酸蓄电池的浮充运行寿命有可能大大短于普通防酸式铅酸蓄电池。

模块四　直流系统巡视及维护要点

1. 有人值班变电站每天检查巡视蓄电池一次，无人值班变电站在每次巡视时检查蓄电池一次，并抽测典型蓄电池。每月全测一次蓄电池。

2. 蓄电池的检查项目：检查外壳是否破损，有无电解液渗出；接头有无发热、生盐现象；电池表面温度是否正常。注意保持蓄电池周围温度在5℃～35℃，通风良好。

3. 各种蓄电池的标准数据：

2V阀控型铅酸蓄电池浮充状态下的标准：电压为2.23～2.28V。

12V阀控型铅酸蓄电池浮充状态下的标准：电压为13.38～13.68V。

上述数据是在温度为25℃时的标准数据。当温度每下降1℃时，单体2V阀控蓄电池浮充电压应提高3～5mV。

4. 变电站2V阀控型及GFD型铅酸蓄电池在浮充状态下的单只电池电压整定为：228/102＝2.23(V)。12V阀控铅酸蓄电池整定为：230/17＝13.5(V)。其运行中单只电压偏差应符合如下数值：2V±0.05V；12V±0.3V。

5. 蓄电池的抽测：每次抽测电池6～10只，循环测量。抽测项目：单只电池电压，整组电压，环境温度。

6. 有人值班变电站每月25日对蓄电池进行一次全测，无人值班变电站在25日后第一个巡视日对蓄电池进行一次全测。全测项目见附表。对于12V电池，还应将充电机停用后测量(两组电池依次停用充电机并测量，测量结束后应恢复充电机运行，并检查蓄电池在浮充状态下运行良好)。

全测电池时应将每只电池测得数据与上次数据进行比较分析，并将测量及分析比较结果报相关管理部门审核。

7. 蓄电池的异常处理：

(1)当单只电池之间电压相差较大、整组蓄电池电压正常时，汇报相关管理部门。

(2)当整组蓄电池电压偏低或偏高，应检查充电机输出电压是否正常，当充电机显示输出电压正常而用万用表测量与其数据不一致时，换只万用表测量整组电压及充电机输出电压，并检查万用表完好。若测量数据仍与充电机不一致而万用表测试数据正确，可判定充电机指示不准，将充电机输出电压调整至230V(实际值)，并上报相关管理部门。

(3)当整组蓄电池电压偏低，而充电机输出电压正常，应检查：充电机输出熔丝是否熔断(空开跳开)、蓄电池组熔丝是否熔断(空开跳开)、蓄电池串接熔丝是否熔断、是否有单只蓄电池电压异常(开路)。若为熔丝熔断则换上同型号同规格熔丝(送上空开)。若熔丝再次熔断(或空开再次跳开)应对回路进行检查,是否有短路现象。若不能处理应汇报工区。

(4)单只电池故障的处理:电压异常偏低,而其他电池电压正常,汇报变电工区处理。当单只电池开路、漏液等故障影响整组电池的运行时,应将单只电池退出运行,并将充电机输出电压调低2V,然后汇报变电工区。对于12V电池,将蓄电池退出运行,然后将单只电池拆除(由于一只电池退出运行后电压相差太大,故不再将该组电池投入运行)。

(5)单只电池拆除方法:若有两组蓄电池,则将该组蓄电池停用,然后拆除故障电池,用短接线将开路处连接并紧固,调整充电机输出电压,将蓄电池组投入运行。若为单组蓄电池,则先拉开电磁操动机构合闸电源,将故障电池两端紧固螺丝稍拧动,再用短接线将电池两端短接,将故障电池拆除,再将短接线两端紧固,合上电磁操动机构合闸电源。

拆除故障电池时应注意电解液不要溅到或沾到身上。拆除故障电池后应将现场清理干净。短接线要求:使用铜芯线,当有电磁式操动机构时其芯面不能小于10mm^2;无电磁式操动机构时其芯面不能小于4mm^2。

8. 值班人员应将蓄电池接头部位涂上凡士林。当发现接头部位生盐或腐蚀时,应将腐蚀物清除,并涂上凡士林。

模块五　站用电系统

一、站用电源配置

(1)220kV 及以下电压等级变电站站用电源宜从不同主变压器低压侧分别引出接二回容量相等、可互为备用的工作电源。当初期只有单台主变时，除从其引接一回电源外，还需从站外引接一回可靠的电源。

(2)330～750kV 变电站站用电源应从不同主变压器低压侧分别引接二回容量相等、可互为备用的工作电源，并从站外引接一回可靠的站用备用电源。当初期只有一台(组)变压器时，除从其引接一回电源外，还需从站外引接一回可靠的电源。

(3)当没有条件从站外引接可靠电源时，可在站内设置快速启动的发电机组作为自备应急电源。

二、站用电接线方式

(1)750kV 以下电压等级变电站站用电源宜采用一级降压方式。

(2)站用电低压系统额定电压采用 220V/380V。站用电交流进线取自不同工作变压器的低压侧。两段工作母线之间不应装设自动投入装置。当任意一台工作变压器失电退出运行时，备用变压器应能自动快速切换至失电的工作母线段继续供电。当采用 ATS 时，同一 ATS(备自投切换装置)的两路输入应取自不同的站用变压器。

(3)站用电高压系统宜采用中性点不接地方式，低压系统应采用三相四线制，系统中性点应直接接地，严禁在接地线中接入开关或隔离开关。

三、站用电负荷

(1)站用电负荷由站用电屏直配电，对于重要的负荷如主变压器冷却器、低压直流系统充电机、不间断电源、消防水泵等应采用双回路供电，且接于不同的站用电母线段上，能够实现自动切换。

(2)断路器、隔离开关的操作及加热负荷，可采用按配电装置电压区域划分的，分别接在两段站用母线上，设置环形供电网络，并在环网中间设置开关以开环运行，正常运行时开关应设置警告标志，并有防止误碰、误动措施。

(3)检修电源网络按区域划分的单回路分支供电。检修电源的供电半径不大于50m。专用的检修电源箱在配置时至少应设置三相馈线二路，单相馈线二路，容量需满足电焊工作的需要，在主变压器附近的电源箱还需考虑滤注油的需要。检修电源箱内装设漏电保护器，并定期检查试验。户外检修电源箱应有防潮和防止小动物侵入的措施。落地安装时，底部应高出地坪0.2m以上。

四、备自投系统

(1)工作电源断开后，工作电源电压失去(一般取0.25倍额定电压以下)，且备用电源电压正常(一般取0.7倍额定电压以上)时，才投入备用电源。

(2)备自投系统只能动作一次，动作应准确可靠。为避免切换装置工作电源故障影响切换功能，备自投装置的电源应由直流电源供电。

(3)当工作电源断路器由手动或遥控跳闸时，应闭锁备自投装置动作。

五、监控系统“四遥信息”

(1)变电站用电高低压侧开关、低压母线分段开关、站用电有载调压开关等可远方控制的开关状态应送至监控系统。

(2)变电站站用电高低压侧电流、低压侧分段开关电流、低压侧母线电压等应送至监控系统。

(3)母线电压异常信号、备自投装置投切动作信号及备自投装置异常信号、低压馈线空开脱扣等应送至监控系统。

六、站用电系统巡视

(1)馈线开关为合位时，各馈线指示灯亮。

(2)屏柜内无异常声响、无异味。

(3)站用电系统PLC控制装置运行应正常。

(4)三相电压、电流指示应正常。

(5)在馈线回路中，双电源馈线只合其一，确无合环。

模块六　通信直流变换电源(DC－DC)

变电站必须装设可靠的通信直流电源系统，以确保通信设备的不间断供电，尤其要保证变电站发生事故时不中断通信供电。在智能变电站设计中一般将通信用直流电源(DC－DC)与站内直流系统集成，不再单独设置蓄电池，从站内直流电源系统直接取得直流电源。

一、DC－DC 通信电源系统配置方式

(1)一组 DC－DC 变换器、单母线接线，适用于 110kV 及以下变电站。

(2)两组 DC－DC 变换器、两段单母线接线，该接线适用于 110kV 及以上变电站。

二、DC－DC 通信电源变换模式

实现 DC－DC 变化有两种模式，一种是线性调节模式，一种是开关调节模式(图 8－5)。

开关调节模式与线性调节模式相比有以下优点：

(1)功耗小、效率高。在 DC－DC 变换中，电力半导体器件工作在开关状态时，工作频率高，电力半导体器件功耗小，效率较高。

(2)体积小、重量轻。由于频率高，使得脉冲变压器、滤波电感、电容的体积和重量均大大减少，同时由于效率高也减少了散热器的体积。

(3)稳压范围宽。目前 DC－DC 变换中基本使用脉宽调制(PWM)技术，通过调节脉宽来调节输出电压，对输入电压变化也可通过调节脉宽来进行补偿。

现在变电站 DC－DC 电源普遍采用开关调节模式中的脉宽调制技术。

图 8－5　DC－DC 模块

三、变电站通信设备负荷

(1)生产行政电话交换机、控制室调度电话交换机、调度呼叫系统。

(2)电力载波机、光纤通信设备、微波和其他无线通信设备。

四、变电站通信电源DC-DC基本指标(见表8-1)

表8-1 变电站通信电源DC-DC基本指标

序号	项目名称	技术要求
1	输入电压范围(V)	198～286/99～143
2	输出电压标准值(V)	48
3	输出电压调节范围(V)	43.2～57.6
4	稳压精度	±1%(输出电压与整定值之差与整定值之比)
5	动态响应	超调量≤±5%,恢复时间≤200ms
6	并机均流范围	在50%～100%内,不平衡≤5%
7	DC-DC变换效率	≤1.5kW,≥85%;≥1.5kW,≥90%
8	启动冲击电流	输入冲击电流不大于额定输入电流的150%

五、DC-DC通信电源的特殊要求

(1)由于通信电源是正极性接地的系统,因此要求DC-DC变换器的直流输入与输出完全电气隔离,负荷侧的任何故障均不能影响到直流控制母线,更不能造成直流控制母线接地。

(2)由于通信DC-DC变换器输出取消了电池组,因此要求DC-DC变换器应具备一定的冲击过载能力,单个模块能忍受负荷电流冲击。

(3)DC-DC变换器输出应设置合理的馈线保护单元和过电流保护单元,保证在负载回路发生过载或短路故障时,能可靠地分断故障回路的开关,避免造成通信电源输出电压跌落的事故。

(4)一体化电源中的通信用变换器应具备通信接口,能与一体化电源平台进行通信,实现对通信电源系统的监控管理。

六、通信电源巡视及维护要点

(1)查看一体化电源监控平台与通信电源模块通信是否正常,通信电源设备有无告警、有无异味、有无异常声响,装置是否发热,散热风扇运转是否正常,设备指示是否正常。

(2)检查屏内各表计是否正常,利用万用表检查输入和输出是否符合运行规程规定,接地是否良好。当有多台模块并机时,其不平衡电流应小于5%。

(3)定期对风扇和挡尘网进行清理,防止出现灰尘积压影响散热。

模块七　交流不间断电源

一、不间断电源的定义

不间断电源，又叫作UPS，是指能够提供持续、稳定、不间断电能供应的电力电子设备。以蓄电池为主要的储能装置，不仅能够为用户提供备用电源以防止重要设备因发生故障引起电能中断而遭受损失，并可改善电能质量，使设备免受高低电压、突变、杂讯、频率不稳定及电磁的干扰，满足用户对电能质量的需求。

二、不间断电源的发展

在使用电池的时代之前，UPS不间断电源曾经使用飞轮和内燃机为负载提供电能供应，这种不间断电源被称为飞轮式或旋转式不间断电源。

随着电子技术和信息技术的应用和发展，不间断电源随之产生并得到了不断的发展，自1984年第一台UPS从（中国）香港引进到大陆，UPS在大陆的应用和发展经历了30多年，UPS也不断地从国外进口到国内生产，进而出口外销。

在技术上，不间断电源随着电子技术和信息技术的发展也不断地提高，UPS从最初的后备式电源发展到在线式不间断电源，从最初的低频机发展到后来的高频机，从开始的单机运行发展到第二代双机热备份。第三代的n＋x并联冗余，到目前发展到无线并机技术的应用，以及利用网络实现远程的检测与操控。从功率大小来看，从最初的500VA发展到1100kVA。目前模块化UPS也得到了广泛的应用，可实现在线维护，不断电进行UPS维护，确保在UPS发生故障的情况下用户的设备可以正常运行。随着贴片技术和DSP技术的应用，在结构上UPS从最初的分立元件不断发展到如今的集成化模块化。

三、不间断电源的优点

（1）高效率、高可靠性，产品模块化、结构合理、安装维护方便。

（2）小型化、集成化、噪声小、质量轻。

（3）良好的电磁兼容性，抗干扰能力强，辐射干扰小，对电网污染小。

（4）数字化和智能化程度高，易于监测控制。

四、站用不间断电源的主要构成

UPS 的构成主要包括整流器、逆变器、直流输入及其充电装置、静态旁路开关和调压控制滤波电路(图 8-6)。

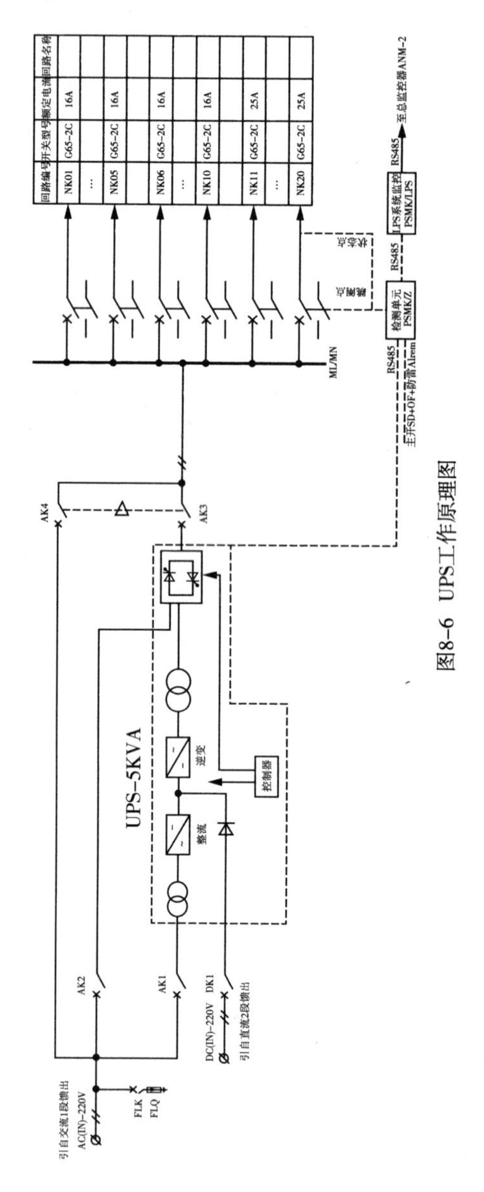

图8-6 UPS工作原理图

(1)整流电路的功能。当交流输入正常供电时,整流电路将交流转换成直流,然后通过逆变电路向负载供电。

(2)蓄电池(直流)回路,功能是将直流系统中的直流输入 UPS 系统,在单独设置 UPS 电源时,配置专用 UPS 蓄电池,在一体化电源配置中 UPS 一般不设置单独的蓄电池。直流回路中设置逆止二极管的作用是为了防止 UPS 向站内直流系统反充电。

(3)逆变电路的功能是将整流输出电流或蓄电池输出的直流电流变换成与电网同频率、同幅值、同相位的交流电流供给负载(图 8-7)。

图 8-7　电力专用逆变电源

(4)旁路开关的功能。当变换电路正常工作时,旁路开关处于开路状态;当变换电路故障时变换器停止输出,旁路开关接通,由市电直接向负载供电。现普遍使用静态切换开关,保证在切换过程中主机和工作站不会失电。

(5)控制、调压和滤波设备以及其他可控电路,实现了电源的变换过程,达到输出电压稳定可靠质量高的目的。

五、不间断电源的分类

(1)根据逆变器的工作方式来分 UPS 可分为后备式(离线式)和在线式。后备式 UPS 的逆变器在 UPS 正常工作时处于后备状态,只有在市电(交流输入)异常时才能起到逆变作用,而在线式 UPS 的逆变器无论在市电模式还是电池模式一直都在工作状态。后备式 UPS 功率比较小、价格便宜,主要用于对电源质量要求不高的地方。在线式 UPS 输出的电源精度高,价格也比较高,主要用在对电源质量要求较高的地方。变电站内使用的 UPS 一般为在线式 UPS。

(2)按照供电输入的不同可分为市电(正常)模式、电池(直流)模式、旁路模式、维护模式。

市电模式:交流输入正常时,经整流器将交流输入电源转为直流电源提供给逆变器使用,逆变器则将直流电源再转换成稳定的交流电源输出(图 8-8)。

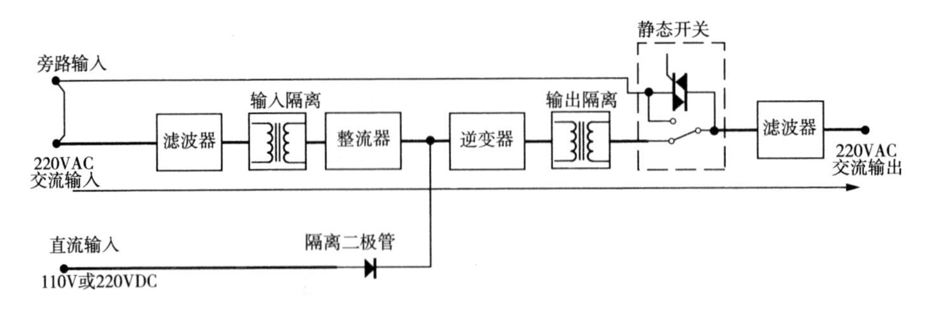

图 8-8　市电模式

电池模式:交流输入异常或整流器异常,切换至直流输入,经逆变器转换成稳定的交流电源输出(图 8-9)。

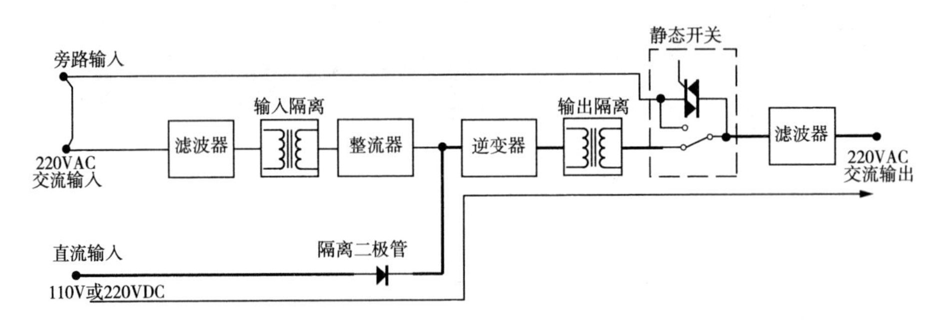

图 8-9　电池模式

旁路模式:交直流均输入异常或逆变器(系统)异常时,如机内温度过高、输出负荷过载,超过系统逆变器的功率,UPS 系统自动将输入切至旁路运行模式,防止系统损坏(图 8-10)。

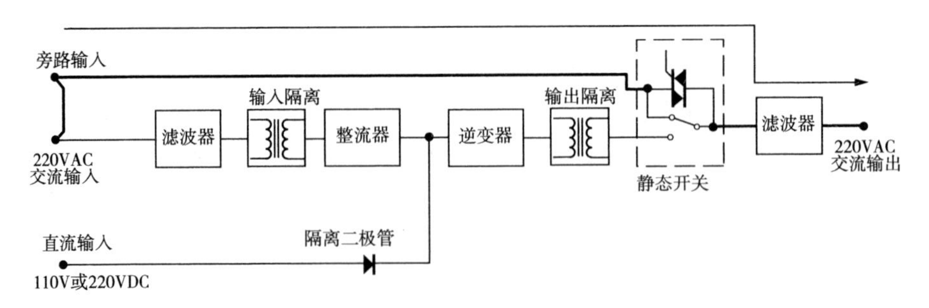

图 8-10　旁路模式

维护模式:当 UPS 系统需要进行维护而负载供电又不可中断使用时,手动闭合手动维修旁路开关,市电经由手动维护开关输出至负载,然后进行维护操作。此运行模式仅专业的运行维护人员方可操作。正常运行时,此维修开关应设有明显警告标志，并设置防误碰措施。

UPS 出现异常时会由控制器自动进行模式切换，一般优先级为市电模式切换至电池模式再切换至旁路模式。

六、不间断电源的负荷及配置

（1）在已建成或在建的变电站、换流站实际工程中，需要交流不间断电源供电的负荷主要有以下几部分：

① 操作员、工程师工作站等工作站及监控系统主机或网络服务器、组网设备、远动设备、调度数据网设备及安全防护设备等；

② 控制保护组网设备、故障录波设备、电能计费设备及在线监测系统设备等。

（2）110kV 及以下电压等级变电站，宜配置 1 套 UPS。220kV 及以上电压等级变电站和换流站，计算机监控系统主机、控制保护设备网络一般均为双重化配置，且供电可靠性要求高，因此其交流不间断电源系统宜采用双重化冗余方式。220kV 及以上变电站应集中配置 2 套站用交流不间断电源，特高压变电站、换流站统筹考虑二次设备布置和控制保护组网设备、在线监测系统设备的配置情况，有些负载与控制室距离较远，系统宜采用按区域分散设置方式，每个区域应配置 2 套站用交流不间断电源装置。

（3）变电站远动装置、计算机监控系统及其测控单元、变送器等自动化设备应采用冗余配置的不间断电源或站内直流电源供电。在已建成或在建的变电站、换流站实际工程中，2 套 UPS 配置方式一般有串联冗余、并联冗余和双重化冗余三种接线方式。根据变电站站内交流系统以及 UPS 的型号来合理选择冗余方式。

（4）变电站交流不间断电源系统交流供电电源应采用两路来自不同交流的电源供电。

（5）一体化电源中进行直流蓄电池容量计算时应考虑当站内交流供电中断时，UPS 电源的事故供电容量，无人值班变电站按 1 小时计算，有人值班变电站按 2 小时计算。

七、不间断电源的巡视及维护要点

（1）查看一体化电源监控平台与不间断电源模块通信是否正常；查看设备有无异常告警、有无异味、有无异常声响；检查接头是否松动发热，散热风扇运转是否正常，设备指示是否正常。

（2）检查屏柜各表计，利用万用表检查交流输入、直流输入、交流输入、交流输出、旁路输入电压均应符合运行规程规定。

(3)定期对风扇和挡尘网进行清理,防止出现灰尘积压影响散热。

(4)当输入电源消失或其他异常出现模式切换时,站内电源恢复正常,异常排除后,不间断电源应恢复原运行模式,如不能恢复应通知相关专业人员。

(5)手动维修旁路开关处应设有明显警告标志,并设置防误碰措施。

【思考与练习】

1. 交直流一体化电源有哪些组成?
2. 画出两充两电直流系统接线原理图。
3. 不间断电源的优点及旁路开关的功能是什么?

第九章　变电站相关管理制度

本章共18个模块实训项目内容，主要介绍变电运维操作管理、变电工作票管理、两票审核考核规定、安全工器具管理、消防管理、安全保卫管理、变电运行分析、变电交接班制度、设备巡视制度、定期试验轮换制度、设备缺陷管理、设备验收管理、设备定期维护、继电保护和自动装置管理、重大倒闸操作双重监护管理、变电站除湿通风降温设备管理、设备测温管理、防小动物管理制度等。

模块一　变电运行操作管理

一、运用范围

1. 电气设备倒闸操作的依据：

(1)上级值班调度员的调度指令(命令)。

(2)值班负责人的操作指令。

(3)对危及人身、设备或系统安全的事故处理。

(4)值班负责人或值班调度员发布正常操作或调度指令的依据为其调度管辖范围内电气设备检修、试验、启动工作或申请票。

2. 值班调度员发令、接受汇报时，变电站值(班)长、正值在接受调度指令及汇报指令执行时，均应认真记录，经复诵核对无误，并遵守录音、汇报等制度，严格使用统一调度术语和操作术语。当发现有疑问时，应立即向发令人提出，若发令人重申执行原指令时，受令人必须迅速执行。对认为将危及人身、设备安全的调度指令，应立即向发令人报告，由其决定调度指令的执行或者撤销；对明显威胁人身和设备安全的指令，应拒绝执行，并报告上级。

3. 本规定适用220千伏及以下电气操作。

4. 本规定若与上级规定相抵触，以上级为准。

二、调度指令

1. 值班调度员必须按照调度规程及有关操作管理规定，发布调度指令。下达调度指令前,除口头指令外,必须使用调度指令票和调度操作票。并应统一编号,顺序使用;填票时,一律用钢笔或圆珠笔填写,要求字迹清楚、工整,操作动词、设备名称编号及正式操作发令时间、执行回报时间不得涂改;操作目的、任务填写时,必须使用双重名称编号,并完整、明确。填票时应由副值调度员按规定统一格式逐项填写,主值或值班负责人审核并签名。

2. 调度指令形式可以是单项令、逐项令、综合令。一切正常操作应予先拟写调度指令、调度操作票(单项操作及事故处理时允许不拟写调度指令、调度操作票),口头指令操作,严格控制不准超出调度规程规定的使用范围(事故处理结束后的设备恢复操作也应拟写调度指令票及调度操作票)。

3. 调度指令票是值班调度员下达操作任务的书面依据。值班调度员应对其正确性负责。一份调度指令票只能下达一个操作任务或一个操作目的,包括如主变压器各侧开关、刀闸的停或送电,一次性完成的操作。综合令即操作任务仅在一个运行单位内,不需要其他单位配合即可完成的操作。逐项令是指一个顺序号只能完成一个操作动作,或几个同类设备的相同操作动作。在一份调度操作指令票中,可以使用二种指令形式。

调度操作票是值班调度员为正确指挥系统配合操作所使用的操作票。凡涉及两个单位及以上的配合操作均应填写调度操作票(除另一个单位单一的一套保护或重合闸的投或停用操作外,但应在调度指令票中注明操作程序)。

4. 调度指令票、调度操作票在预拟、审核时必须核对现场设备状态;核对检修(试验)工作申请票中的内容、安排和要求;核对调度模拟盘(电气结线图)的实际接线;检查操作程序的正确性,并做好事故预想。预拟审核的顺序应先调度操作票,后调度指令票。调度操作票除包含调度指令票中应相互配合的设备状态转变、继电保护及安全自动装置的调整及状态改变外,还应包括并、解列,解、合环操作时的潮流、电压、稳定限额的检查;应停电、倒电工作是否完成的检查;送电通知、许可工作通知或工作终结的汇报;还应包括必要的联系、汇报(请示许可)等。

填写、审核、预发、操作发令、接受汇报各个环节执行人必须签名,并记录联系人姓名,记录预发、正式操作发令、执行汇报时间;操作联系中必须录音并保存一个月,作为审查、考核的依据。

操作发令应由经培训合格批准具有发令权的值班调度员发布(名单应发至有关调度和厂、站、变电所),现场有权接令的值班人员名单应报上级调度及有关单位。

操作中,调度员应做到重要操作项目的发令,必须有人监护。

调度指令票、调度操作票必须符合《国家电网公司电力安全工作规程》及

《调度规程》规定的基本原则。

三、变电倒闸操作

1. 电气操作必须遵守的“七要、八步骤”

(1)“七要”

① 要有考试合格并经上级领导批准公布的操作人员的名单。

② 现场设备要有明显标志，包括命名、编号、铭牌、转动方向、切换位置的指示以及区别电气相别的色标。

③ 要有与现场设备和运行方式符合的一次系统模拟图(或计算机模拟系统图)。

④ 要有现场运行规程、典型操作票和统一的、确切的调度操作术语。

⑤ 要有确切的调度指令和合格的操作票(或经单位主管领导批准的操作卡)。

⑥ 要有合格的操作工具、安全用具和设施(包括对号放置接地线的专用装置)。

⑦ 电气设备应有完善的“五防”装置。

(2)“八个步骤”

① 操作人员按调度预先下达的操作任务(操作步骤)正确填写操作票。

② 经审票并预演正确或经技术措施审票正确。

③ 操作前明确操作目的，做好危险点分析和预控。

④ 调度正式发布操作指令及发令时间。

⑤ 操作人员检查核对设备命名、编号和状态。

⑥ 按操作票逐项唱票、复诵、监护、操作，确认设备状态变位并勾票。

⑦ 向调度汇报操作结束及时间。

⑧ 做好记录，并使系统模拟图与设备状态一致，然后签销操作票。

2. 下列操作可以不用操作票

(1)事故处理；

(2)拉合断路器(开关)的单一操作。

上述操作在完成后应做好记录，事故处理应保存原始记录。

3. 对操作人员的要求

(1)经考试合格并经公司公布的操作人、监护人、第二监护人。

(2)接受调度指令，应严格记录、复诵，以防错记和漏项。

(3)操作时严禁弃票操作，应认真执行倒闸操作的“八步骤”。

(4)操作人、监护人均应详细了解操作任务、目的、内容，不得相互依赖。

(5)在操作期间，不得做与操作无关的工作。

(6)正常操作必须有两人进行，一人操作、一人监护。重大操作应进行双重或三重监护。

(7)事故处理、单一操作(无书面操作票)时，由监护人逐项下令，操作人逐项复诵，双方确认正确后再执行操作。

(8)在装设接地线之前，必须认真验明设备确无电压，对于电容器、电缆线路，还应进行放电，然后立即装设接地线，以确保人身和设备安全。

(9)当闭锁装置不能正常解锁，按相关防误闭锁装置运行管理规定执行。

4. 变电倒闸操作票填写要求

(1)票面填写要求

为了使操作票做到准确、明了，防止设备编号数字填写错误出现误操作，要求操作票的操作任务和操作内容栏中均应填写设备的双重名称(设备的名称和编号)，设备的双重名称参照《供电企业电力生产安全设施规范》。操作票应用钢笔或圆珠笔逐项填写。用计算机开出的操作票应与手写格式一致；操作票票面应清楚整洁，不得任意涂改。

① 填票人和审票人应根据调度命令核对模拟图或接线图填写操作项目，并分别签名，然后经运行值班负责人(在有双重监护时)审核签名并在操作时在现场监护。计算机开出的操作票应与手写格式一致，应符合省公司《微机智能操作票使用管理规定》；操作人和监护人签名应在发令后、倒闸操作开始之前，应为公司下文批准的人员。

② 每张操作票只能填写一个操作任务。一个操作任务是指：为实现一个操作目的，根据同一项操作指令进行的一系列相互关联并依次进行的倒闸操作过程，而必须进行的改变设备运行方式或继电保护方式的一系列操作任务。

③ 操作票编号规则：年(2位)+月(2位)+日(2位)+四位流水号(4位)。要求月、日和流水号随时间和操作票份数增加而变动，与月、日及操作票份数保持一致，如：NO：0509010000。计算机生成操作票应符合省公司《微机智能操作票使用管理规定》，生成的操作票应在打印前自动编号，编号只能使用一次，操作票的编号不可手改。编号应是唯一的。

④ 计算机生成操作票一份操作任务为一个编号，如操作项多，每页编号和首页为统一号，并在操作票右下角注明共×页第×页。

⑤ 每项操作告一段落或再重新操作应在操作票上“执行时间”栏记录操作时间。

⑥ 同一变电站的操作票应事先连续编号，计算机生成的操作票应在正式出票前连续编号，操作票按编号顺序使用。作废的操作票，应注明“作废”字样，未执行的应注明“未执行”字样，已操作的应注明“已执行”字样。操作票应保存

一年。

⑦ 已执行的操作票，“已执行”章应顶足盖在操作步骤最后一步下侧；如操作步骤最后一步为最后一格，应平行盖在最后一步右侧；填票、审核、操作、监护人等只需在最后一页签名。

⑧ 操作票“作废”章应盖在“操作任务”栏内右下角；若一个任务几页操作票作废，则应在作废各页均盖“作废”章。

⑨ 经审核正确的操作票因某种原因不执行时，应在操作票第一页操作开始时间栏内盖“未执行”章，并在备注栏内注明原因和联系人姓名。

(2)应填入操作票内容

① 应拉合的设备[断路器(开关)、隔离开关(刀闸)、接地刀闸等]，验电，装拆接地线，安装或拆除控制回路或电压互感器回路的熔断器，切换保护回路和自动化装置及检验是否确无电压等；

② 拉合设备[断路器(开关)、隔离开关(刀闸)、接地刀闸等]后检查设备的位置；

③ 进行停、送电操作时，在拉、合隔离开关(刀闸)，手车式开关拉出、推入前，检查断路器(开关)确在分闸位置；

④ 在进行倒负荷或解、并列操作前后，检查相关电源运行及负荷分配情况；

⑤ 设备检修后合闸送电前，检查送电范围内接地刀闸已拉开，接地线已拆除；

⑥ 操作闸刀前和手车式开关拉出、推入前，应“检查相应开关确在断开位置”；

⑦ 在旁路母线系统拉、合旁路刀闸倒负荷前“检查旁路开关及两侧刀闸确在合闸位置”；

⑧ 在进行倒换母线操作前“检查母联开关及两侧刀闸确在合闸位置”；

⑨ 在进行倒负荷操作或解列操作前、后“检查电源运行情况确系良好”和“负荷分配情况”；

⑩ 应装、拆每一组接地线的编号和地点；

⑪ 必须拆除和恢复的控制回路或电压互感器回路的保险器；

⑫ 应投入、解除的保护压板和变更定值的项目；

⑬ 挂接地线或合接地刀闸前验明三相无电压，对电缆线路及电容器还应放电；

⑭ 悬挂和摘除“禁止合闸，线路有人工作”标示牌；

⑮ 核对相位；

⑯ 调整变压器和消弧线圈的分接头；

⑰ 投入或停用继电保护或自动装置的电源；

⑱ 放上或取下控制回路、信号回路、直流回路、电压互感器二次回路、站用电回路上的熔断器或拉合对应的小开关；

⑲ 听电话，回报。

(3)操作票内容的填写

① 操作任务的填写

操作任务一栏中应以调度下达的设备四种状态(即运行、热备用、冷备用、检修)为内容。当不能以四种状态确定时，应以调度指令或操作目的为操作任务内容。

② 检查应带上负荷的填写

a. 主变并列运行，应在并列后在操作票中填写“检查＃1、＃2 主变负荷分配应正常”。

b. 主变解列运行，应在解列后在操作票中填写“检查×号(运行)主变负荷应正常”。

c. 若三绕组主变三侧分别并列，则在每一次并、解列后均应检查负荷分配、检查主变负荷应正常。

d. 旁路断路器代路运行、一台断路器带两条线路运行，调度下令指明的解合环操作以及站内操作过程涉及的解合环操作，均应在合环后“检查×××断路器应带上负荷”，并在检查后填上具体的电流数值。

e. 其他断路器转运行时，在转运行后也应检查负荷情况(保护装置、监控后台、计量装置)，但可以不写入操作票。

③ 关于装拆接地线(拉合接地刀闸)的规定

a. 合接地刀闸或装设接地线前，一定要验明合接地刀闸或装设接地线位置三相无电压。

b. 验明三相无电压及装设接地线，应写明具体位置。

c. 断路器转检修：在×××断路器与×××隔离开关之间验明三相无电压；在×××断路器与×××隔离开关之间装设×号接地线一组。

d. 线路转检修：在×××3 隔离开关线路侧验明三相无电压；在×××3 隔离开关线路侧装设×号接地线一组。

e. 对于手车式设备架空出线：在×××开关柜线路侧验明三相无电压；在×××开关柜线路侧装设×号接地线一组。若接地线装设在户外：在×××线路穿墙套管(户外)上验明三相无电压；在×××线路穿墙套管(户外)上装设×号接地线一组。

f. 若为电缆出线：在×××线户内(户外)电缆头处验明三相无电压；在×

××线户内(户外)电缆头装设×号接地线一组。

g. 主变转检修:在××主变××kV侧母线桥上验明三相无电压,在××主变××kV侧母线桥上装设×号接地线一组;在××主变××kV侧与×××3隔离开关之间验明三相无电压,在××主变××kV侧与×××3隔离开关之间装设×号接地线一组。

h. 同一单元拆除接地线时,可以在该单元所有接地线拆除后一并检查,填写为:检查×号、×号……共×组已拆除。

i. 母线带旁路接线的断路器及线路检修,应装设三组接地线;不带旁路接线的断路器及线路检修,可以只装设两组接地线。

j. 主变及各侧断路器检修,应在断路器与母线隔离开关之间装设接地线。

k. 在可能产生感应电压的位置装设接地线,有旁母隔离开关时应加装接地线。

④ 压变的操作

a. 压变的停、复役操作:从低压到高压;复役操作与之相反。复役后应检查二次电压是否正常。压变停役时高压熔丝可以不取下。

b. 压变二次可并列时:应先并列,再停役,然后检查二次电压正常;复役后,再解列,然后检查二次电压应正常。

c. 压变转检修时:110kV及以上压变转检修应在压变与隔离开关之间装设接地线一组(或接地刀闸)。

d. 35kV及以下固定式压变转检修应在压变与高压熔丝之间和压变隔离开关与高压熔丝之间装设接地线(或接地刀闸)各一组。

⑤ 站变的操作

a. 站变低压侧拉开后,自切装置动作,应检查相应段站用电母线电压正常。

b. 站变检修,没有明显断开点的,应取下低压熔丝;有明显断开点的可以不取。

c. 站变转检修,高、低压侧均应装设接地线。

⑥ 手车设备的操作

a. 手车设备的操作以"工作(运行)位置,试验位置、检修位置"表述其状态的转移,写票为:由××位置推至××位置,由××位置拉至××位置。

b. 在推至工作(运行)位置,或拉至试验位置前,必须检查断路器在分闸状态。

c. 从检修位置推至工作位置、从工作位置拉至检修位置须分两步填写,因为在试验位置时须开关柜门或插拔二次插头,若一步操作可能因直接拉、推而造成二次插头损坏,与实际操作也不相符。

d. 应检查手车的变动位置，操作票表述为“检查××手车应在××位置”。

e. 所有在最终能上锁的柜门在操作前后均应锁上柜门，操作票表述为“应锁上×××柜门”。

⑦ 继电保护及自动装置的操作

a. 投、停保护压板一块压板写一条，表述为：投入(停用)××继电保护(或自动装置)××压板。

b. 切换保护定值写入操作票，表述为：“将××继电保护定值由×区切换至×区，定值切换后应检查保护装置运行正常”。

c. 继电保护工作后设备投运前、新设备投运前、定值区切换后应检查保护定值整定正确，表述：××继电保护与××××号定值单核对正确。

d. 设备检修、继电保护工作后、新设备投运前应检查压板投停位置是否正确，可一并检查，表述为：检查××保护装置压板投入应正确。

e. 为防止保护在动作状态下投入压板造成保护误动出口跳闸，投入出口跳、合闸的强电压板前，应用万用表直流电压挡测量压板两端无电压，表述为：测量××保护××压板两端无电压；投入弱电压板前应检查保护装置正常，即其不在动作状态，表述为：检查××继电保护装置应正常。

f. 当断路器转非自动造成保护装置也失压的，或其他原因关闭保护装置电源的，在断路器改自动及投入保护装置后应检查保护装置正常，表述为：检查××继电保护装置应正常。

⑧ 断路器的操作

a. 合断路器两侧隔离开关前，应检查断路器应拉开。

b. 断路器转检修，在冷备用状态时停用其控制、合闸(储能)电源。由检修转运行或冷、热备用时，在转冷备用状态时送上控制、合闸(储能)电源。表述为“拉开(合上)×××控制(储能)小开关”。

c. 10kV 断路器、线路转检修，装设绝缘板、绝缘罩属安全措施，在工作票中体现，操作票中可以不填写。

d. 断路器转检修，对弹簧储能的应将弹簧能释放，属安全措施，在工作票中体现，操作票中可以不填写。

⑨ 旁路代路操作

a. 旁路代路操作前，应检查旁路母线完好(此项可不写入操作票)。

b. 旁路代路前，应将旁路断路器继电保护投入，并冲击旁母一次，以验证旁母完好。

c. 旁路代路运行，应检查旁路继电保护定值与所带线路一致，保护压板投入一致。

d. 旁路代主变运行时，在冲击旁母时应带线路保护，冲击后应停用线路保护。主变保护的切换、差动电流的切换以现场规程为准。

e. 旁路断路器在热、冷备用状态时，其应有一套线路保护，重合闸停用。

⑩ 其他操作

a. 母线检修，对其前已拉开的母线隔离开关，也应逐一检查，并填入操作票。

b. 有旁路的线路、变压器转检修，在转冷备用后应检查旁路隔离开关应拉开。有外桥的线路，应检查外桥隔离开关应拉开。

c. 双母线接线，断路器转检修，在转冷备用后应检查另一组母线上的隔离开关应拉开。

d. 将一组母线上的设备全部倒至另一条母线上，则在拉母联断路器前检查该母线上所有的设备隔离开关已拉开，母联断路器无负荷电流。

四、操作术语及其他规定

(1)填写操作票时，操作任务栏必须使用双重编号；操作内容中断路器须使用双重编号，隔离开关(含接地刀闸)可以只写编号，但对回路无断路器的隔离开关(如压变隔离开关)须写双重编号。

(2)调度下发的操作指令，若不在本班操作，但在下班接班后两小时内的操作，由前一班填写操作票，下一班应在接班后、操作前认真审核，双方均应对操作票的正确性负责。

(3)操作票编号须连号使用，对于写错的票盖“作废”章，同一变电站内同一年份不得重号。

(4)操作票本站编号以 8 位数编号：前四位为年份、中间两位为月份、后两位为本站本月内操作票的顺序号。

(5)“已执行”章用红色印油，“作废”“未执行”章用蓝色印油，每页均须盖章，盖在操作票的右下方。

(6)同一操作任务有多页操作票，则第一页填写操作任务，后面可以不写，在备注栏写“下转××页、上接××页(指操作票编号)”，第一页、最后一页写操作开始时间、结束时间，中间页可以不写。操作人、监护人、值班负责人每页均应签名。

(7)对同一操作任务，中间可能有部分分序号命令调度下令不执行，则相应操作栏前不准打“√”，并在备注栏写明：“第×步至×步根据调令不执行”。

(8)调度以口头命令形式下发的命令，填写口头命令票，其格式及规定同操作票。口头命令无本站编号。

模块二　变电工作票管理规定

一、工作票适用范围

1. 工作票是准许在电气设备上及变电所等生产厂区内进行土建、绿化等工作的书面命令，也是明确安全职责，向工作班人员进行安全交底，以及履行工作许可、监护、间断、转移和终结手续，并实现保证安全技术措施的书面依据。因此各单位、各部门必须相互协作、相互配合，严格执行工作票制度，防止发生人身、设备事故。

2. 本规定适用于运用中的发、输、变、配电和用户电气设备上的工作人员（包括基建安装、农电人员）。

3. 公司各级领导、技术人员和从事运行、检修的人员，必须熟悉和严格执行本细则。

二、工作票的签发

1. 工作票签发人应由变电运检室熟悉人员技术水平、熟悉设备情况、熟悉安全规程的生产领导人、技术人员或经厂、公司主管生产领导批准的人员担任。

2. 工作票签发人在签发工作票之前，必须详细了解调度已批准的停电申请的内容，以保证所签的工作票中的安全措施与现场实际操作完成后的安全措施相符。

3. 工作票签发人所签发工作票的权限为：电气设备检修的工作票由管辖设备的检修单位或运行单位有权签发工作票的人员签发。

4. 工作票签发严格按以下要求进行：

(1)必须使用公司统一编号的工作票，对于电话报送的工作票，由接收人填在有统一编号的工作票上。一张工作票中，工作票签发人、工作负责人和工作许可人三者不得互相兼任。工作负责人可以填写工作票。工作负责人填写的工作票，仍必须由工作票签发人签发，并由工作票签发人负签发责任。

(2)工作票由设备运行管理单位[是指市(县)供电公司。多经企业可视为集中检修单位和基建单位]签发，也可由经设备运行管理单位审核且经批准的修试及基建单位签发。修试及基建单位的工作票签发人及工作负责人名单应事先送有关设备运行管理单位备案。第一种工作票在工作票签发人认为必要时可采用总工作票、分工作票，并同时签发。总工作票、分工作票的填用、许可等有关规定由单位主管生产的领导(总工程师)批准后执行。供电公司内部原则上由修试及集中检修单位和基建单位签发工作票,但工作票签发人必须熟悉和掌握设备电气接线和现场布置情况等;工作负责人必须由生产运行管理单位有资格的人员担任。多经、外包施工企业在电力生产区域内工作,一般不得担任工作负责人。

(3)填写与签发工作票时必须认真核对工作任务书(设计书)、批准的停役申请书、系统图、设备变动竣工报告、变电站装置图、继电保护资料等,必要时到现场实地查勘。

(4)若有二个及以上不同的工作单位或班组在一起进行第一种工作票的工作时,可设立一个工作总负责人,工作票实行一张总工作票及每个工作单位或班组各一张分工作票。总工作票、分工作票票样都是第一种工作票。总工作票和分工作票应由同一个工作票签发人同时签发。总工作票工作班人员可只填写各分工作票负责人,任务为分工作票任务之和,总工作票上所列的安全措施包括所有分工作票上所列的安全措施并一次完成。工作票签发人签发分工作票时,可对总工作票安全措施进行补充。分工作票应一式两份,由工作总负责人和每个单位或班组的分工作票负责人分别收执。分工作票的许可和终结,由分工作票负责人向工作总负责人办理。只有完成了总工作票的许可,才可办理分工作票的许可;只有完成了所有分工作票的终结,才可办理总工作票的终结。当该项工作设工作总负责人时,工作票签发人除了对工作总负责人是否适当负责外,还应对分项工作负责人及分项作业安全措施是否适当负责。

(5)一个工作负责人不能执行多张工作票。工作票上所列的工作地点,以一个电气连接部分为限。所谓一个电气连接部分是指设备各侧刀闸拉开后电气上仍然相连的设备部分。继电保护等二次回路工作票上所列工作地点,以成套二次装置为限,其涉及的一次设备安全措施与一次设备检修要求相同。在下列情况下,为简化安全措施,对于多个电气连接部分的工作可以共用一张工作票进行工作:

① 属于同一电压、位于同一平面场所,工作中不会触及带电导体的几个电气连接部分;

② 一台变压器检修,其断路器也配合检修;

③ 全站停电。

(6)工作任务一定要使用双重编号。

(7)为使变电、修试检修人员能直观了解设备检修地点所保留的带电部位,在工作票中要画出检修设备电气一次接线示意图,具体画法为:

① 图的范围是检修设备及与检修设备直接相连的母线、线路或其他设备。

② 示意图由工作票签发人绘制并用虚线标出作业范围。

③ 工作许可人在许可工作前，用红笔标出带电部位（包括一经合闸即带有电压的电气设备）。

④ 对于电话报送的工作票，示意图由工作票签发人在次日工作票许可前画出。

⑤ 以下情况，可以不画出电气一次接线示意图：

a. 全所停电的工作；

b. 虽需高压设备停电，但无须在高压设备上进行工作。

（8）为使工作票签发人简化填票内容，工作票中的应设围栏、遮挡可简写"在×××地点周围装设围栏或遮挡"。

对于全所停电并已做好安全措施和虽需高压设备停电而无须在高压设备上进行检修的工作，工作票不需设围栏和遮栏，只需悬挂标示牌即可。

设备进行高压试验，除工作票所列围栏、遮挡外，工作班还应单独设工作围栏。

在装设围栏时，禁止在设备构架上缠绕。

（9）第一种工作票中安全措施一栏，工作票签发人还应填写以下内容（在应拉开开关和刀闸栏内）：

① 需取下的控制、合闸熔丝及拉开储能电机电源；

② 需拉开的冷却风扇电源及取下PT低压熔丝，拉开低压空气开关等；

③ 可能倒送电的设备如PT、所用电的刀闸、熔丝；

④ 可能返送电设备的开关和刀闸；

⑤ 线路第一种工作票中对所做工作需配合停电的线路应填写清楚。

5. 签发第二种工作票安全注意事项在下列情况下应特别注明：

（1）带电作业工作票签发人认为需停用的重合闸和有关注意事项。

（2）运行中保护进行有关测量工作可能引起误动，应根据《继电保护和电网安全自动装置现场工作保安规定》，做好防范措施。

（3）低压回路的工作，注明断开该低压回路的电源，取下低压熔丝，挂标示牌。

（4）CT、PT二次回路上的工作，注明防止CT二次开路和PT二次侧短路的措施。

（5）同一块保护盘有二套以上保护，一回路工作时，另一回路及相邻盘应采取隔离的安全措施。

（6）联跳压板必须解除（参阅保安规定），并做好安全措施。

（7）室内非电气设备油漆时，继电保护、控制回路及有关部分应做好安全防护措施。

工作票推荐实行双签发制或申请签发。必要时，双方应进行现场勘察和安全技术交底。外包工作的工作负责人原则上由设备运行管理单位派员担任，而由修试及基建单位安排施工负责人。

三、工作票的报送与接收

1. 变电第一种工作票的报送，应提前一天送到现场，如有困难按以下规定进行：

(1)实行电话报送工作票制度的，工作票签发人按照已签发好的工作票用电话全文传达给变电值班员。电话传达必须清楚，值班员应做好记录，并复诵核对无误。第二天开工前，工作负责人必须将原签发的工作票交给值班负责人，再履行许可手续。

(2)用电话传真报送的工作票，只作为做安全措施和考核的依据，其原签发的工作票，必须在许可工作前交当值值班负责人，并履行许可手续。

(3)在信息系统内传送的工作票，工作票签发人在签发后应电话通知值班员接收审核，并办理接收手续。

2. 第一种工作票由值班负责人接收，并逐项认真审查，应符合《安规》和本细则的规定，若不符合，值班负责人有权拒收。

四、工作票的许可

1. 变电第一种工作票的许可应按下列要求进行：

(1)按照工作票的要求，做好工作现场安全措施，并将已做好的安全措施填写在工作票上。

(2)当值做好安全措施，需要下一值才许可的工作，由当值人员填写在工作票中的安全措施栏内，下一值在许可工作前必须认真审查，认为正确无误后方可到现场进行实际许可。

(3)工作许可人在完成工作现场的安全措施后，必须会同工作负责人到现场再次检查所做的安全措施特别是接地线与工作票所要求的是否相符，应以手触试证明检修设备确无电压，对工作负责人指明带电设备的位置和注意事项，经工作负责人确认后在工作票中签名，然后由工作许可人签名，工作许可手续结束。工作负责人将安全措施、带电部分和注意事项向工作班每一个成员交代清楚并签名确认后(安全交底会)，工作班方可工作。

(4)严禁不到现场交代安全措施而进行许可。

2. 按照工作票的要求，做好工作现场安全措施，并将已做好的安全措施填写在工作票上。并写上现场补充的安全措施，需交代的安全注意事项。

3. 当值做好安全措施，需要下一值才许可的工作，由当值人员填写在工作票中的安全措施栏内，下一值在许可工作前必须认真审查，认为正确无误后方可到现场进行实际许可。

4. 工作许可人在完成工作现场的安全措施后，必须会同工作负责人到现场再次检查所做的安全措施特别是接地线与工作票所要求的是否相符，应以手触试证明检修设备确无电压，对工作负责人指明带电设备的位置和注意事项。

5. 工作负责人现场检查安全措施合格、注意事项清楚，经双方签名后，工作许可完成。

6. 若工作负责人对现场安全措施、注意事项提出疑问，或认为现场安全措施不合格，运行人员必须给予解答，或重新做好安全措施。然后进行许可。

7. 无人值守变电站内对于现场无须做安全措施，不在变电设备上的工作，如通讯人员在通讯机房内工作，操作班可以不到现场许可工作票。

五、工作监护制度

1. 完成工作许可手续后，工作负责人（监护人）应向工作班人员交代现场安全措施、带电部位和其他注意事项。工作开始后，监护人应始终在工作现场，对工作班人员认真监护，及时纠正违章现象。

2. 工作负责人（监护人）临时离开工作现场应指定能胜任的人员临时代替，离开前应将工作现场交代清楚，并通知工作班人员，返回时也要履行同样的手续。

3. 工作负责人要认真履行监护职责，不得参加工作班进行工作。工作票签发人和工作负责人对有触电危险、施工复杂容易发生事故的工作，应增设专责监护人和确定被监护的人员，专责监护人不得兼做其他工作，专责监护人临时离开时，应通知被监护人员停止工作或离开工作现场，待专责监护人回来后方可恢复工作。

4. 所有工作人员（包括工作负责人），不允许单独留在高压室内和室外高压设备区内。若工作需要（如测量极性、回路导通试验等），且现场设备具体情况允许时，要以准许工作班中有实际经验的一个人或几个人同时在他室进行工作，但工作负责人应在事前，将有关安全注意事项予以详尽的指示。

六、工作间断、终结

1. 计划时间是一天的工作，工作间断无须办理手续，在复工时，工作负责人必须认真检查安全措施有无变动。计划时间是多天的工作，每日收工时必须交回工作票，双方签名后方可离去，次日复工，应重新履行许可手续，取回工作票，方可工作。

2. 因雨或其他原因间断一天以上的工作（在计划工作时间之内），在开工前，工作许可人和工作负责人必须共同到现场检查安全措施，符合工作票安全措施要求，双方均认为正确无误后，再履行许可手续并签字，工作负责人方可取回工作票进行工作。

3. 若为多日工作，工作票填不下时可附页。

4. 输电线路工作的间断，如拆除安全措施，次日复工时应重新恢复工作票上所列的安全措施。即使不拆除安全措施，次日复工时也要检查安全措施与工作票是否相符。

5. 变电、电气设备修试工作完工，按以下要求办理工作票终结：

(1)工作班应清扫、整理工作现场，工作负责人先检查设备有无遗留物（临时拉线、引下线、临时短路线等），是否整洁。

(2)待全体工作撤离工作地点后，由工作负责人向当值值班负责人讲清所修的项目、试验项目及发现的问题和存在的问题，并与值班人员共同检查设备状况、有无遗留物件、是否清洁等，严格检查有无临时短路线。

(3)工作负责人做好修试记录，并注明能否运行的结论。

(4)工作负责人填写工作终结的时间后，并和工作许可人双方签名，方告工作结束。

(5)工作结束后，值班员（许可人）要立即向调度汇报该项工作已结束，待调度下令拆除所有安全措施，值班负责人在拆除地线栏签名并在工作内容栏右下角盖“已执行”章，方告该份工作票终结。

七、其他

1. 工作票中的人员变动除《安规》规定外按下列要求进行：

(1)工作负责人变动，应由工作票签发人同意并将变动情况记录在工作票上。签发人如果不在现场，可电话通知许可人，由工作许可人代签名，并在备注栏内注明电话通知的时间。

(2)同一变电所同一时间内所使用的非同一张工作票，不得重复出现同一工作班成员的名字。但允许变更工作班成员，在需要变更工作班成员时须经工作负责人的同意，在对新工作人员进行安全交底，并在安全交底会和工作票上签名确认清楚布置的工作任务和安全措施后方可参加工作。工作负责人应在备注栏中注明增减工作班成员的姓名和时间。

2. 扩大工作任务：

(1)扩大任务不需变更安全措施时，由工作负责人经工作票签发人和工作许可人同意后，在工作票上增填工作项目。

(2)扩大任务若需变更或增设安全措施，必须在终结前一张工作票后，再填用新的工作票，并重新履行工作许可手续，可以当天填用当天许可。

3. 工作票延期：第一种工作票至批准结束时间时工作尚未完成，应由工作负责人申请办理延期手续。延期申请应提前办理，至少应保证批准工作票延期命令在检修期限内传达到工作负责人，延期手续由工作负责人向运行值班负责人提出申请(属于调度管辖、许可的检修设备，还应通过值班调度员批准)，运行值班负责人应将批准的延期时间通知工作许可人并填入工作票，双方签名后有效。

(1)第二种工作票需办理延期手续，应在工期尚未结束以前由工作负责人向运行值班负责人提出申请，由运行值班负责人通知工作许可人给予办理。

(2)第一、二种工作票只能延期一次。

4. 临时性工作是生产计划外或设备出现异常状态，由生技部门临时安排的并且短时间(一天)能完成的工作。临时工作可以在工作的当天将工作票送达变电所。但必须经有关部门领导人同意。

运维当值值班员在接到工作票时，必须见到批准人的签字或上级的电话通知后方可办理，严禁将计划性工作当作临时性工作处理。

5. 事故抢修工作系指对于威胁人身安全、危及系统安全运行的设备采取隔离或解除危害的措施，恢复具有重要用电性质的用户或大量用户用电，或解除设备和供电不安全状态的紧急抢修工作，且同时具备以下条件(否则不应按紧急事故抢修工作模式工作，必须使用相应工作票)：

(1)无须进行大量的工作准备，自接到命令至出发在 1 个小时以内的抢修；

(2)可在 1 个工作日完成、中间无工作间断的抢修工作。

事故抢修工作填用事故应急抢修单，并履行工作许可手续。

6. 运维人员从事设备维修工作必须严格履行申请停电和执行工作票制度。

运维人员在更换 6～35 千伏 PT 高压熔丝和电容器熔丝时，不需履行工作票手续，但在工作前必须完善现场的安全措施，工作时必须有人监护。

7. 第一、二种工作票一律不许代签名。

8. 每张工作票涂改不允许超过三处(每处不超过一个字)但涂改字迹要清晰，设备编号和地线编号严禁涂改。

9. 凡本细则未做规定的，《安规》中各条款仍应严格执行。

模块三　两票审核考核规定

为提高操作票、工作票的合格率，建立三级审核制度：自审核、班组审核、运检室审核。通过审核，发现两票的错误，并通过分析、总结、考核，不断提高两票的质量，最终达到保证安全生产的目的。

1. 将考核落实到实处

自审核出的错票，班组适当考核；班组审核出的错票，班组内考核；凡班组内审核出的错票并及时整改、未造成后果者，变电运检室不考核班组。变电运检室审核出的错票，考核班组及个人；上级部门审核出的错票，考核变电运检室、班组及个人，以达到级级负责、级级认真审核的目的。

2. 三级审核

(1)执行人自查：每份操作票(含填写操作票的口头命令票)、工作票执行完毕后，值班员应进行自查，并评价。发现错误之处，应整改并报告班长及班组两票审核人。班长及班组两票审核人应在月度审核记录中及时记录。

(2)班组内审核：班组内每月应对每份操作票、工作票进行认真的审核。一般应由安全员担任审核人(或班组推选人员)。班站长每月应对两票进行抽查。对发现的错误之处，应在月度审核记录中记录，然后装订操作票、工作票，将月度审核记录随两票一并上报至变电运检室。

(3)变电运检室安全员每月应对操作票、工作票进行全面审核。变电运检室主任、助理应对两票进行抽查。发现问题在月度审核记录中记录，并将记录返回至班组。

3. 错误两票的考核

(1)错误操作票、工作票的考核按份数进行考核。

(2)对自查出的操作票、工作票，错误票(未构成不合格票)不扣分。不合格操作票未造成错误者不扣分，造成错误者扣责任人 1 分。

注 1：造成错误：指由于操作票错误导致操作结果与要求不相符，如漏投切压板，虽然暂时不会造成事故，但可能酿成后果。或工作票办理错误导致现场安全措施不合格。

注 2：未造成错误：指操作票虽错误但操作结果与要求仍相符，如漏检查辅助项。工作票有错误但现场安全措施符合要求，工作票办理手续正确。

(3)班组自查出的操作票、工作票，变电运检室不考核班组。错误操作票、工作票(未构成不合格票)每份扣责任人 1 分。不合格操作票、工作票每份扣责任人2分。

(4)班组未能查出的错误由工区查出，变电运检室除考核个人外，还将考核班组。错误操作票、工作票(未构成不合格票)每份扣个人2分。不合格操作票、工作票每份扣个人2分。对班组及班站长的考核按工区绩效考核办法执行。

(5)对于由上级查出的错误操作票、工作票，除考核班组及个人外，还将考核变电运检室管理人员。错误操作票、工作票(未构成不合格票)每份扣安全员0.5分。不合格操作票、工作票每份扣安全员1分。每次检查如发现不合格两票，扣变电运检室助理1分。

4. 变电运检室在每月的安全例会上通报两票审查及考核结果，并各选取一份典型的操作票、工作票，进行讲评。

5. 班组在每月的运行分析会上要对操作票、工作票进行专题分析，通报两票审查及考核结果。并在运行分析会或安全活动中每月各选取两份典型的操作票、工作票，进行讲评。

模块四　变电站安全工器具管理制度

一、总则

1. 为了保证工作人员在电力生产活动中的人身安全，确保电力安全工器具的产品质量和安全使用，规范电力安全工器具的管理，根据国家及电力行业的有关规定，结合公司系统的实际，制定本规定。

2. 本规定所称“电力安全工器具”系指为防止触电、灼伤、坠落、摔跌等事故，保障工作人员人身安全的各种专用工具和器具。

3. 本规定规范了电力安全工器具的购置、验收、试验、使用、保管、报废等环节的管理。

4. 变电运检室全体人员均应熟悉本规定，并在购置、验收、试验、使用、保管等工作中贯彻执行。

5. 安全工器具坚持“谁使用、谁维护”“谁保管、谁负责”；严禁使用不合格安全工器具，严禁使用超维护周期安全工器具。

二、管理职责

1. 由供电公司安全监察部统一负责公司系统安全工器具的监督管理工作。

2. 供电公司安全工器具质量监督检验测试中心负责全公司电力安全工器具的质量检测工作，负责发布电力安全工器具相关信息。

3. 变电运检室应制定安全工器具的管理细则，明确分工，落实责任，对安全工器具实施全过程管理。

4. 变电运检室每年根据本单位的实际制订年度计划并上报公司安全监察部。

5. 变电运检室安全员为本单位安全工器具管理兼责人，负责制定管理制度，监督安全工器具的使用、检查、报废和检查所属班组贯彻执行情况。

6. 公司安全监察部管理职责：

(1)负责制定本公司的安全工器具管理制度。

(2)负责编制公司安全工器具购置计划，并付诸实施。

(3)负责安全工器具的选型、选厂(在上级公布的名单内选择)。

(4)负责监督检查安全工器具的购置、验收、试验、使用、保管和报废工作。

(5)每半年对各单位安全工器具进行抽查,并做好记录。

7. 变电运检室管理职责:

(1)应制定安全工器具管理职责、分工和工作标准。

(2)单位安全员是管理安全工器具的兼责人,负责制订、申报安全工器具的订购、配置、报废计划;组织、监督检查安全工器具的定期试验、保管、使用等工作;督促指导班组开展安全工器具的培训工作。

(3)建立安全工器具台账、清册,并抄报公司安全监察部。

(4)每季对所辖班组安全工器具检查一次,并做好记录。

8. 班组、站、所管理职责:

(1)各班组、站、所应建立安全工器具管理台账、清册,做到账、卡、物相符,试验报告、检查记录齐全。

(2)公用安全工器具设专人保管,保管人应定期进行日常检查、维护、保养。发现不合格或超试验周期的应另外存放,做出不准使用的标志,停止使用。个人安全工器具自行保管。安全工器具严禁它用。

(3)对工作人员进行安全培训,严格执行操作规定,正确使用安全工器具。不熟悉使用操作方法的人员不得使用安全工器具。

(4)班组每月对安全工器具全面检查一次,并对班组、变电运检室、公司等检查做好记录。

三、试验及检验

1. 各类电力安全工器具必须通过国家和行业规定的型式试验,进行出厂试验和使用中的周期性试验。

2. 各类电力安全工器具必须由黄山供电公司安全工具检测中心进行检验,并经检验合格方可领取使用。

3. 应进行试验的安全工器具如下:

(1)规程要求进行试验的安全工器具;

(2)新购置和自制的安全工器具;

(3)检修后或关键零部件经过更换的安全工器具;

(4)对其机械、绝缘性能发生疑问或发现缺陷的安全工器具;

(5)出了质量问题的同批安全工器具。

4. 周期性试验及检验周期、标准及要求应符合相关试验规程。

5. 电力安全工器具经试验或检验合格后,必须在合格的安全工器具上(不妨碍绝缘性能且醒目的部位)贴上“试验合格证”标签,注明试验人、试验日期及下次试验日期。

四、检查及使用

1．检查及使用的总体要求

(1)由公司安全监察部统一组织，检测中心、各单位配合进行电力安全工器具的使用方法培训，凡是在工作中需要使用电力安全工器具的工作人员，都必须定期接受培训。

(2)安全工器具的使用应符合《国家电网公司电力安全工作规程》(变电部分)、《国家电网公司电力安全工作规程》(电力线路部分)等规程和产品使用要求。同时，还应遵守下列规定：

① 安全工器具使用前应进行外观检查。

② 对安全工器具的机械、绝缘性能发生疑问时，应进行试验，合格后方可使用。

③ 绝缘安全工器具使用前、后应擦拭干净并保持干燥。

④ 使用绝缘安全工器具时应戴绝缘手套。

⑤ 安全工具使用过程中受潮后应烘(晒)干，使之保持干燥。

2．安全帽

(1)安全帽的使用期，从产品制造完成之日起计算：植物枝条编织帽不超过两年；塑料帽、纸胶帽不超过两年半；玻璃钢(维纶钢)橡胶帽不超过三年半。对到期的安全帽，应进行抽查测试，合格后方可使用，以后每年抽检一次，抽检不合格，则该批安全帽报废。

(2)使用安全帽前应进行外观检查，检查安全帽的帽壳、帽箍、顶衬、下颚带、后扣(或帽箍扣)等组件应完好无损，帽壳与顶衬缓冲空间在25～50mm。

(3)安全帽戴好后，应将后扣拧到合适位置(或将帽箍扣调整到合适的位置)，锁好下颚带，防止工作中前倾后仰或其他原因造成滑落。

(4)高压静电报警安全帽使用前应检查其音响部分是否良好，但不得作为无电的依据。

3．安全带

(1)安全带使用期一般为3～5年，发现异常应提前报废。

(2)安全带的腰带和保险带、绳应有足够的机械强度，材质应有耐磨性，卡环(钩)应具有保险装置。保险带、绳使用长度在3米以上的应加缓冲器。

(3)使用安全带前应进行外观检查，检查内容包括：

① 组件完整，无短缺、无伤残破损；

② 绳索、编带无脆裂、断股或扭结；

③ 金属配件无裂纹、焊接无缺陷、无严重锈蚀；

④ 挂钩的钩舌咬口平整不错位，保险装置完整可靠；

⑤ 铆钉无明显偏位，表面平整。

(4)安全带应系在牢固的物体上，禁止系挂在移动或不牢固的物件上。不得系在棱角锋利处。安全带要高挂和平行拴挂，严禁低挂高用。

(5)在杆塔上工作时，应将安全带后备保护绳系在安全牢固的构件上(带电作业视其具体任务决定是否系后备安全绳)，不得失去后备保护。

4. 绝缘手套

(1)绝缘手套使用前应进行外观检查。如发现有发黏、裂纹、破口(漏气)、气泡、发脆等损坏时禁止使用。

(2)进行设备验电、倒闸操作、装拆接地线等工作应戴绝缘手套。

(3)使用绝缘手套时应将上衣袖口套入手套筒口内。

5. 绝缘杆

(1)使用绝缘杆前，应检查绝缘杆的堵头，如发现破损，应禁止使用。

(2)使用绝缘杆时人体应与带电设备保持足够的安全距离，并注意防止绝缘杆被人体或设备短接，以保持有效的绝缘长度。

(3)雨天在户外操作电气设备时，操作杆的绝缘部分应有防雨罩。罩的上口应与绝缘部分紧密结合，无渗漏现象。

6. 绝缘隔板和绝缘罩

(1)绝缘隔板只允许在 35kV 及以下电压的电气设备上使用，并应有足够的绝缘和机械强度。用于 10kV 电压等级时，绝缘隔板的厚度不应小于 3mm，用于 35kV 电压等级时不应小于 4mm。

(2)绝缘隔板和绝缘罩使用前应检查表面洁净、端面不得有分层或开裂，绝缘罩还应检查内外是否整洁，应无裂纹或损伤。

(3)现场带电安放绝缘挡板及绝缘罩时，应戴绝缘手套。

(4)绝缘隔板在放置和使用中要防止脱落，必要时可用绝缘绳索将其固定。

7. 电容型验电器

(1)电容型验电器上应标有电压等级、制造厂和出厂编号。对 110kV 及以上验电器还须标有配用的绝缘杆节数。

(2)使用前应进行外观检查，验电器的工作电压应与被测设备的电压相同。

(3)非雨雪型电容型验电器不得在雷、雨、雪等恶劣天气时使用。

(4)使用电容型验电器时，操作人应戴绝缘手套，穿绝缘靴(鞋)，手握在护环下侧握柄部分。人体与带电部分距离应符合《安规》规定的安全距离。

(5)使用抽拉式电容型验电器时,绝缘杆应完全拉开。

(6)验电前,应先在有电设备上进行试验,确认验电器良好;无法在有电设备上进行试验时可用高压发生器等确证验电器良好。如在木杆、木梯或木架上验电,不接地不能指示者,经运行值班负责人或工作负责人同意后,可在验电器绝缘杆尾部接上接地线。

8. 绝缘靴

(1)绝缘靴使用前应检查:不得有外伤,无裂纹、无漏洞、无气泡、无毛刺、无划痕等缺陷。如发现有以上缺陷,应立即停止使用并及时更换。

(2)使用绝缘靴时,应将裤管套入靴筒内,并要避免接触尖锐的物体,避免接触高温或腐蚀性物质,防止受到损伤。严禁将绝缘靴挪作他用。

(3)雷雨天气或一次系统有接地时,巡视变电站室外高压设备应穿绝缘靴。

9. 绝缘胶垫

绝缘胶垫应保持完好,出现割裂、破损、厚度减薄,不足以保证绝缘性能等情况时,应及时更换。

10. 接地线

(1)接地线应用多股软铜线,其截面应满足装设地点短路电流的要求,但不得小于 $25mm^2$,长度应满足工作现场需要;接地线应有透明外护层,护层厚度大于 1mm。

(2)接地线的两端线夹应保证接地线与导体和接地装置接触良好、拆装方便,有足够的机械强度,并在大短路电流通过时不致松动。

(3)接地线使用前,应进行外观检查,如发现绞线松股、断股,护套严重破损,夹具断裂松动等不得使用。

(4)装设接地线时,人体不得碰触接地线或未接地的导线,以防止感应电触电。

(5)装设接地线,应先装设接地线接地端;验电证实无电后,应立即接导体端,并保证接触良好。拆接地线的顺序与此相反。接地线严禁用缠绕的方法进行连接。

(6)设备检修时模拟盘上所挂地线的数量、位置和地线编号,应与工作票和操作票所列内容一致,与现场所装设的接地线一致。

(7)个人保安接地线仅作为预防感应电使用,不得以此代替《安规》规定的工作接地线。只有在工作接地线挂好后,方可在工作相上挂个人保安接地线。

(8)个人保安接地线由工作人员自行携带,凡在 110kV 及以上同杆塔并架或相邻的平行有感应电的线路上停电工作,应在工作相上使用,并不准采用搭连虚接的方法接地。工作结束时，工作人员应拆除所挂的个人保安接地线。

11. 梯子

(1)梯子应能承受工作人员携带工具攀登时的总重量。

(2)梯子不得接长或垫高使用。如需接长时，应用铁卡子或绳索切实卡住或绑牢并加设支撑。

(3)梯子应放置稳固，梯脚要有防滑装置。使用前，应先进行试登，确认可靠后方可使用。有人员在梯子上工作时，梯子应有人扶持和监护。

(4)梯子与地面的夹角应为65°左右，工作人员必须在距梯顶不少于2档的梯蹬上工作。

(5)人字梯应具有坚固的铰链和限制开度的拉链。

(6)靠在管子上、导线上使用梯子时，其上端需用挂钩挂住或用绳索绑牢。

(7)在通道上使用梯子时，应设监护人或设置临时围栏。梯子不准放在门前使用，必要时应采取防止门突然开启的措施。

(8)严禁人在梯子上时移动梯子，严禁上下抛递工具、材料。

(9)在变电站高压设备区或高压室内应使用绝缘材料的梯子，禁止使用金属梯子。搬动梯子时，应放倒两人搬运，并与带电部分保持安全距离。

12. 过滤式防毒面具(简称"防毒面具")

(1)使用防毒面具时，空气中氧气浓度不得低于18%，温度为－30℃～45℃，不能用于槽、罐等密闭容器环境。

(2)使用者应根据其面型尺寸选配适宜的面罩号码。

(3)使用前应检查面具的完整性和气密性，面罩密合框应与佩戴者颜面密合，无明显压痛感。

(4)使用中应注意有无泄漏和滤毒罐失效。

(5)防毒面具的过滤剂有一定的使用时间，一般为30～100min。过滤剂失去过滤作用(面具内有特殊气味)时，应及时更换。

13. 正压式消防空气呼吸器(简称"空气呼吸器")

(1)使用者应根据其面型尺寸选配适宜的面罩号码。

(2)使用前应检查面具的完整性和气密性，面罩密合框应与人体面部密合良好，无明显压痛感。

(3)使用中应注意有无泄漏。

14. SF_6气体检漏仪

(1)应按照产品使用说明书正确使用。

(2)工作人员进入SF_6配电装置室，入口处若无SF_6气体含量显示器，应先通风 15 分钟，并用 SF_6 气体检漏仪测量 SF_6 气体含量合格。

五、保管及存放

1. 安全工器具的保管及存放，必须满足国家和行业标准及产品说明书要求。

2. 绝缘安全工器具应存放在温度－15℃～35℃、相对湿度 5%～80%的干燥通风的工具室(柜)内。

3. 安全工器具应统一分类编号，定置存放。

4. 绝缘杆应架在支架上或悬挂起来，且不得贴墙放置。

5. 绝缘隔板应放置在干燥通风的地方或垂直放在专用的支架上。

6. 绝缘罩使用后应擦拭干净，装入包装袋内，放置于清洁、干燥通风的架子或专用柜内。

7. 验电器应存放在防潮盒或绝缘安全工器具存放柜内，置于通风干燥处。

8. 橡胶类绝缘安全工器具应存放在封闭的柜内或支架上，上面不得堆压任何物件，更不得接触酸、碱、油品、化学药品或在太阳下暴晒，并应保持干燥、清洁。

9. 防毒面具应存放在干燥、通风，无酸、碱、溶剂等物质的库房内，严禁重压。防毒面具的滤毒罐(盒)的贮存期为 5 年(3 年)，过期产品应经检验合格后方可使用。

10. 空气呼吸器在贮存时应装入包装箱内，避免长时间曝晒，不能与油、酸、碱或其他有害物质共同贮存，严禁重压。

11. 遮挡绳、网应保持完整、清洁无污垢，成捆整齐存放在安全工具柜内，不得严重磨损、断裂、霉变、连接部位松脱等；遮栏杆外观醒目，无弯曲、无锈蚀，排放整齐。

六、报废

1. 符合下列条件之一者，即予以报废：

(1)安全工器具经试验或检验不符合国家或行业标准。

(2)超过有效使用期限，不能达到有效防护功能指标。

(3)使用过程中发生了破坏性的情况，应及时进行试验，试验不合格者。

2. 报废的安全工器具应及时清理，并贴上“报废”字样的标签且不得与合格的安全工器具存放在一起，更不得使用报废的安全工器具。

3. 报废的安全工器具需送至检测中心，实行以旧换新制，并进行登记。

4. 变电运检室应将报废的安全工器具及时统计上报到公司安全监察部

备案。

七、电力安全工器具的分类

1. 安全工器具分为绝缘安全工器具、一般防护安全工器具、安全围栏(网)和标示牌三大类。

2. 绝缘安全工器具分为基本和辅助两种绝缘安全工器具。

(1)基本绝缘安全工器具是指能直接操作带电设备、接触或可能接触带电体的工器具,如电容型验电器、绝缘杆、绝缘隔板、绝缘罩、携带型短路接地线、个人保安接地线、核相器等。

① 电容型验电器是通过检测流过验电器对地杂散电容中的电流,检验高压电气设备、线路是否带有运行电压的装置。电容型验电器一般由接触电极、验电指示器、连接件、绝缘杆和护手环等组成。

② 绝缘杆是用于短时间对带电设备进行操作或测量的绝缘工具,如接通或断开高压隔离开关、跌落熔丝具等。绝缘杆由合成材料制成,结构一般分为工作部分、绝缘部分和手握部分。

③ 绝缘隔板是由绝缘材料制成,用于隔离带电部件、限制工作人员活动范围的绝缘平板。

④ 绝缘罩是由绝缘材料制成,用于遮蔽带电导体或非带电导体的保护罩。

⑤ 携带型短路接地线是用于防止设备、线路突然来电,消除感应电压,放尽剩余电荷的临时接地装置。

⑥ 个人保护接地线(俗称“小地线”)是用于防止感应电压危害的个人用接地装置。

⑦ 核相器是用于鉴别待连接设备、电气回路是否相位相同的装置。

(2)辅助绝缘安全工器具是指绝缘强度不是承受设备或线路的工作电压,只是用于加强基本绝缘安全工器具的保安作用,用以防止接触电压、跨步电压、泄漏电流电弧对操作人员的伤害,不能用辅助绝缘安全工器具直接接触高压设备带电部分。属于这一类的安全工器具有:绝缘手套、绝缘靴(鞋)、绝缘胶垫等。

① 绝缘手套是由特种橡胶制成的,起电气绝缘作用的手套。

② 绝缘靴是由特种橡胶制成的,用于人体与地面绝缘的靴子。

③ 绝缘胶垫是由特种橡胶制成的,用于加强工作人员对地绝缘的橡胶板。

3. 一般防护安全工器具(一般防护用具)是指防护工作人员发生事故的工器具,如安全帽、安全带、梯子、安全绳、脚扣、防静电服(静电感应防护服)、防电弧服、导电鞋(防静电鞋)、安全自锁器、速差自控器、防护眼镜、过滤式防毒面具、正压式消防空气呼吸器、SF_6气体检漏仪、氧量测试仪、耐酸手套、耐酸服及耐酸靴等。

(1)安全帽是一种用来保护工作人员头部,使头部免受外力冲击伤害的帽子。

(2)高压静电报警安全帽是一种带有高压静电报警功能的安全帽,一般由普通安全帽和高压静电报警器组合而成。

(3)安全带是预防高处作业人员坠落伤亡的个人防护用品,由腰带、围杆带、金属配件等组成。安全绳是安全带上面的保护人体不坠落的系绳。

(4)梯子是由木料、竹料、绝缘材料、铝合金等材料制作的登高作业的工具。

(5)脚扣是用钢或合金材料制作的攀登电杆的工具。

(6)防静电服是用于在有静电的场所降低人体电位、避免服装上带高电位引起的其他危害的特种服装。

(7)防电弧服是一种用绝缘和防护的隔层制成的保护穿着者身体的防护服装,用于减轻或避免电弧发生时散发出的大量热能辐射和飞溅融化物的伤害。

(8)导电鞋是由特种性能橡胶制成的,在220～500kV带电杆塔上及330～500kV带电设备区进行非带电作业时为防止静电感应电压所穿用的鞋子。

(9)速差自控器是一种装有一定长度绳索的器件,作业时可不受限制地拉出绳索,坠落时,因速度的变化可将拉出绳索的长度锁定。

(10)护目眼镜是在维护电气设备和进行检修工作时,保护工作人员不受电弧灼伤以及防止异物落入眼内的防护用具。

(11)过滤式防毒面具是在有氧环境中使用的呼吸器。

(12)正压式消防空气呼吸器是用于无氧环境中的呼吸器。

(13)SF_6气体检漏仪是用于绝缘电器的制造以及现场维护、测量SF_6气体含量的专用仪器。

4. 安全标示牌包括各种安全警告牌、设备标示牌等。

模块五　消防管理制度

一、消防管理总则

1. 为明确、规范变电运检室消防及设施的管理，特制定本规定。

2. 本规定制定的依据是《中华人民共和国消防法》、“安徽省实施《中华人民共和国消防法》办法”、《机关、团体、企业、事业单位消防安全管理规定》(中华人民共和国公安部令第 61 号)、《电力设施典型消防规程》，并结合我公司实际情况制定。

3. 本细则明确了变电运检室消防及管理的职责分工、重点防火部位的管理、检查及考核。

二、职责范围

1. 消防设施坚持“谁使用、谁维护”、专物专用、合理配置的原则。严禁使用不合格消防设施，严禁超维护周期的消防设施投入使用。

2. 变电运检室应建立变电运检室所有消防设施的清册及台账，并负责日常管理和维护；各修试班组和各变电站应建立本班组所有消防设施清册及台账，并负责日常检查和维护。

3. 年度消防设施的添置工作，先由变电运检室报年度计划到公司安全监察部，汇总后，由计企部下达年度计划后由安全监察部分季分月落实。未列入年度计划的消防设施的添置项目，变电运检室书面报告公司安全监察部，分管公司领导批准后落实。

4. 变电运检室办公区域的消防设施由变电运检室安全员指派变电检修班负责。

5. 变电运检室和各班组应设立专责(兼)职消防管理员，并明确为消防设施管理直接责任人。各级安全第一责任人为本级消防设施管理的管理责任人。

6. 消防设施的购置由公司安全监察部负责。购置的消防设施必须是国家认定产品。

7. 消防设施应按规定存放、定置管理、账物相符。

三、消防管理

1. 变电运检室所有员工应定期进行消防培训，懂得本岗位的火灾危险性；懂得火灾的预防措施；懂得火灾的扑救方法；懂得火灾的逃生方法。会报警；会使用灭火器;会灭初期火;会逃生。

2. 正确合理地分布配置消防器材,做到突出重点,利于全面使用。

3. 认真保管好消防设备,做好定期检查和维护工作,使消防器材保持完好状态。

4. 消防器材要按时换药和称重,按《典规》配备齐全。

5. 消防器材除救火外,任何人不得擅自动用或外借。

6. 不得在生产区域内使用明火及电炉,因检修工作需要的气焊、喷灯等应办理动火作业票,并由专人按规定范围使用。

7. 施工现场需对设备进行滤、注油时,应严格按规定进行,为防止意外,应临时配备灭火器。

8. 发生火灾时,应保持冷静,首先需切断电源,然后一面迅速组织人员抢救,一面向消防部门报警。火警电话:119。

9. 生产区、生活区的主要通道及设有消防器材的地方,严禁堆放杂物,确保道路畅通。

10. 重点防火部位管理。重点防火部位:各变电站的主控室(保护室)、电缆沟(竖井、沟)、主变压器、蓄电池室;集控中心。重点防火部位应按《电力设备典型消防规程》重点管理(见附表)。

四、变电运检室生产场所消防器材配置原则

1. 变电站主控室、保护室按每五十平方米一只配置。但灭火器总数不应少于六只。

2. 35 千伏或 10 千伏开关室统一按六只配置。

3. 各站电缆层统一按六只配置,其中三只应放置在竖井(门)口。

4. 户内式电容器室每处统一按两只配置,户外式电容器则可不配置。

5. 酸性蓄电池室统一按四只配置。

6. 户外主变压器消防沙箱按每台主变一立方米就近配置,并且相应配备消防铲四把,消防沙桶四只。灭火器根据各站现场实际酌情配置。

7. 各站生活场所按每楼层两只配置。

8. 配有专门消防间(箱)的变电站,消防间(箱)内的现有灭火器材,可作为站内公用设施的防火配置,要求如下:灭火器 12 只,消防铲 4 把,消防桶 6 只,消防水带(枪)6 套(有消防栓者)。

9. 变电运检室其他消防场所的消防器材的配置按《电力设备典型消防规程》附录一中表 H-1 至 H-6 中对应条款酌情配置。

模块六 变电站安全保卫管理规定

为加强各变电站的值班门卫管理工作，确保和维护变电站的正常安全生产，依据黄山供电公司临时工管理制度中的有关规定，特制定本规定，各变电站的值班门卫必须严格遵守执行。

1. 必须坚守岗位，做好门卫值班的分内工作。

2. 未经公司安保部、变电运检室批准和同意，任何人不得进入变电站内。

3. 外来参观或检查人员，必须经公司有关部门同意，在公司及变电运检室有关人员陪同下，进行登记后方可进入。

4. 公司及变电运检室的工作人员凭工作票或由变电运检室操作班人员带领，方可进入站内工作。

5. 变电站是二级重点要害部位，任何人不得带无关人员在变电站住宿、玩耍。站内不得饲养动物及家禽。

6. 门卫每天应对变电站的安全巡视不少于2次，遇有雷雨时，不得靠近避雷针、不得在高压区内逗留。

7. 巡视时，发现有异常情况，应立即报告变电运检室领导（如设备爆破、厂房或围墙损坏等）。

8. 当听到电气设备有异常响声或电弧光时，不得靠近故障点8米以内，以防意外，并及时报告变电运检室领导或操作班处理。

9. 若发生火灾或盗警时，应立即使用“110”或“119”电话报警[火灾报警要领是：(1)火灾地点；(2)火势情况；(3)燃烧物和大约数量；(4)报警人姓名及电话号码]，同时立即报告变电运检室。

10. 门卫应会使用各种灭火器材灭火。

11. 在电气设备附近行走，应与设备保持足够的距离（220kV－4m，110kV－2m，10kV－1m），禁止触及任何高压设备。

12. 生活使用的电器，应有良好的接地，湿手不得触及电气开关、插头等。导线、插座不得过载使用。人离开时，应切断电源开关。场地的路灯应按需要进行开、关。

13. 发现导线落地，不论有无电压，均不得靠近，以防跨步电压，应及时报告操作班或值班人员处理。

14. 不得在站内抛掷铁丝等物品，以防发生事故。

15. 发现低压用电器具着火或冒烟时，应立即拔下插头或拉开低压总开关来切断电源。

16. 在室内外过道上清扫卫生时，不得挥动扫把及拖把，不得靠近设备区域。

17. 在站内设备附近锄草时，不得将锄头、铲等一类的长柄工具抬高，与带电部分保持足够的安全距离（220kV－4m，110kV－2m，10kV－1m）。

模块七 变电运行交接班制度

1. 本规定根据上级有关文件及规定制定。

2. 班组应制定本班组交接班实施细则。

3. 本管理规定若与上级有关规定相抵触，以上级的为准。

4. 值班人员应按照现场交接班制度的规定进行交接。

(1)值班人员应自觉遵守劳动纪律，未经站长同意不得私自调班，不迟到不早退，值班人员因故请事假，要事先提出，并得到站长同意。当班时衣装整齐，禁止穿化纤之类服装，女同志禁止穿高跟鞋，并戴证上岗。

(2)如已到交接班时间，而接班人员未来，交班人员应向站长或工区领导报告，并留在班上继续工作，接班人员未到或未办完交接手续前不得擅自离职。交接班手续未结束前，一切工作由交班人员负责。

(3)在进行倒闸操作、工作许可手续和事故处理时，不得进行交接班，如在交接班时发生事故，应由交班人员负责处理，交班人员可要求及指挥接班人员协助处理。

5. 交班人员交班前应进行以下工作：

(1)整理各种记录本，检查各种记录完整。对于由本班移交下班完成的工作，则应将记录簿单独整理出来(如本班接受的调度预发令需下班执行的)，以便交接班时对着记录簿当面交代。

(2)检查日常卫生已完成。

(3)检查工器具、仪器仪表、钥匙齐全，并按规定存放。安全工具按规定存放。

(4)检查本班内所有工作已完成。

(5)值班负责人填写运行日志中的运行方式栏、交给下班注意事项栏等。

6. 交接班工作：

(1)接班人员到齐，由接班负责人召集，检查接班人服装符合规定，精神面貌良好。

(2)接班负责人向交班负责人提出开始交接班。

(3)交接班双方人员集中在控制室，接班人员在接班人员负责人带领下站立一行，交班人员在交班负责人带领下站立一行，由交班负责人向接班人员交代以下事项：

① 保护、自动装置运行及变更情况。直流系统运行情况。

② 设备异常、事故处理、新发现缺陷、缺陷处理、遗留缺陷发展等情况。

③ 进行的倒闸操作及未完成的操作指令。

④ 设备检修、试验情况。

⑤ 工作票接受、许可、执行、间断、终结情况。安全措施的布置、接地线组数、编号及位置(所合上的接地刀闸)。

⑥ 钥匙、仪器仪表、工器具使用情况。

⑦ 除湿机、排风扇、加热器等辅助设备运行情况。

⑧ 上级指示及班长布置的其他工作。

⑨ 设备维护情况。

⑩ 站容站貌情况。

⑪ 根据模拟图(或后台机、监控系统)交代站内设备及相关联的系统当时的运行方式、负荷情况。

对于①一⑨条,应向接班人员交代自其上一班下班后的所有事项。

(4)在交班负责人交代完毕以后,交班其他人员应将其未交代尽的事项补充交代。

(5)接班负责人及接班人员可对所交代事项不清楚、不明了部分进行询问,交班人员应负责解答。

(6)接班人员在接班负责人的带领下进行交接班检查。对于接班人员提出的问题负责解答,对于接班人员提出的未完成的工作负责完成或解释。

(7)交接班巡视检查内容如下:

① 检查模拟图与所交代的方式相符。

② 对一次设备、二次设备、直流系统及蓄电池进行巡视检查。检查设备状态、缺陷与所交代的相符,继电保护状态及压板投切正确。

③ 检查工作票执行情况与所交代的相符,检查现场安全措施布置与交代相符并合格,检查检修、试验等工作现场符合要求。

④ 检查调度指令、操作票执行等情况与所交代相符。

⑤ 检查各级电压、负荷情况,直流系统电压、电流等。

⑥ 进行事故、预告信号等试验正常,检查直流绝缘正常。

⑦ 检查各种记录簿记录正确。

⑧ 检查钥匙、工器具、仪器仪表、安全工器具齐全、存放整齐。

⑨ 检查站内卫生符合要求。

(8)接班人员对所有事项无异议后,双方仍集中在控制室,由接班人员先签名。接班人员签完名后即正式担当值班责任。然后交班人员签名,交接班结束。

7. 接班后接班负责人布置以下工作：

(1)对本班工作进行分工，对上一班预接的调令进行核对，对已填写的操作票进行审核。

(2)与调度电话联系，互报当班负责人、正副值姓名，并核对时钟。

(3)安排本职巡视、操作、变电站维护等工作。

(4)对设备存在的重要缺陷加强监视。

模块八 变电设备巡视检查制度

1. 设备的巡视与检查是为了经常掌握设备的运行情况，以便及时发现和消除设备缺陷，预防事故发生，每个值班人员必须严格按照规定要求，认真负责，一丝不苟地做好设备巡视检查工作。

2. 变电站设备巡视检查工作，应遵守以下规定：

(1)变电站的巡视检查工作，由值班负责人组织定期性巡视和特殊性巡视检查。

(2)未经批准的人员不可单独进行巡视检查。

(3)巡视检查高压设备时，应遵守《安规》有关规定。

(4)值班人员进行设备巡视检查，按照站内规定的巡视线路图依次进行，防止漏查设备。发现缺陷应做好记录，进行分析后登记，经站长审核后上报。

(5)站长对缺陷记录簿应经常进行检查，对确定的缺陷应进行分析分类统计，督促处理。

(6)巡视时遇有严重威胁人身和设备安全的情况，应按事故处理规程进行处理。

3. 设备巡视和检查的周期和范围如下：

(1)定期性巡视

① 主变、站变、断路器、互感器、闸刀、电容器、阻波器、耦合电容器等一次设备每四小时一次，无人值守站每周不少于一次。

② 控制室、开关室、保护屏每四小时一次(主要灯光指示，继电保护运行情况)。无人值守站每周不少于一次。

③ 每天检查、测量蓄电池温度、比重、电压。无人值守站每次巡视时抽测。

④ 每日一次关灯巡视，检查引线接头及瓷瓶等异常情况。无人值守站每月不少于一次。根据现场设备运行情况，一般在以下情况下安排增加夜巡：重要节假日前、重要保电任务前、迎峰度夏期间、迎峰度冬期间、重要设备新投入运行或检修后投入运行。夜间巡视应同时进行设备红外测温。

⑤ 站长应每周二次巡视检查全站设备，每周一次参加夜间巡视。

(2)经常性监视

① 直流系统运行中的电压、电流参数的变化。

② 系统各级母线电压、电流、主要出线、主变的负荷、潮流。

③ 事故、预告信号、光字牌。

(3)特殊性巡视

① 严寒季节应重点检查充油设备油位情况、导线情况,检查防小动物的孔洞封堵情况。

② 高温季节重点检查充油设备油位,检查接头发热、通风冷却装置情况。

③ 大风时重点检查户外导线震荡情况。

④ 大雨时检查门窗、屋顶、墙壁有无漏、渗水现象。

⑤ 雷击后检查瓷瓶套管有无闪络痕迹,检查避雷器的动作记录器动作情况。

⑥ 大雾、霜冻季节和污秽地区,重点检查设备瓷质绝缘部分的污秽程度,有无放电、电晕等异常情况。

⑦ 事故后重点检查信号和继电保护的动作情况和故障录波器动作情况,检查事故设备情况,设备存在缺陷时应加强监视。

⑧ 高峰负荷期间重点检查负荷是否超过额定值,检查过负荷设备有无发热现象。主变过负荷时每小时检查一次油温。

⑨ 设备经过检修、改造后长期停用或新设备更新投入系统运行后检查有无异常,接点是否发热,是否有漏油等。

⑩ 节日期间须增加巡视次数。

⑪ 每年结合季节性特点进行二次安全大检查,重点查设备隐患,查纪律,查规程制度执行情况。

4. 无人值班变电站正常巡视要求

(1)班组每月制订巡视计划,上报变电工区。每次巡视至少由两人进行。正常巡视、特殊巡视、夜间闭灯巡视可由现场操作人员在操作后完成,但其应根据正常巡视要求进行并完成全部巡视、设备维护项目。全面巡视每次必须按计划由专人完成。

全面巡视结合"虚拟站长管理活动"开展安排人员。

(2)制定无人值班变电站巡视卡:完成巡视卡中所列全部巡视、维护项目。

(3)正常巡视要求(附变电设备巡视标准):

① 检查一次设备、二次设备的运行状态,保护远动设备指示灯指示情况;抄录重要运行数据;记录复归保护装置动作异常信号,并进行分析判断和处理;抄录设备压力、油位、主变油温、设备室温湿度等数据;按照要求测量相应的蓄电池(包括通信)电压;记录避雷器动作次数、泄漏电流。

② 检查视频监控点视频、报警系统、火灾自动报警系统运行状况,每月对系统进行一次试验,包括报警试验、重要事件图像回放等,并记录检查结果。

③ 检查当地后台运行情况。

④ 对存在的缺陷进行重点检查，判断缺陷是否有进一步发展的趋势；新发现的缺陷现场进行分析，汇报班长及相关部门。对缺陷发展可能影响安全运行的，汇报班长、变电工区、调度（监控），及时制定和实施控制措施。

⑤ 与监控（集控中心）进行运行方式、数据、信号核对。对监控提出的异常信号、遥测数据进行现场检查、当地后台检查，并核对分析。

⑥ 完成本次巡视安排的设备定期切换试验、设备维护工作。

⑦ 检查现场记录，检查环境卫生。

(4)结合巡视，设备定期切换试验、设备维护工作安排：

第一周：安全工器具、消防器材、防火防盗装置运行情况专项检查、视频系统检查。

第二周：防小动物专项检查（含电缆沟、电缆层、防鼠挡板设置、每个鼠笼和鼠药检查）。

第三周：保护打印机运行状态和打印纸安装情况检查，月度保护定值及压板核对，蓄电池整组测试。

第四周：全面巡视，变电站记录检查及整理，环境卫生清理。

5. 其他巡视要求

变电运检室管理人员每季度最后一个月下旬结合小指标考核，对变电站设备、环境、管理进行一次全面检查。对运行班组管理进行一次全面检查。

各专业（检修、保护、自动化、通信等）每年元月、7月份对变电站相应设备进行一次全面检查（巡检）。专业巡检由专业人员、值班员一起进行。

6. 提高巡视质量措施

(1)巡视卡为一简化巡视作业指导书，按设备巡视路线图分设备单元编制，记录重要数据，并记录每次巡视到站时间、巡视结束时间，本次巡视所要重点检查的项目，设备维护项目，设备定期切换试验项目。现场填写变电站巡视记录、日常记录。确保每次巡视全部到位，不漏巡。

(2)巡视卡中设置班站长手填重点项目，主要是根据监控提供需现场重点检查项目、设备缺陷情况、设备维护项目。如：目前存在的缺陷，近期跳闸的开关，需进行的定期切换检查等。其一可以对现场巡视人员起到提示作用，其二可以促使班站长及时了解设备运行状况。巡视卡每次巡视前一日由代班班长制定。

(3)运维人员每次交接班：系统运行变化方式情况、设备运行状况，现场设备检修情况，需重点关注事项，以为每次制定巡视卡需重点巡视项目提供依据。

(4)巡视卡采取班组留存制度，不存放在站内，避免照抄现象发生。对于每天带回的巡视卡班站长必须进行检查，并与历史记录相核对，掌握数据的变化情况，并对下次巡视需重点关注的数据进行确认。现场发现超限数据巡视人员必须电话告知班站长进行历史数据核对，并进行分析判断。

(5)全面巡视：根据作业指导书进行。一座变电站的全面巡视人员应相对固定。如结合开展“我是一名站长”管理活动，可确定由专人对变电站的全面巡视负责。

(6)站内有操作时，操作人员在操作结束或告一段落后，根据班组安排对站内设备进行巡视，其要求同上。巡视卡由班组邮箱发至变电站内。

(7)变电运检室将开展巡视视频远方检查、现场设置隐标、考问等方式，检查巡视质量。

模块九　变电设备定期试验轮换制度

1. 为了保证电气设备的完好率和使备用的电气设备真正起到备用的作用，根据部颁的规定并结合我公司电气设备的实际情况，编订本制度。

2. 变电站定期切换试验项目及周期：

(1)直流绝缘监测装置：有人站每天一次，无人站每次巡视时进行。

(2)事故照明：交直流切换装置每周切换试验一次，并检查照明灯具完好。事故应急灯每周检查一次，并检查充足电，在每次使用后应立即充足电。

(3)主变冷却系统：冷却风扇每月投入运行，检查一次。对强油循环冷却系统，每月还应进行一次电源、备用冷却器切换试验，冷却器应轮换运行。

(4)在主变压器处于备用状态时，对主变有载调压装置进行一次全面检查，并进行一次升、降调整操作(1－N,N－1)，主变长时间备用时每半年应进行一次。

(5)开关室、蓄电池室轴流风机：每月投入运行，检查一次。在停用后应着重检查百页复位良好，以防雨水打入。

(6)投入的重合闸：雷雨季节(3 月 10 日—11 月 20 日)每周一次；其余时间每月一次；长期处于备用的自动重合闸装置在投入前进行一次。对于微机保护装置重合闸，运行中应检查其充电在良好状态，投入后应在 15～20 秒后检查装置充电应充足。

(7)蓄电池测量：有人站每天抽测 6～10 只。无人站每次巡视时抽测，其抽测数量应以每月能抽测一个循环确定。每月下旬进行一次全测、分析，并将全测结果交工区审核签字。

(8)停运半年及以上的电力电容器，在投入运行前应冲击合闸三次，每次间隔五分钟。

(9)旁路母线、备用母线，运行前应充电检查一次。

(10)一次电气设备停运超过半年的应进行电气绝缘试验检查，高压断路器应在冷备用状态下合、分闸一次。

(11)有人值班站每日在最大负荷时检查一次主变差动保护差流值；无人值班站在每次巡视时检查。

(12)逆变电源装置每月进行一次交直流切换试验。

(13)每月进行一次站变自投切换试验。

(14)每月进行一次漏电保安器动作试验。

(15)每季进行一次《交流熔断器额定电流一览表》《直流熔断器额定电流一

览表》《交流低压空气小开关额定电流一览表》《直流空气小开关额定电流一览表》核对检查。专业班组在每年年检时进行一次核对检查。

(16)每季度进行一次继电保护硬压板、对运行人员可投停的微机继电保护软压板、微机保护定值区号核对检查。

(17)当继电保护装置新投入运行、定值变更、区号切换后,打印一份定值单与下发定值单核对,并将打印定值单(核对人应签名)作为下发定值单的附件保存。不能打印的定值单,则现场(或后台机上)核对检查并作好检查核对记录,将记录作为附件保存。

(18)空调机每季度应检查一次,并清洗滤网。

(19)除湿机每季度检查一次,并清洗滤网。

(20)有人值班站每日抄录一次断路器 SF_6 压力、操动机构压力,无人值班站每次巡视时抄录。在每月5日前将上月抄录的 SF_6 压力数据表交一份至电气试验班。

(21)雷雨季节(3月10日—11月20日)每周一次、其余时间每月一次抄录避雷器动作计数器。

(22)每周抄录一次避雷器在线监测仪泄漏电流。当三相泄漏电流变化较大或三相不平衡率超过15%时汇报变电工区[不平衡率=(最大值-最小值)/三相平均值×100%]。

(23)高频保护收发信机及高频通道每日进行一次试验。

(24)防盗报警系统:每周检查一次电子围网正常(纳入巡视内容)。每月进行一次接地、短路报警试验。

(25)消防报警:每周检查一次电子围网正常(纳入巡视内容)。每月进行一次报警试验。

(26)视频系统:每周检查一次电子围网正常(纳入巡视内容)。每月进行一次全面检查。

3. 主变器的切换试验由调度下令进行。若两台主变同容量、同技术参数,可以每月切换一次,并轮换运行。若两台主变容量不同,或技术参数不同,应本着经济运行的原则,确定运行主变及台数;备用主变应每月投入空载运行(或带负荷)六小时。

4. 各种切换试验均应有两人按操作规定进行。切换试验前应做好事故预想及危险点分析,防止出现异常等情况。

5. 每次应将切换试验的时间、结果、执行人记入《定期切换试验记录簿》、运行日志、巡视检查记录等记录簿内。

6. 定期切换试验中发现异常、缺陷等应及时汇报变电运检室。

模块十　变电运行运行分析制度

1. 运行分析是确保变电所安全经济运行和不断提高运行人员技术水平必不可少的重要工作,包括综合分析和专题分析。运行班组应建立运行分析记录,综合运行分析在每月上旬开展,以分析上月本单位运行情况,总结运行经验。专题分析指针对本单位运行中发生的异常、故障、新设备投运、新运行方式等进行的分析,可先由班长或技术骨干确定专题分析题目,写出专题分析报告,然后在专题分析会上宣读,并由全体人员共同讨论、分析,以写出最终专题分析报告。

综合分析每月一次。专题分析由值班负责人根据可能出现的问题,组织当值人员进行,每值每月至少一次。

2. 月度综合分析内容:

(1)两票三制执行情况分析:通过对两票三制执行情况的分析,及时发现工作许可、操作、设备巡视中存在的问题,杜绝不安全情况发生。

操作票:分别统计操作票(预发令)、口头命令票、事故处理命令执行的份数、操作次数,票面执行情况,现场操作"六要、八步骤"执行情况,不合格票及原因,今后注意事项,操作中碰到的新的运行方式,是否需对典型操作票进行修改、补充等,统计操作票的合格率。

工作票:统计每一种工作票、第二种工作票、事故处理的份数,票面执行情况,现场组织措施、技术措施、安全措施执行情况,今后布置现场安全措施应注意的事项等。统计工作票的合格率。

交接班制度执行情况分析:目前的值班方式,班内人员排班情况,本月内人员调休、请假、换班情况,交接班时人员迟到、早退等情况,交接班车辆是否准时等情况,交接班制度执行情况,下月值班方式变更情况等。

设备巡视检查制度执行情况分析:本月设备巡视检查执行情况、效果(发现设备缺陷及异常),本月设备巡视的重点,下月设备巡视检查的重点。

设备定期试验轮换制度执行情况分析:分析本月设备定期试验轮换制度执行情况、执行效果(发现的设备缺陷及异常),今后应注意的事项,下月执行的项目(有无增减)。

(2)设备缺陷分析:本月发现的缺陷、消除的缺陷,缺陷产生的原因,现存的缺陷发展情况,是否会对设备运行产生影响,值班员应注意的事项等。总结对缺陷发现和判断的经验并督促消缺工作。设备缺陷分析应有连贯性,即发现缺陷后，一定要有消除缺陷的记录(即便是自然消失或判断错误，也要有所交代)。

(3)继电保护运行分析：继电保护动作情况统计、分析，继电保护运行情况分析，运行方式有无变更(如定值、压板等)，运行中的异常分析，总结运行经验、今后应注意的事项等。

(4)直流系统运行分析：直流系统运行情况，本月测量的数据与以前比较有无变化，直流系统运行中应注意的事项，现存的缺陷情况等。

(5)电能平衡分析：电能不平衡率及不平衡电量值，是否超标(有关口表≤±1%，无关口表≤±2%)，超标后应分析原因，然后上报缺陷或消除缺陷；若不平衡率虽不超标，但与以前相比有波动，也应进行原因分析。出现以上两种情况，应在次月每十天做一次电能平衡，直到缺陷消除，不平衡率恢复正常值。

统计站用电电量，指出应注意节约用电的地方。

当电能表有校验、更改接线、更换表计、倍率变化、增减计量等，也应在运行分析中指出，并在三日内追踪做电能平衡，确认其正常。

(6)负荷及电压分析：分析主变和各线路负荷变化情况；分析母线电压质量是否符合要求，电容器无功出力情况及其对母线电压的影响。统计本月最大负荷、供电量、电压合格率等数据。

3. 专题分析：包括绝缘分析，继电保护和自动装置的动作情况分析，设备异常分析，新设备投运后的操作、巡视、运行注意事项分析，新出现的运行方式的操作、运行注意事项分析，发生的事故或故障分析、总结事故处理经验，通讯远动装置的运行情况分析等。

4. 根据变电站可能出现的问题，班长可适当增加运行分析次数。

模块十一　设备缺陷管理制度

一、缺陷的定义与分类

1. 缺陷的定义

运行中的输变电设备发生异常，虽能继续使用，但影响安全运行，具有下列情况之一者称设备有缺陷：

(1)设备本身零部件有损伤或出现过热、渗漏油(气)、放电等现象，可能危及电网或设备安全运行者；

(2)设备运行指示异常或发出停运、故障、异常信号；

(3)设备预防性试验结果不合格或指标变化速率过大；

(4)由于外界因素威胁设备安全运行者；

(5)按照设备评级标准不能被评为Ⅰ类设备者。

2. 缺陷的分类

(1)危急缺陷

紧急缺陷系指性质严重、情况危急，对安全运行有严重威胁，短期内可能导致事故，或一旦发生事故，其后果非常严重可能导致人身伤亡或主设备损坏，必须立即处理者。

(2)严重缺陷

重大缺陷系指性质较严重、情况较紧急，对安全运行有一定威胁，短期内尚不可能导致事故，仍可继续运行，但已影响设备出力，不能满足系统正常运行的需要，并威胁设备的安全运行，需在近期内安排处理，以消除设备隐患者。

(3)一般缺陷

一般缺陷系指性质一般、情况轻微，设备存在一定问题，但对安全威胁较小，在较长时间内不会导致发生事故，可以在年度大修、技改或预试中加以消除的缺陷。

二、主管部门与职责

1. 公司生产技术部为设备缺陷统一管理部门，其职责为：

(1)督促各单位贯彻执行本制度，并检查执行情况。

(2)及时掌握主要设备危急和严重缺陷。

(3)每年对设备缺陷进行综合分析，根据缺陷产生的规律，提出年度反事故措施，报上级主管部门。

2. 变电运检室均设设备缺陷专责人，其职责为：

(1)负责本单位管辖设备缺陷的汇总，组织分析定性上报工作，及时了解和掌握本单位管辖设备的全部缺陷和缺陷处理情况。

(2)负责监控信息系统中缺陷流程流转和消缺情况，对未按流程完成处理的缺陷有权进行督促，对未按流程时间完成的班组人员提出绩效考核意见。

(3)建立必要的台账、图表、资料，对设备缺陷实行分类管理。做到对每个缺陷都有处理意见和措施。

3. 各单位发现缺陷后应立即对缺陷进行分析定性，提出初步处理意见，填入PMS缺陷管理流程(危急缺陷应当即电话先告知再补填MIS流程)，发送给输变电部相应设备管理专职和分管主任。

(1)运检部专职在接到缺陷后，按缺陷性质在规定时间内给出处理意见答复：危急缺陷立即答复；严重缺陷三天内确认答复；一般缺陷答复时间最长不超过一周，专职人不在或无法确认时由运检部分管主任答复或指定其他人答复。

(2)各单位接到消缺安排答复后应立即组织消缺，如确需改变流程时间、内容，必须由本单位领导向输变电部主任汇报，由分管生产的总工程师批准，方可按新时间内容走完流程(单位专职要在PMS流程备注中说明)。

(3)缺陷处理全部流程结束，单位专责人在消缺评价后应点击发送给输变电部设备管理专职，由专职确认终结归档。

三、缺陷的上报与消缺

1. 各单位发现危急、严重缺陷后，应立即上报。

2. 一般缺陷应尽快上报，需停电消除的缺陷从下达消缺计划之日起在下个停电计划中安排消缺，但不应超过最长规定消缺时间。

3. 消缺工作应列入各单位生产计划中。对危急、严重或有普遍性的缺陷要及时研究对策，制定措施，尽快消除。

4. 缺陷消除时间应严格掌握，对危急、严重、一般缺陷要严格按照本制度规定的时间进行消缺处理。

变电设备缺陷可分为：

1. 危急缺陷

(1)电流互感器二次有开路现象；

(2)电压互感器二次熔丝连续熔断而又找不到明显原因；

(3)集合式电容器有渗漏油且看不到油位；

(4)开关和闸刀操作中的拒分或拒合；

(5)倒闸操作时闸刀合不到位；

(6)强油循环变压器油温已达到85度，一般风冷变压器油温达到95度或强油循环变压器风冷器全部无法投入；

(7)电容式电压互感器、耦合电容器、主变充油套管、分散式电容器渗油；

(8)真空开关的真空包变色或发现有裂纹；

(9)所用电低压回路故障可能造成全所所用电全停；

(10)SF_6 设备气压压力值低于告警值，SF_6 开关发"SF_6 压力降低闭锁"信号；

(11)非熔丝原因的"控制回路断线"光字牌亮；

(12)保护装置、自动装置发"装置故障"告警信号或发"交流电流回路断线""交流电压回路断线"信号；

(13)正常情况下非熔丝原因的压变断线信号；

(14)设备及线夹过热按相关规定红外线测试管理办法执行；

(15)开关跳闸后无保护信号发出或监控中心无保护信号上送；

(16)直流母线电压高于115%或低于85%额定电压时；

(17)关口电能表有缺陷；

(18)直流系统充电机均故障不能进行浮充电；

(19)监控中心工作站故障、遥控不执行或无人值班变电所远动主备通道全部中断；

(20)变电所或调度的所有电话全部中断、瘫痪不能使用；

(21)高频通道测试不正常或3db告警灯亮；

(22)微机保护在正常运行时运行指示灯不亮；

(23)微机保护液晶面板无显示；

(24)母差不平衡电流数值超过50mA或与前一次检查记录值有较大差异；

(25)其他诸如支柱瓷瓶有裂纹、电力电缆故障、导线散股断股及二次回路缺陷等影响一次设备安全运行的缺陷视其危及程度需按紧急缺陷处理的。

2. 严重缺陷

(1)有人值班变电所当地后台或监控中心主站语音报警系统不能语音报警(无事故、预告信号)；

(2)主变、消弧线圈、所用变、集合式电容器漏油；

(3)主变在夏季高峰负荷期间有主变冷器故障使主变不能满负荷运行或主变发"轻瓦斯动作"信号；

(4)非直流事故照明回路的直流接地故障；

(5)流变膨胀器压力指针指示温度低于－30度或高于70度；

(6)变压器油温异常升高;

(7)有人值班变电所远动通道中断、现场巡视发现远动设备出现异常;

(8)弹簧储能机构可以手动储能但不能电动储能;

(10)运行中的电气设备有异味、异常响声或运行中的高压设备有异常放电声;

(11)变压器有载分接开关故障不能进行有载调压;

(12)重合闸在投入状态的开关在开关跳闸后重合闸未动作;

(13)其他影响设备安全运行视其危及程度需按重大缺陷处理的。

3. 一般缺陷

(1)事故照明回路的直流接地;

(2)变压器、开关的硅胶变色超过 2/3;

(3)接地电阻大于标准值;

(4)高压设备的连接部位有轻微放电声;

(5)主变在非夏季高峰负荷期间有一组风冷器故障不能投运;

(6)晴好天气时氧化锌避雷器泄漏电流超过正常值 15%的;

(7)一路或几路电话数据通道不能可靠通信但尚可维持一般通信;

(8)在电能平衡分析中,220kV 母线有功不平衡率超过±1%,110kV 及以下母线有功不平衡率超过±2%,无功功率严重不平衡,一般性表计指示不准或非关口电能表计量不准;

(9)分散式电容器的某一相熔丝熔断一支;

(10)开关机构箱内加热器不能投入使用;

(11)微机不能上网或 OA 办公系统不能收发电子邮件;

(12)变电所当地功能故障、个别遥测数据不准、电量采集系统故障(非关口)、220kV 变电所运行日志不能录入;

(13)其他在近期内对设备安全运行影响不大,可结合计划性设备维修进行处理,不至于发展成为事故的缺陷均作为一般缺陷处理。

模块十二　设备验收制度

1. 设备验收

(1)工程验收时除移交常规的技术资料外主要应包括：

① SCD、ICD、CID、继电保护回路工程文件、交换机配置文件、装置内部参数文件，GOOSE 配置图，全站设备网络逻辑结构图，信号流向图、智能设备技术说明等技术资料。

② 系统验收报告。

③ 设备现场安装调试报告(在线监控、智能组件、电气主设备、二次设备控制系统、辅助系统等)。

④ 在线监测系统拟警值情单及说明。

(2)检后速现场彻查系统配置文件 SCD、智能装置能力描述文件 ICD、智能装置实例化配置文 CID、继电保护回路工程文件、交换机配置文件、装置内部参数版本是否与智跳变电站配置文管控系统中相关文件版本一致。

(3)任何新建、技改、修试后的设备必须经验收后方可投入运行。

2. 设备验收的组织

(1)新建设备的验收由公司组织验收，变电运检室、变电站值班员参加验收。

(2)技术改造设备的验收，由公司或变电运检室组织验收，变电站值班人员参加验收。对同一系列同一类型的设备技术改造(如变电站内同一电压等级断路器的技术改造)，则第一台设备由公司或变电运检室组织验收，并制定出验收标准(表格)，其后的设备验收可由值班员进行。

(3)主变压器、220kV 设备的大修由变电运检室组织验收，值班员参加验收。其余设备的大修验收由值班员进行。

(4)站内设备小修、维护、年检等由值班员进行验收。

3. 设备验收规定

(1)设备检修、维护、改造工作结束后，工作负责人应对现场进行清理，指导检修人员退场。检修人员退场后无值班人员带领不得再单独进入工作现场。然后工作负责人及专业负责人填写设备修试、保护修校等记录，并将必要的设备技术资料(如新设备说明书、新二次保护定值单)等交给值班员。

(2)向值班人员介绍设备修试情况、结果，有无遗留缺陷，并对设备能否投入运行做出结论。对暂时无法出具的试验报告，则应在记录上具明结论是否合格。

(3)值班负责人(或工作许可人)带领值班人员与工作负责人一道进行现场验收,对多工种的工作,其专业工作负责人也应参与设备验收。

(4)验收内容如下:

① 设备现场已清理,修试人员设置的临时安全措施如临时短接线等已拆除,无遗留物,设备外观符合要求。

② 设备检修质量符合要求。

③ 对设备进行必要的试验操作:如对断路器进行电动分、合闸试验,对有载调压装置进行升降操作,对闭锁装置进行检验等。对验收过程的操作,可以不用操作票,但应由值班人员进行,并必须执行操作发令、监护、"三核对"制度。

④ 检查设备状态符合要求:如断路器、隔离开关、接地刀闸、阀门、保护压板等的位置在规定状态。

⑤ 进行技术数据核对,如继电保护定值等。

⑥ 对值班人员提出的疑问、问题,工作负责人应负责解释、解答。

⑦ 对隐蔽部分的验收,工作负责人应在检修过程中通知值班负责人,以在检修过程中进行验收。

(5)验收过程结束后,值班负责人(或工作许可人)应将验收结论(是否合格)告知工作负责人,并记录在设备修试、继保修校等记录上。对于验收不合格的,还应注明原因。当班值班人员应在修试记录、保护修校记录上签名;并对验收结论负责。非当班值班员应在值班后认真查看记录,然后签名,以了解设备修试状况。

(6)验收结束后,工作许可人带领值班人员将现场为该工作布置的安全措施拆除(但调度下令的安全措施不得拆除),工作人员不得再进入原工作现场。

(7)值班负责人向调度汇报已结束的修试工作,设备修试结论。

(8)对于试验数据不合格,或存在缺陷的设备,若需投入运行,工作负责人应会同值班负责人共同向公司分管领导、变电运检室领导汇报,并记录在修试记录及值班日志上。得到批准后方可向调度汇报设备可以投入运行。

4. 对于新建、技改、大修或二次回路有工作的,工作负责人(或专业负责人)应留在变电站,待设备投入运行,各项技术数据合格、设备运行正常后,方可离开变电站。

模块十三　变电设备定期维护工作制度

1. 变电站设备除按有关专业规程的规定进行试验和检修外，还应进行必要的维护工作。

2. 控制、保护、测控、电能表等屏、柜每月进行一次检查、清扫。

3. 断路器的气动机构应在每次检修时进行放水工作，并检查空气压缩机的润滑油的油位及计时器。

4. 按《变电设备测温规定》对设备进行测温。

5. 按《电缆运行维护检查制度》对电缆、电缆沟、电缆层、电缆竖井等处进行排水检查、封堵(防小动物)检查、防火涂料及防火阻燃检查等。

6. 按《蓄电池运行维护检查制度》对蓄电池进行定期检查、测量、清洁、生盐处理、涂凡士林等工作，并定期进行均充电和活化处理。

7. 按《变电站安全工器具管理规定》对安全工器具进行检查、维护。

8. 按《变电站消防设施管理规定》对消防器材、消防设施进行检查、维护。

9. 按《变电站空调器运行管理规定》对空调器进行检查、维护。

10. 按《变电站轴流风机运行管理规定》对轴流风机进行检查、维护。

11. 按《变电站除湿机运行管理规定》对除湿机进行检查、维护。

12. 按《设备定期试验轮换制度》对设备进行定期检查、试验、维护。

13. 在主变压器处于备用状态时，对主变有载调压装置进行一次全面检查，并进行一次升、降调整操作(1－N，N－1)，主变长时间备用时每半年应进行一次。

14. 每年九月份应对机构箱、端子箱、开关柜内的加热设备进行一次检查、维护，确定处于完好状态，温湿控制器完好。十月至次年五月每月检查一次。长年投入的防潮加热器在夏季时也应每月检查一次。

15. 按季节性特点及时做好防污、防汛、迎峰等各项工作。

16. 每月对照明设备进行一次全面检查，及时更换、维修照明设备、灯具。

17. 每月对变电站内门窗、各处环境卫生进行一次全面检查，并清扫(按《变电站卫生责任制》执行)。

18. 变电站“五箱”(端子箱、机构箱、检修电源箱、远动端子箱、消防箱)的运行管理和维护规定：

(1)变电站的“五箱”，凡随设备箱门带有锁的，在正常运行中应锁上。在有工作时按工作票要求打开。在运行巡视维护时打开，工作结束后应及时验收、锁上。钥匙按《安规》规定进行管理。

(2)“五箱”门应开启灵活,关闭密封严密,箱体应防水、防灰尘和防小动物进入,并保持内部干燥清洁。应有通风和防潮措施,以防继电器、端子排等受潮、凝露、生锈。

(3)对于内部有驱湿加热装置的,应将温湿控制器调整至整定值,并检验其完好。在每年十一月份投入运行,每年四月底退出运行。其余时间若湿度超过85%时投入运行,湿度下降时应及时将加热器退出。

(4)“五箱”的检查:

① 对于锁住的“五箱”,应在每次全面巡视时打开检查:有人值班变电站每月一次,无人值班变电站每月两次。并在巡视时进行卫生清扫。

② 每次操作后,应进行检查。

③ 每次工作后,应对“五箱”进行验收,在操作完毕并检查后及时锁住。

④ 对于有工作的“五箱”,应在每次工作中断时及时清理,有接线的应进行整理,并关好箱门。

⑤ 在工作中破坏封堵的,应在工作中断时临时进行封堵,并在工作结束前恢复封堵。工作许可人验收时应对封堵进行全面检查。

⑥ 正常巡视检查内容:端子排、接线排列整齐,无锈蚀现象;小开关、切换把手等位置正确,标识完好;封堵完好;内部无潮气侵入,加热驱潮器完好,投切符合要求;卫生整洁;设备标志牌完好。

(5)“五箱”的卫生清扫:班组应将“五箱”卫生清扫纳入卫生责任范围,由值班员负责。

模块十四　变电站继电保护和自动装置定值及压板管理规定

一、继电保护和自动装置(以下合称继电保护)定值的管理

(1)变电站内应设置专门的继电保护定值记录簿,以保存继电保护装置内所有保护的定值单。当一套保护装置内有多套保护定值时,应在每套保护定值单上注明对应定值区号,对应一次系统的运行方式。

(2)旁路保护内有多套保护定值时,应注明每一区号对应的线路编号。当一条线路有多套保护定值时,旁路保护区号还应注明相应线路的编号和一次运行方式。

(3)变电站保存的继电保护定值单必须与保护装置的实际定值相一致。即当保护人员将继电保护定值重新整定、校验后,应将新定值单签字后交值班员,并向值班员交代新定值变动情况、保护的投切需变动情况,值班员现场核对后,将新定值单保存,老定值单收起存档,即在继电保护定值单记录簿内保存唯一一份与现场相一致的定值单。若老定值单被装订成册而无法单独收存某一份定值单时,可在收到一新定值单后,将相对应的老定值单每页均盖上"作废"章,并在备注栏中注明作废日期、原因,并签名。

(4)在每次保护装置修校、重新更改或输入定值、切换定值后,值班员应打印一套定值与定值单相核对,操作及监护人应签名、注明日期,并作为定值单的附件保存。对不能打印的保护装置,值班员在保护装置或后台上核对后记录核对日期、操作人、监护人,并将记录与定值单保存在一起。

二、继电保护及自动装置的操作

(1)值班员应根据调度命令、系统运行方式及现场规程的规定切换保护定值,切换继电保护装置的压板。

(2)继电保护定值的输入由继电保护专业人员进行。但在紧急情况下值班员可根据调度命令并得到变电运检室主任许可后修改定值。值班员在修改定值后,应将相应定值单进行修改,并核对定值正确。

(3)继电保护装置的硬压板、软压板由值班人员操作,并建立压板投切记录,谁操作、谁记录。

(4)对于动作于跳、合闸的强电压板(220V 或 110V),在投入操作前应用高

内阻的电压表直流250V档测量压板两端无电压，检查保护装置正常后，方可投入压板。对于弱电压板(24V)，在投入前应检查保护装置无动作信号、装置正常后，方可投入压板。当发现压板两端带有电压，或保护装置不正常、有动作信号等，禁止将压板投入。

测量压板两端电压的万用表使用前应检查其完好。

(5)在对一次设备停电而涉及保护装置进行年检校验及检修工作时，保护专业人员应现场核对保护压板的状态，并做好记录。工作结束后，保护人员应将压板恢复至原状态。检修设备复役操作时，值班员应在设备在冷备用状态时送上保护交、直流电流，并根据调度命令、定值单、系统运行方式核对定值区号正确、定值正确、压板位置正确或进行相应切换操作等工作。

(6)在保护修校工作中，涉及运行设备的保护压板或联跳压板需投入或停用时，由继电保护工作负责人向调度提出申请，运行人员根据调度命令进行切换操作。

(7)新设备投入运行，所有保护压板应在停用状态，保护的操作由值班员根据调度命令、定值单切保护装置。

(8)对一些长期不投的保护压板，应将压板联片取下，由站长负责保管，以减少误投机会。

(9)重合闸的投停：

① 对于定值单要求停用重合闸的，重合闸应停用。对定值单规定投入重合闸的，调度可以下达命令停用重合闸，但在恢复该重合闸投入时，也应由调度下达命令。

② 当线路断路器切断故障电流的次数达到规定次数的下限时，值班员应向调度申请停用重合闸；在断路器检修后，值班员应向调度申请投入重合闸。

③ 旁路断路器在备用状态时重合闸停用。当旁路代线路运行时，其重合闸同所代线路的状态。但是因线路切断故障电流达到规定次数而停用重合闸时，在用旁路代路时值班员应向调度申请，投入旁路的重合闸。

④ 220kV线路的重合闸方式改变或投、停由调度单独下令操作。

(10)保护装置的投、停，保护装置的检查，定值的切换，定值的修改(值班员进行的)，定值的核对检查，压板的投、停，测量强电压板两端无电压，以上操作均应写入操作票。

三、保护装置定值及压板的定期核对

(1)值班人员应每季度核对一次继电保护定值单及压板位置(含值班员可操作的CT端子)，在每次年检结束后核对一次继电保护定值单及压板位置，以使所保存的定值单及压板位置与现场相一致。

(2)核对方法:

① 建立核对表格,首先根据运行记录、压板投切记录确定定值区号及压板实际位置。

② 现场实际核对。

③ 当发现现场定值或压板位置与表格不相一致时,汇报站长,由站长、值班员根据系统运行方式、记录等确定:若为表格制定错误,则在备注栏注明并签名;若为现场实际错误,则汇报变电运检室主任。

④ 变电运检室主任进一步确定:若为表格错误,则在备注栏注明并签名;若为现场实际错误,则汇报调度,更改现场定值或压板位置。

⑤ 调查造成现场定值或压板位置错误的原因,写出分析报告,在班组内通报,并按规定对责任人进行处理。

模块十五 重大倒闸操作双重监护制度

1. 为了认真贯彻执行“安全第一、预防为主”的方针，做好电气设备的安全倒闸操作，杜绝误操作事故和人身、设备事故，决定在变电站(监控中心)内重大电气倒闸操作增设第二监护人，实行双重监护制度。

2. 第二监护人的确定

(1)第二监护人应由熟悉现场设备、业务技术水平较高、责任心强的人员担任。每年经安全、业务技术考试合格，并经公司批准公布。

(2)变电站计划性的操作，在站内得到操作预发令后，需第二监护的操作由站内正值班员通知站长或变电运检室领导，由站长或变电运检室领导指派第二监护人到场监护。

(3)变电站临时性的操作，若需第二监护人到场而来不及指派人员到场时，可由变电运检室领导临时指定现场一人(正值及以上人员)担任第二监护。

(4)变电站临时性的操作，若需第二监护人到场而来不及指派人员到场，而变电站又无人能担任第二监护人员(或指定人员)时，由变电运检室指定一人(第二监护人)审核操作票、与值班员一起进行危险点分析预控。当班正值应将操作任务、操作内容报第二监护人，并将操作票电话报(或传真、OA发)至第二监护人审核，与第二监护人一起进行操作危险点分析、预控后再进行操作。第二监护人应对操作票的正确性负责。

3. 倒闸操作执行双重监护的范围

(1)新安装、改造的设备投入系统的试运行。

(2)10kV及以上电压等级的母线停、复役操作。

(3)主变由运行转检修的停役操作和由检修转运行的复役操作。

(4)涉及两个及以上变电站、35kV及以上电压等级的配合倒闸操作。

(5)220kV电压等级的操作。

(6)倒母线操作。

(7)35kV及以上同时两个及以上单元的设备由检修转运行或由运行转检修的操作。

(8)涉及母差保护的操作。

(9)旁路代主变的操作。

4. 第二监护人的职责

(1)掌握倒闸操作的目的、操作的详细内容、系统及站内的运行方式。

(2)复审倒闸操作票,并对其正确性负责。

(3)参与并指导操作前的危险点预控分析。

(4)对监护人、操作人执行倒闸操作的“七要”“八步骤”的正确性进行监护。

(5)对接受调度下达正式倒闸操作命令及汇报已执行的倒闸操作命令进行监听。

(6)对执行倒闸操作的正确性、规范性进行监视。

(7)对操作人、监护人的人身安全进行监视。

(8)对违章操作及危及人身安全和设备安全的操作有责任下令禁止、纠正。

模块十六　变电站空调轴流风机除湿机运行管理规定

一、控制保护、通信自动化及计算机网络类机房空调器运行管理规定

1. 本规定适用于：变电站控制、保护设备及通信、自动化设备室；办公楼内通信、计算机网络类设备机房、相关设备独立机房；公司大楼通信主站、自动化主站、MIS 及用电 MIS 等服务器机房。

2. 为确保上述各类设备的安全可靠运行，上述各类机房均安装有空调器或中央空调器。

3. 空调器在环境室内最高温度达 25℃时应长期开启，并定期检查。

4. 变电站各类机房内空调器由变电运行人员统一检查。

5. 当电源消失后恢复供电时，应检查机房空调器工作正常；不能自启动的空调器应人为及时启动。

6. 在夏季高温时，应将发热严重的设备机柜门打开。

7. 非变电站机房空调器的管理由所属单位参照本规定要求，落实人员管理。

8. 当空调器运行异常时应检查其工作电源是否良好。当不能处理时汇报所属单位处理。

二、变电站开关室轴流风机运行规定

1. 为改善各开关室内设备在高温季节的运行条件，各开关室均安装了带百叶的轴流风机。

2. 开关室轴流风机在环境最高温度达 25℃时每天应在中午、傍晚各开一次轴流风机，每次运行时间约三十分钟；当环境最高温度达 30℃时应在 8:00 至 22:00 每隔两小时开启一次轴流风机，每次运行时间约三十分钟。

3. 每次开启轴流风机后应到现场检查轴流风机运行良好，百叶打开。关闭后应到现场检查百叶复位良好，以防雨水打入。当百叶复位不到位时，应人工复位。在人工复位百叶时注意防止其变形。

4. 当下雨时不得开启轴流风机，并检查百叶关闭良好。

5. 轴流风机运行检查应纳入定期切换试验管理，试验周期每月一次。应检查轴流风机运行良好，关闭后百叶复位良好。

6. 有人值班变电站由值班人员负责管理。无人值班变电站由操作班负责

管理，由值班门卫负责日常开启关闭并做好记录。操作班负责对其进行开关、检查、管理等培训。定期检查由操作班值班员进行。

7. 当轴流风机运行异常时应检查其电源、电机等是否良好。当不能处理时汇报变电工区处理。

三、变电站除湿机运行规定

1. 为改善各变电站室内设备运行条件，防止湿闪发生，各开关室及干式变压器室、电抗器室均配备了除湿机。

2. 各设备室应放置温度计、湿度计。在相对湿度达 70%时应开启除湿机。

3. 有人值班变电站应每天定时抄录设备室湿度；无人值班变电站应在每次巡视时抄录设备室湿度。

4. 除湿机运行后应检查出风口开启，出风正常。运行方式放在除湿状态，控制方式可放在 60%。

5. 除湿机的巡视检查周期同主设备巡视检查周期。对有排水管的还应检查其排水良好。无排水管的应在每日 8:00、14:00、20:00 检查其水箱内水位。当接水达其容积三分之二时应倒水。

6. 应经常保持除湿机的外部清洁。每季度应对除湿机的进气滤网进行一次清洁。

7. 有人值班变电站除湿机的运行管理由值班员负责；无人值班变电站除湿机的运行管理由运维班负责，日常检查与倒水由门卫进行。

8. 当除湿机运行异常或故障时报变电运检室处理。

模块十七 变电站设备测温规定

一、变电设备的测温周期

(1)运行电气设备的红外检测和诊断周期,应根据电气设备的重要性、电压等级、负荷率及环境条件等因素确定。

(2)一般情况下,应对全部设备一年检测二次,一次在夏季高峰负荷来临之前;一次安排在冬季高峰负荷时期。重要的枢纽站、重负荷站及运行环境恶劣或设备老化的变电站可适当缩短检测周期。

(3)新建、扩改建或大修的电气设备在带负荷后的一个月内(但最早不得少于24h)应进行一次红外检测和诊断,对110kV及以上的电压互感器、耦合电容器、避雷器等设备应进行准确测温,求出各元件的温升值,作为分析这些设备参数变化的原始资料。

(4)其他如有重要保电任务、重大节日等,由变电工区安排临时检测。

二、设备测温规定

(1)变电站设备测温应由运行人员进行。

(2)变电站设备测温时应对所有可能运行的设备进行测温。在测温日处于备用状态的设备,应在测温前向调度申请,以将设备投入运行,并尽可能带较大的负荷。如备用主变,可先将运行主变测温,然后将备用主变投入运行,将原运行主变转备用,经一段时间后再测温。

(3)测温结束后,测温人员应填写测温记录。对于温度异常的设备,应告知值班人员加强运行监视。对于达到缺陷的设备,上报生产技术部。再由检修专业人员进行复测(参见附表1)。

(4)对于载流量大的设备,或重要设备,或值班员巡视中怀疑温升较高的设备,在设备停役前进行检测,以便检修时消除缺陷。必要时用其他检测手段核实红外诊断的结果,检修后复查缺陷是否真正消除。

(5)红外检测和诊断的数据资料[包括现场记录、设备照片、设备热谱图、磁盘(卡)、录像带及图像计算机分析处理记录等],应妥善保管,立案存档。

(6)红外检测和诊断人员应及时提出检测诊断报告。

附:表1　部分电流致热型设备的相对温差判据

设备类型	相对温差值%		
	一般缺陷	重大缺陷	视同紧急缺陷
SF_6 断路器	≥20	≥80	≥95
真空断路器	≥20	≥80	≥95
充油套管	≥20	≥80	≥95
高压开关柜	≥35	≥80	≥95
空气断路器	≥50	≥80	≥95
隔离开关	≥35	≥80	≥95
其他导流设备	≥35	≥80	≥95
电抗器	≥35	≥80	≥95

相对温差指两个对应测点之间的温差与其中较热点的温升之比的百分数。相对温差 δ_t 可用下式求出：

$$\delta_t=(\tau_1-\tau_2)/\tau_1\times100\%=(T_1-T_2)/(T_1-T_0)\times100\% \tag{1}$$

式中：τ_1 和 τ_2 为发热点的温升和温度；T_1 和 T_2 为正常相对应点的温升和温度；T_0 为环境参照体的温度。

模块十八 变电站防小动物管理制度

为了保证变电站的安全运行，防止因小动物进入变电站设备区域造成设备故障、发生事故，特制定本规定。

一、变电站以下部位应进行封堵

(1)户外电缆沟进入室内时，应在墙壁处进行封堵。封堵应两边砌砖、中间填充细沙。

(2)户内两室之间的电缆沟，应在墙壁处进行封堵。封堵应两边砌砖、中间填充细沙。

(3)电缆室与其他室之间。

(4)保护屏、控制屏电缆孔洞。

(5)开关柜、端子箱、电源箱等电缆孔洞。

(6)电缆沟进水孔，出水孔。其封堵所用钢板网的孔洞应小于1.5cm。

二、变电站以下处应装防小动物挡板(挡板高度应不小于50cm)

(1)开关室门。

(2)电缆室门。

(3)位于一楼的主控制室门。

(4)电容器室门。

(5)蓄电池室门。

三、管理规定

(1)防小动物封堵严禁随意破坏。谁破封堵，谁恢复封堵。若工作中需破封堵，应在工作票许可前告之工作许可人，并准备恢复封堵材料、措施，否则工作许可人不得办理许可手续。在电缆应封堵处工作完成后，立即恢复封堵，并交由值班员检查验收合格。若为多日的工作，在当日工作中断时应采取临时封堵措施；当日工作收工后采取可靠的临时封堵措施，值班员检查合格。工作终结时，应恢复好封堵，并由值班员验收合格。

(2)防小动物挡板应常装上。因工作搬运物品临时拆除挡板，应在物品搬运完成后立即安装好防小动物挡板。

四、检查规定

(1)防小动物封堵定期检查每月一次。在工作中破封堵后并恢复封堵、值班员验收后,应在一周内由站长负责复查一次。

(2)户外电缆进出水封堵及防小动物检查每月一次。但在大雨、变电站电缆沟进水后应进行检查,防止异物堵住出水口。

(3)当检查发现封堵损坏,封堵不合格、完整,应立即恢复封堵,然后汇报工区,分析原因,追究人员责任。并检查相应电缆沟、室内是否有小动物痕迹,采取防范措施。

(4)防小动物检查应建立记录。

【思考与练习】

1. 提高巡视质量措施有哪些?
2. 变电设备危急缺陷有哪些?
3. 说说倒闸操作执行中双重监护的范围。

第十章 智能变电站发展及新一代智能设备

本章共6个模块实训项目内容，主要介绍变电站自动化技术发展、新一代智能变电站的优点、集成式隔离断路器、电子互感器系统、智能变压器和智能GIS设备。

模块一 变电站自动化技术的发展

一、常规变电站

将计算机技术和网络通信技术应用于变电站，取代强电一对一控制方式，实现站内监控和远方调控的有效整合。其典型结构是：站内由星形网络结构组成的主—从式运行模式，站内设备通信规约和变电站与电网控制之间的通信协议都是由设备生产厂家自己制定的，由于网络通信和数据模型不具备互操作性，所以站内智能电子装置设备的集成变得非常复杂，常规变电站的自动化系统存在的缺陷和不足有：

(1)智能电子装置设备间不具备直接通信能力；

(2)主站成为系统网络制约；

(3)站内自动化功能集中在主站中，形成了功能过度集中，系统运行依赖于主站；

(4)自动化问题突出集中在运行数据采集、显示和处理方面，不具备对全站整个系统完整的把握能力。

二、数字化变电站

数字变电站在以太网通信的基础上，模糊了一、二次设备的界限，实现了一、二次设备的初步融合。数字化变电站是由智能化一次设备和网络化二次设备分层构建，建立在IEC61850通信规范基础上，能够实现变电站内智能电气设备间信息共享和互操作的现代化变电站。数字变电站主要从满足变电站自身的需要出发，实现站内一、二次设备的数字化通信和控制，建立全站统一数据通信平台，侧重于在统一通信平台的基础上提高变电站内设备与系统间的互操作性。

数字变电站具有一定程度的设备集成和功能化的概念，要求站内应用的所有智能电子装置满足统一的标准，拥有统一的接口，以实现互操作性，智能电子装置分布安装于站内，其功能的整合以统一标准为纽带，利用网络通信实现。数字化变电站的优点：

(1)在数字化变电站条件下，用光缆通信代替控制电缆硬连接，由于同一根光纤介质可以传输的信息种类不受限制，完全取决于报文的内容，用一个光纤可以传递很多根电缆表达的信息，所以，可以将二次回路大为简化。

(2)电子式互感器杜绝了传统互感器的 TA 断线导致高压危险、TA 饱和影响差点饱和、CTV 暂态过程影响距离保护、铁磁谐振、绝缘油爆炸等问题。

(3)通过光纤传输，使用通信校验和自检技术，可提高信号的可靠性。如图 10－1 所示。

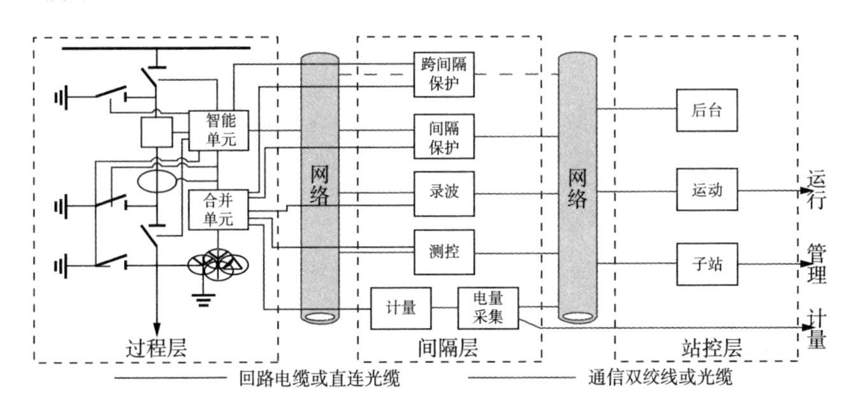

图 10－1　数字变电站

三、智能变电站

集成化是变电站自动化技术发展的趋势，从常规变电站到数字变电站，再到智能变电站，是变电站的设备和系统集成化程度越来越高的过程，智能变电站则从满足智能电网运行要求出发，比数字变电站更加注重变电站之间、变电站与调度中心之间信息的统一与功能的层次化。智能变电站建立全网统一的标准化信息平台作为平台的重要节点，提高其硬件与软件的标准化程度，以在全网范围内提高系统的整体运行水平为目标。

智能变电站采用先进、可靠、集成、低碳、环保的智能设备，智能变电站设备集成化程度更高，可以实现一、二次设备的一体化、智能化整合和集成。是以全站信息数字化、通信平台网络化、信息共享标准化为基本要求，自动完成信息采集、测量、控制、保护、计量和监测等基本功能，并可根据需要支持电网实时自动控制、智能调节、在线分析决策、协同互动等高级功能的变电站。

模块二　新一代智能变电站的优点

对于智能变电站的发展，可靠性的设备是变电站坚强和智能的基础，综合分析和自动协同控制是变电站的智能化的关键，设备信息数字化、功能集成化、结构紧凑化、检修状态化是发展方向。总体上，新一代智能变电站采用集成化智能设备和一体化业务系统，采用一体化设计，一体化供货、一体化调试模式，实现“占地少、造价省、可靠性高”的目标，以建成“系统高度集成、结构布局合理、装备先进适用、经济节能环保、支撑调控一体”的新一代智能变电站。

新一代智能站在原智能变电站基础上，系统高度集成、结构布局合理、装备先进适用、经济节能环保、支撑调控一体，从而实现高标准和高水平。智能变电站主要特点有：

(1)设备的高度集成，将现有的一次、二次设备的界限打破，变压器、断路器等综合智能组件将集成保护、测量、控制、计量、状态监测等功能，并将与一次设备进行融合，实现一次设备的高度集成，进而从一次设备智能化过渡到智能一次设备，电子式互感器和全光纤电子互感器将与合并单元进行高度集成或融合，同一间隔内的合并单元和智能终端进行集成。

(2)信息的标准统一，将实现全站信息的时间同步，同时能够实现变电站内部稳态、暂态和动态的全景信息的采集，为变电站高级应用功能的实现提供全面、准确、同步信息。

(3)系统协同互动，变电站设备或系统内部将采用高速总线或者信息总线、服务总线的方式实现数据的传输。变电站内部所有设备和系统对外信息的传输全部采用网络传输，传输接口采用电气以太网或光纤以太网，支持百兆或者千兆网络的传输，全站采用并行冗余协议和高可用无缝技术实现网络的安全稳定传输。

(4)系统的深入整合，把变电站内部现有的后台监控系统、故障录波系统、网络分析系统、状态监测系统、辅助控制系统等众多系统有效融合，构建变电站一体化监控系统，为调度(调控)中心和生产管理系统提供支撑。

(5)运维高效便捷，智能变电站具有自动化的调试、配置和检测工具及系统全部管理流程，使得整个变电站的调试、维护更加便捷，如系统全面的配置工具、智能巡检机器人等，同时智能变电站也将更加易于扩展、升级、改造和维护，适应未来发展变化的需求。

(6)高级应用的精细化和模块化，智能变电站将具备众多完善的高级应用功能，如顺序控制、源端维护、故障综合分析和智能告警、经济运行与优化控制、分布式状态估计等高级应用功能将日趋成熟和完善，同时各高级应用功能将按照模块化进行设计，在保证不同厂家独特实现方式的同时实现各功能数据输入和输出的标准化设计，实现不同高级应用模块之间的互操作性，为智能变电站今后的建设和升级维护提供便利。

(7)辅助应用的多元化，能够通过视频监控、3D技术等实现全站所有设备及功能可视化展示，让变电站的整个运行流程和环节更加透明，能够为运行维护提供便捷，各种辅助应用功能也将更将广泛，如新能源的接入、高性能的智能巡检机器人、高性能力滤波装置和无功补偿装置、地热等节能环保技术的应用，物联网技术也将在设备管理和状态监测中得到应用。

(8)全站的全寿命周期管理，智能变电站将以工程项目的建设施工、运行维护到设备回收的全过程为出发点，科学、合理考虑成本，最终实现建设成本与运行维护成本的最优、最小化，节约社会资源。

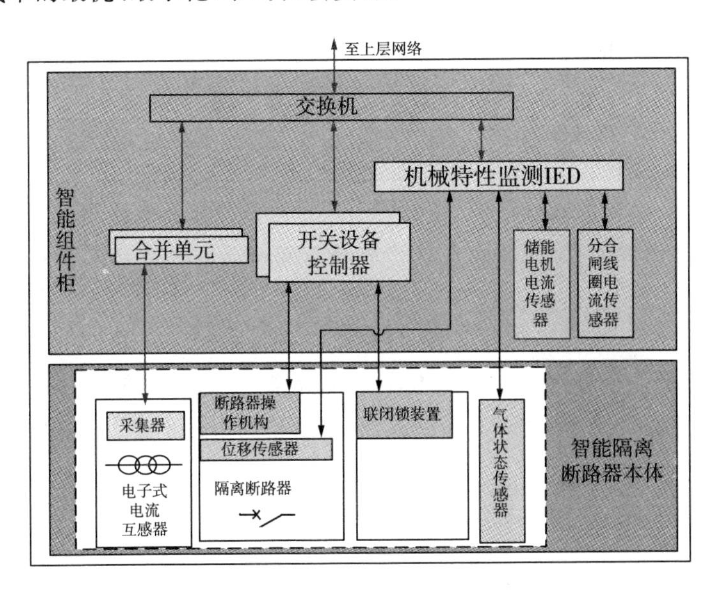

图 10-2　智能设备配置图

模块三 集成式隔离断路器

一、智能隔离断路器基本概念

随着断路器设备技术的进步和制造工艺的提高，断路器的可靠性越来越高，性能满足长时间不检修的要求，断路器对维护的要求逐步减少。但由于环境污染和制造工艺等因素的影响使得原来为方便检修断路器而设置的隔离开关反而成为高故障率设备故障的主要来源。新一代智能变电站采用智能隔离断路器，既可以优化断路器和隔离开关的检修策略，同时可以简化变电站设计，减少变电站内电力设备数量。

隔离断路器(Disconnecting circuit breaker)是触头处于分闸位置时满足隔离开关要求的断路器，其断路器端口的绝缘水平满足隔离开关绝缘水平的要求，而且集成了接地开关，增加了机械闭锁装置以提高安全可靠性。国际上于2005年10月，发布了交流隔离断路器的标准IEC62271－108:2005。该标准针对72.5kV及以上电压等级的隔离断路器给出了定义和使用要求。

在隔离断路器的基础上，集成接地开关、电子式电流互感器、电子式电压互感器、智能组件等部件，形成集成式智能隔离断路器。

二、隔离断路器的构成

一套智能隔离断路器包括三相隔离断路器、一台断路器机构、三相接地开关、台接地开关机构，一套隔离断路器与接地开关闭锁系统、三台电子式互感器和相关智能组件。

隔离断路器本体结构包括灭弧室、支柱E、拐臂盒三部分，灭弧室主体结构分为灭弧室套管、静端支座、压气缸装配、动端支座等部分。

电子式电流互感器的结构形式可分为分步安装式和整体套装式。

隔离断路器上的接地开关运动轨迹垂直于端子出线，接地开关结构内设有与隔离断路器关联的联锁装置。接地开关集成于隔离断路器线路侧，与隔离断路器共用支架。

隔离断路器的运行位置分为：合闸位置、分闸位置、隔离闭锁位置，具有锁定系统并可以在隔离开关位置上锁。

隔离断路器在动作过程中仅有一套运动触头，当处于分闸位置时，传统隔离开关功能通过隔离断路器灭弧室触头来实现，在隔离断路器灭弧室内，没有多余触头或部件用于隔离开关功能。隔离断路器有单相操作和三相机械联动两种操作方式，通常采用弹簧操动机构。额定电压245kV及以下采用单断口设计，362～420kV一般采用双断口设计。

三、智能隔离断路器关键技术

1. 端口绝缘设计技术

根据隔离断路器设计标准要求，断路器断口的绝缘水平必须达到隔离断口要求。与普通的隔离开关相比，隔离断路器的隔离端口还要具备灭弧功能。因此，要求隔离断路器在全新状态下和使用寿命末期具有同样高的绝缘性能，触头系统在使用寿命末期必须能够维持高的绝缘水平和开断能力，这种绝缘性能不能因为使用、老化、烧蚀或者表面污染而劣化。在设备设计过程中，必须充分考虑隔离断路器通过电流时的机械应力，开合过程中较大的电动力和物理烧蚀，以及机械磨损可能导致的绝缘劣化。为保证绝缘强度，需要从材料、结构和工艺三方面优化设计，确保隔离断路器在机械磨损和开断后的绝缘性能。

2. 闭锁系统设计技术

隔离断路器的闭锁系统是基于安全和与传统设备的操作兼容两方面来考虑的。由于隔离断路器取消了隔离开关，集成了接地开关，设备状态有了较大改变，设备机械状态由两个增加到四个，各个状态对应系统不同的状态。合理设计的闭锁系统可确保人员安全和防止误操作。闭锁系统设计还要考虑到与其他设备的配合问题。隔离断路器标准中关于"位置锁定"的规定如下：隔离断路器的设计应使得它们不能因为重力、风压、震动、合理的撞击或者意外的触及操作机构而脱离其分闸或者合闸位置。隔离断路器在其分闸位置应该具有临时的机械联锁装置。隔离断路器合闸、分闸对于接地开关应进行机械及电气闭锁。

3. 电子式电流互感器集成安装技术

随着电子式电流、电压互感器，光学电流、电压互感器技术的进步，为实现开关设备功能集成化创造了条件。新一代智能变电站示范工程中已经实现126kV隔离式断路器和电子式互感器的集成。采用有源式电子式电流互感器，有保护采用落实线圈、测量采用低功率线圈和保护测量共用罗氏线圈两种配置方式。采集器供电方式为激光电源和取能线圈双路供电。电子式电流互感器应该保证电磁兼容可靠性、机械振动可靠性、隔热可靠性。电子式电流互感器的结构形式可分为分布安装式和整体套装式。其中分布安装式电子式电流互感器集成于隔离断路器上，线圈和采集器分散放置。整体套装式的电子式电流互感器套装在隔离断路器下接线板上，电流从中间通过，光纤通过小的绝缘支柱与地绝缘，小的绝缘支柱紧密布置在断路器支柱旁边。

4. 智能化集成技术

隔离断路器的智能化集成技术的关键是传感器的集成。传感器的集成主要包括机械特性位移传感器与机构、SF_6气体特性传感器与管路、合分闸电流传感器与控制系统、机构的控制系统与智能终端的集成。应实现对SF_6气体压力、温度的监测，并通过监测断路器分合闸速度、分合闸和分合闸电流波形等机械特性，为确定断路器的机械寿命提供依据。

四、隔离功能实现原理

在隔离断路器中，断路器触头在断开位置时也具有隔离开关的功能。触头系统类似于常规的断路器，无须附加触头或连接系统。因此，隔离断路器必须同时满足相应的断路器标准与隔离开关标准。IEC于2005年发布了专门的隔离断路器标准——IEC62271－108，该标准的一个重要部分为组合功能试验。这些试验用于验证在隔离断路器使用期间不管触头上是否出现磨损，或灭弧时是否产生分解副产物，都必须满足隔离特性要求。为了满足这些要求，首先要验证开断和机械性能，然后验证隔离绝缘性能。

隔离断路器采用硅橡胶绝缘子，这些绝缘子具有疏水性，也就是说绝缘子表面的水会形成水珠。因此，使得绝缘子在污染环境下性能出色，断路器在分闸位置漏电流降至最小。

126kV隔离断路器在145kV断路器基础上开发，为三极机械联动形式，安装在同一横梁上，共用一台弹簧操作机构。252kV隔离断路器在252kV双动断路器基础上开发，分相操作。

隔离断路器要求灭弧室断口在全生命周期内，尽管有操作造成的接触磨损和很多开断引起的电弧分解物，但是断口间绝缘性能不会下降。因此DCB采用优良的灭弧室结构，动作过程中仅有一套运动触头，没有多余的触头和部件用于隔离开关的功能，但是隔离断路器断口在分闸位置时可以实现隔离开关的功能。隔离断路器及接地开关如图10－3所示。

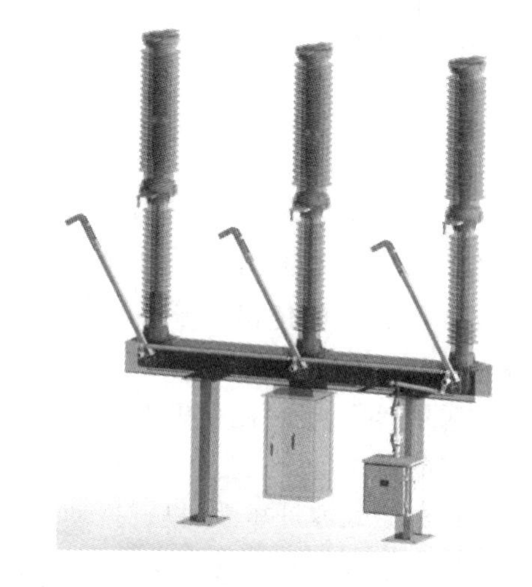

图10－3　126kV隔离断路器及接地开关图

五、智能隔离断路器是在隔离断路器本体的基础上集成以下智能系统

1. 机械特性及 SF_6 气体状态监测系统

机械特性监测的参数主要包括：分合闸速度、时间和分合闸线圈电流波形等机械特性。SF_6 气体监测可同时监测 SF_6 气体压力、温度和密度等，并上传给状态监测 IED 进行处理。

2. 智能控制系统

系统包括传统控制回路和开关设备控制器（即智能终端），能够实现开关设备测量数字化、控制网络化的功能。

3. 隔离闭锁系统

隔离闭锁系统包括：机械闭锁系统和电气闭锁系统。

机械闭锁包括：断路器分闸状态闭锁机构和断路器合闸状态时接地开关的闭锁电气闭锁实现方法：

（1）当隔离断路器合闸时，闭锁装置和接地开关都被锁在分闸位置；

（2）当隔离断路器分闸、闭锁装置未启动时，隔离断路器和闭锁装置均可以操作，但接地开关操作被限制。

（3）接地开关分闸、闭锁装置未启动时，断路器可以操作，接地开关操作被限制；

（4）接地开关分闸，闭锁装置启动时，断路器被锁在分闸位置，接地开关可以操作；隔离断路器分闸、闭锁装置启动时，接地开关可以操作，隔离断路器被锁在分闸位置。

（5）接地开关合闸时，闭锁装置和隔离断路器均不能操作。

六、隔离断路器特点

1. 开断性能和绝缘性能好

先进的灭弧室结构具有良好的机械性能，操作异物少；断口绝缘性能优良，绝缘裕度足够大；开断性能优异，开断后绝缘性能依然完好。

2. 高集成化设计

隔离断路器可以集成接地开关、电子式电流互感器，有效节约占地面积，并可配用智能化模块，实现开关本体的智能控制、本体运行状态与控制状态智能评估和支持电网优化运行等智能化功能。

3. 现场安装方便

隔离断路器、接地开关、智能控制柜等元件在出厂时已经调试完毕，现场只

需要将元件组合安装，简单复测即可。

4. 运行维护工作量小

集成式智能隔离断路器元件少、可靠性高，运行维护工作量小。

5. 硅橡胶复合套管

耐污秽等级高，漏露电流小，防爆，不易破碎，安全性高。

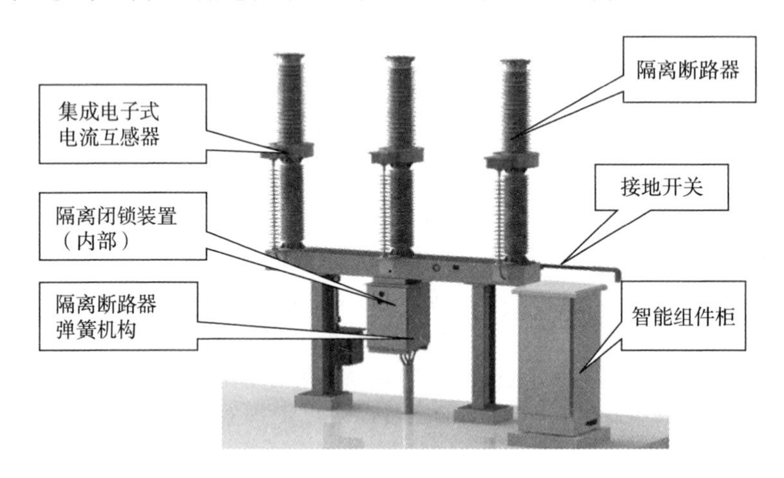

图 10－4 110kV 隔离断路器图

126kV 集成式智能隔离断路器为三相机械联动式，每相包括：集成式智能隔离断路器、断路器机构、接地开关、接地开关机构、闭锁装置、智能化组件。具体产品外观如图 10－4 所示。

252kV 集成式智能隔离断路器为分相式，每相包括：集成式智能隔离断路器、断路器机构、接地开关、接地开关机构、闭锁装置、智能化组件、电子式电流互感器。

集成安装的全光纤电流互感器敏感环安装于断路器灭弧室与光纤复合套管连接处的导电支撑法兰内，敏感环通过保偏光纤经由光纤复合套管与安装于底座上的全光纤电流互感器电气单元相连。

七、隔离断路器的应用

近年来，各种先进技术在电网中广泛应用，智能化已成为电网发展的必然趋势。随着断路器技术的变革，可靠性大幅提升，如今断路器维修周期可达到15 年以上，所以在电站设计时更多地考虑架空线、变压器、电抗器等的维护。因此，变电站的设计原则由原来的断路器两端设置隔离开关改为将隔离功能集成到断路器中，因此创造了一个新的产品，隔离式断路器(简称 DCB)。

集成式隔离断路器的应用改变了多年来成熟而又习惯的电气接线方式。大大提高了一次设备的集成度，简化了电气接线。当出线上无 T 接线，或有 T 接线但线路允许停电时，取消线路侧隔离开关；当接线为单母线（分段）时，同名回路应布置在不同母线上，AIS 可取消母线侧隔离开关。

气体绝缘母线（GIB）的应用使得配电装置尺寸较常规 AIS 方案大大缩减，与集成式隔离断路器组合使用效果更加明显，且不丧失接线和扩建的灵活性。

集成在隔离断路器内的电子式互感器不占用独立的安装位置，且数字化输出的特性使其较传统的互感器更具优势。

采用集成式隔离断路器可以大大简化系统的设计和接线方式、优化检修策略，具有减少设备用量、减小电站占地面积以及节约成本等诸多优势，这是智能电网发展的必然产物。

隔离断路器是基于设备高可靠理念研发出的产品，其运行维护必须基于高可靠性的前提。

隔离断路器的概念提出，是基于一个简单事实，即开关设备的设计制造工艺大大提高了设备可靠性，从而使得变电站设计理念可以从基于运行灵活检修方便的角度转变到基于结构简单、可用性高可靠性高的角度，也即是从维护的角度转变到可用率的角度。

隔离式断路器的研发，是敞开式断路器技术发展的一个必然结果。敞开式断路器的可靠性越来越高，故障率越来越低，其可靠性能够满足系统的需求，从而使得把隔离开关从系统中移除成为可能。

集成式智能隔离断路器先进、可靠、集成、低碳、环保，同时具备测量数字化、控制网络化、状态可视化、功能一体化和信息互动化等所有智能变电站所需要具备的条件，并且大大减少了用地面积及电力设备使用量，简化了电站设计，降低了设备故障率。在国网公司最新提出的新一代智能变电站中，集成式智能隔离断路器必将成为变电站中不可或缺的设备之一。

模块四　电子式互感器系统

采用电子式电流互感器，并就地转换成数字信号上传给合并单元；合并单元接收到数据后进行整合并上传至上层网络。电子式电流互感器采用低功率铁芯线圈（LPCT）传感测量电流，采用空芯线圈传感保护电流，使电流互感器具有较高的测量准确度、较大的动态范围及较好的暂态特性，利用基于激光供电的远端模块就地采集LPCT及空芯线圈输出信号，抗干扰能力强，利用悬式复合绝缘子保证对地绝缘。电子式互感器的空芯线圈及远端模块可根据工程需求进行双重化冗余配置。

互感器与隔离断路器整合为一体（图10－5），适应了新一代智能化变电站技术发展的要求。

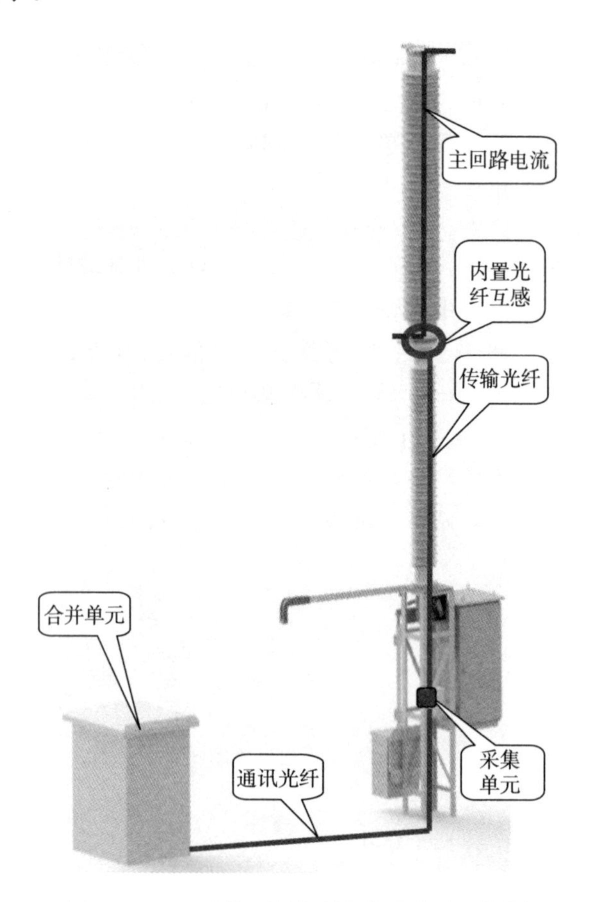

图10－5　互感器与隔离断路器整合为一体图

隔离式断路器集成安装的全光纤电子式电流互感器敏感环安装于断路器灭弧室与光纤复合套管连接处的导电支撑法兰内，全光纤电流互感器敏感环通过保偏光纤经由光纤复合套管与安装于底座上的全光纤电流互感器电气单元相连；导电支撑法兰下端面与光纤复合套管法兰进行连接，导电支撑法兰上端面与过渡法兰进行紧密连接，过渡法兰与断路器灭弧室法兰进行连接，绝缘外罩安装于过渡法兰与导电支撑法兰之间，接线端子板与导电支撑法兰之间进行连接，每个法兰安装连接面均采用 O 型密封圈进行密封。

全光纤电流互感器采用保偏光纤为测量电流敏感环，采用传输光纤传输光纤信号。基于法拉第磁光效应及安培环路定理，通过 sagnac 干涉仪精密测量及闭环控制技术，准确测量 Faraday 旋光角从而测量一次电流。

电流全光纤互感器完全集成在隔离断路器内部，没有外露部分，更加美观、环保，完全适应了智能变电站技术发展的需要(图 10－6)。

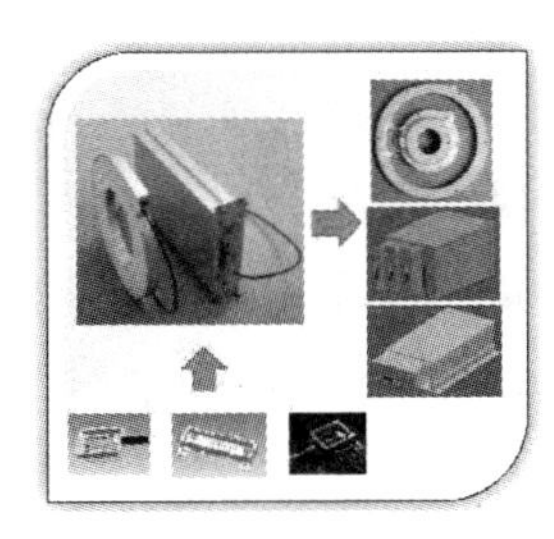

图 10－6　全光纤电流互感器整体效果图

内置光纤支柱复合套管支柱套管包埋光纤，将光纤螺旋式缠绕在环氧芯棒外壁，再进行套管硅橡胶伞群浇筑，如图 10－7 所示。从支柱套管下端法兰侧面引出光纤，光纤由波纹管保护，通过支架附属的镀锌钢管，延伸到全光纤电流互感器采集单元进行光纤熔接。采集单元安装于置于地面的二次智能柜中。

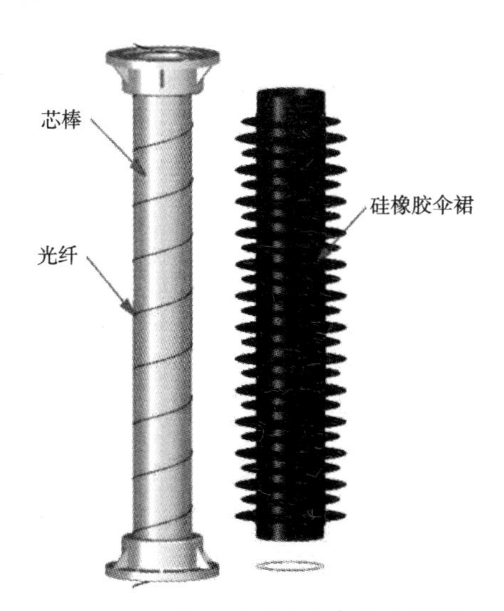

图 10－7　内置光纤支柱复合套管图

模块五　智能变压器

一、智能变压器基本概念

电力变压器是电力系统中重要的电气设备，是利用电磁感应的原理来改变交流电压的装置，变压器技术的发展趋势具备超(特)高压、大容量、少油甚至无油化智能化等特点，智能变压器是指一个能够在智能系统环境下，通过网络与其他设备或系统进行交互的变压器。配置内置或外置的各类传感器和执行器，在智能组件的管理下，保证变压器在安全、可靠、经济的条件下运行。

变压器的智能化、一体化和节能环保是新一代智能变电站的基本要求，在现阶段示范工程中应用的智能变压器仍保持"变压器本体＋智能组件结构"，一次设备本体部分没有本质的变化，套管 CT 根据主接线需求取消。

智能变压器的智能化主要体现在四个方面：一是测量就地数字化，与运行、控制直接相关的参量，如油位、分接开关、油温等实现就地数字化测量：二是控制功能网络化，实现有载调压开关基于变电站网络的智能化控制：三是状态评估可视化，以传感器信息为基础，对变压器的运行、控制状态进行评估并形成可视信息；四是信息交互自动化，评估信息应上传至调控中心和管理系统，支持调控的协调优化控制和变压器状态检修。

智能变压器的一体化设计对传感器、智能组件及组合形式提出新的要求。传感器安装需要在设备制造时与设备本体一体化设计，对于预埋在设备内部的传感器，其设计寿命不小于被监测设备的使用寿命：智能组件采用嵌入式模块化功能设计，在提高智能组件的抗干扰能力及电磁兼容性能的基础上，提高二次设备的使用寿命。同时在一体化设计和制造的基础上，实现一体化调试和试验。

智能变压器应满足节能环保的要求。变压器损耗在电网损耗中占很大的比重，因此使用节能型电网设备来提高电网的运营效率显得更加迫切。从全寿命周期管理的角度分析，降低变压器在全寿命周期内的损耗将对降低电网的运营成本意义重大。

二、智能变压器技术原理

1. 智能变压器的构成

智能变压器是计算机技术、电力电子技术和通信技术和变压器技术不断融

合的结果,它主要由如下几个部分组成:

(1)变压器基本部件,变压器的基本功能是电压变换,因此其基本部件必须具备这一功能,变压器有油浸、F 式等不同的结构之分,有铁芯与非铁芯、硅钢片与非晶合金等不同的材料选用,满足不同的应用场合需求。

(2)智能控制部件,变压器作为电网输配电的重要环节,在进行电压变换的同时,也应具有电压质量调节控制等功能,这要依靠优良性能的控制部件来实现,现有的电压质量调节实现方式,分无载调压和有载调压两种,即通过无励磁开关或者机械式有载分接开关等控制部件实现有级调压,由于机械式有载开关寿命低、可靠性差、切换有电弧,因此实际使用效果不能满足电压调节快速、可靠动作的要求。目前,一种用于配电网的光控电子式有载分接开关已经研发成功,其可频繁动作,寿命长、快速响应、无电弧、可分相操作的良好技术特性为电网电压稳定和变压器经济运行提供了良好的实现手段。

(3)主控单元,作为变压器智能核心,应有强大的数据采集、处理、通信、存储功能,对变压器运行参数例如电压、电流、功率、功率因数、温度等进行监测并根据控制则实时控制,实现遥信、遥测、遥控功能。在变压器供电回路出现故障时还应及时报警,为检修人员快速定位和处理故障提供良好的帮助。

(4)传感、检测、传输装置。传感检测装置部分采用模块化、组合式结构,具有体积小、配置灵活、安装方便的特点。通过它,可实现对变压器运行状态的实时在线监控,传输系统可以实现变压器系统的智能通信并可以传输信号给灵活控制部件如新型光控电子式有载分接开关稳定或调节电压实现最优运行。通信接口规约应采用开放性规约,符合 IEC61850 国际标准要求。接口采用电口或者光口,满足高速通信和可靠通信的要求。

2. 智能变压器的功能

变压器应具有变压传输电能的作用,智能变压器相比于常规的变压器,其智能化主要体现在:具有良好的通信接口、信息管理、状态诊断与评估运行数据监测和故障报警功能及与配网 SCADA 系统交换数据、负荷控制功能,具有其他高级功能例如良好的自适应能力优化运行实现电压稳定和自动补偿功能。各部分的功能简单描述如下:

通信接口:采用电口 RS485/RS232 或者光纤口,通信规约应符合 IEC61850 国际标准。

信息管理:记录设备运行参数,为检修和设备管理提供信息。

状态诊断与评估:智能在线监测、故障诊断,实现状态检修,减少人力维护成本,提高设备可靠率。

运行数据监测和故障报警:实现遥信遥测遥控功能,并实时发送运行数据和故障报警信息;主要处理的数据有:电流、电压、有功、无功、功率因数、温度变压器使用寿命计算以及其他必要的统计数据。

保护功能:对于内部器件损坏引起的故障应有完善的保护并与系统的微机保护装置进行接口通信,实现保护智能化,一般采用提供交直流通用的干接点方式。

运行控制功能:具有优化运行,灵活控制及自适应能力。例如实现智能温控、电压自动调整,无功补偿控制、可按照负荷情况选择变压运行方式、按照最优经济运行曲线运行实现损耗最低。

3. 智能变压器结构

目前智能变压器主要覆盖252kV、126kV等级,变压器一般为三相三绕组有载调压或无励磁调压变压器,三相三柱式铁芯结构,高压端部出线,采用电缆或架空出线方式,片式散热分体式布置的结构。

(1)硅钢片采用优质高导磁硅钢片,铁芯打叠,上下轭采用不断轭片型;铁芯级间加减震胶垫;采用铁芯撑圆结构,级间用圆木棒撑紧,拉板及主级处采用撑圆纸板;铁芯绑扎采用聚酯带,侧梁增加梯形木,端面采用垫块固定;铁芯垫脚和油箱之间增加减震胶垫;拄制硅钢片毛刺<0.02m,采用铁芯预叠工艺,从而有效保证铁芯的空载性能和噪音等参数。

(2)绕组导线材料采用半硬铜。高压绕组为连续式,采用三组合导线,在整个线圈高度上完成二次循环换位,中压绕组为连续式;低压绕组为单螺旋式,调压绕组为四螺旋式;中、低压绕组采用白黏性换位导线,低压绕组采用硬纸筒结构,全部绕组增加外撑条。

(3)器身采用整体套装、恒压干燥工艺,低压变压器器身端圈设计有防硬纸筒滑动结构:器身压紧采用压块结构,上定位采用偏心圆结构。

(4)为降低杂散损耗值,在油箱长轴方向高低压侧及短轴方向储油柜侧增加12mm磁屏蔽。

(5)上梁增加箱盖防塌陷梯形木。

(6)油箱整体结构采用钟罩式。上节油箱为槽型加强铁结构,箱壁钢板根据变压器尺寸采用定制钢板,箱壁无拼接焊缝;箱体吊攀布置在上节油箱;箱顶布置有防变形措施,箱壁取消高压、高零套管观察毛孔。

(7)下节油箱为船型槽型结构,其放油阀在断路器侧,将千斤顶布置在下节油箱。

4. 智能变压器关键技术

(1)本体结构优化技术。在变压器计算仿真的技术上,对变压器本体进行优化设计,改善变压器的结构和体积,实现变压器本体的小型化、紧凑化设计,降低损耗保证本体的高可靠性。

(2)电子式互感器集成安装技术。变压器用电子式互感器目前主要有两种安装方式:一是安装在变压器油内;二是安装在变压器本体外侧。第一种方式需要考虑在线圈电场屏蔽、线圈骨架和壳体老化和绝缘、检修便利性等问题,第二种方式没有以上问题,因此目前采用的方案一般优先选择本体外的安装方式。

(3)智能化集成技术。智能变压器需要配置必要的传感器和智能组件,以满足变压器本体测控、监测和保护的需要,实现油中溶解气体检测、有载调压开关控制、冷却器控制、绕组温度监测等功能,对变压器运行状态和控制状态进行智能评估,传感器采集变压器本体的特征参量,智能组件采集传感器信息,合并单元采集系统电压、电流数据等,按 IEC61850 的通信规约要求,以 MMS 报文和 GOOSE 报文的形式输给测控装置、保护装置和监控后台。在接受远方控制命令进行出口控制的同时,智能组件可结合变压器的就地运行情况实现智能化的非电量保护、风冷控制、有载分接开关控制及运行状态的监视和综合判断功能。

模块六　智能 GIS 设备

一、智能 GIS 基本概念

气体绝缘金属封闭设备(Gas Insulated Switchgear,GIS)是将变电站中的部分高压电气元件成套组合在一起,包括断路器、隔离开关、接地开关、电流互感器、电压互感器、氧化锌避雷器、主母线、出线套管、电缆连接装置、变压器直连装置和间隔汇控柜等基本元件,利用 SF 气体的优良绝缘性能的灭弧性能使设备得以小型化,在 72.5kV 以上电网中应用广泛。

为减少变电站尤其是城市中变电站的占地面积,新一代智能变电站对一次设备自身的尺寸及灵活布置、智能化程度等提出了更高要求。智能 GIS 应是具有相关测量、控制、计量和保护功能的数字化一次设备,可实现"自我参量检测、就地综合评估、实时状态预报"等自我诊断功能,智能 GIS 应提高本体监测的有效性和准确性,达到可实时监控 GIS 运行状态的目的,同时应以 GIS 设备为核心考虑将状态监测传感器与 GIS 进行一体化设计,使 GIS 设备结构更加紧凑、设计更加合理、绝缘更加可靠;在智能组件中将相关测量、控制、计量、监测、保护进行融合设计,实现对设备的智能化控制;进一步优化智能控制柜的结构、尺寸,使设备整体可操作性、可维护性得到全面提升。

二、智能 GIS 技术原理

1. 智能 GIS 的结构

新一代智能变电站概念设计中,智能 GIS 设备仍保留了"G1S 一次部分+智能组件"的结构,一次部分采用电子式互感器代替常规互感器,二次部分增加了相应智能组件。智能组件包括智能终端、合并单元、断路器特性监测 IED、断路器监测行程传感器、断路器监测电流传感器、SF_6 气体状态监测传感器、局部放电在线监测 IED、局部放电在线监测传感器、测量 IED、监测主 IED、网络交换机等。

2. 智能 GIS 的关键技术

(1)本体结构优化技术

国内先进的 GIS 产品和传统的高压组合电器相比,应用有限元分析软件、全过程质量特性链、尺寸链分析、失效模式与影响分析等先进研发工具,在确保产品性能安全、稳定、可靠的基础上,实现了小型化的设计,以整间隔运输。

252kV GIS 采用断路器卧式布置，整间隔成 U 形布置结构，重心低，结构紧凑，开关操作对地面冲击小，抗震性能更高，稳定性强。主母线和三工位隔离开关三相共箱，其余部件三相分箱结构。气体密封面和结合面减少，大大降低了漏气率。

(2)电子式互感器集成安装技术

电子式互感器安装在 GIS 设备内部，需要考虑在强电磁干扰的影响下提供精确的测量数据。一方面，需要具备抗干扰技术，GIS 用电子式互感器采用一体化屏蔽设计技术，同时对各环节的接地及远端模块抗干扰性能进行优化设计，使远端模块具有很好的抗传导干扰及抗辐射干扰能力。另一方面，需要具备良好的集成技术，GIS 电子式电流、电压互感器具有三相分箱及三相共箱两种形式，三相共箱 GIS 电子式电流、电压互感器的电容分压器采用凸环屏蔽设计技术，很好地解决了三相电压测量间易相互影响的问题；远端模块安装于接地罐体外侧的专用屏蔽箱体内，远端模块箱体和罐体为一体化结构，远端模块具有很好的抗电磁干扰性能，远端模块采用两路独立模拟采样回路，完成双重化采样，实时比较、校验两路采样值，实现采样回路硬件自检功能，避免采样引起保护误动。

(3)智能化集成技术

GIS 设备智能化实现方式与敞开式设备基本相同，主要在于结合一、二次设备特点，优化智能终端、合并单元与 GIS 之间的电器回路以及电源供电回路，减少一、二次接口间的过渡端子及电气接线。智能终端安装于就地智能控制柜中，将断路器控制回路和智能终端的断路器操作回路进行一体化优化设计，集成“检修、就地、远方”三种控制方式。

【思考与练习】

1. 新一代智能变电站有哪些优点？
2. 叙述一下智能变压器的结构。
3. 集成式隔离断路器的特点有哪些？

附录1 术语与定义

智能变电站 smart substation

采用先进、可靠、集成、低碳和环保的智能设备,以全站信息数字化、通信平台网络化、信息共享标准化为基本要求,自动完成信息采集、测量、控制、保护、计量和监测等基本功能,并可根据需要支持电网实时自动控制、智能调节、在线分析决策、协同互动等高级功能的变电站。

新一代智能变电站 new generation smart substation

新一代智能变电站是以"系统高度集成、结构布局合理、装备先进适用、经济节能环保、支撑调控一体"为目标,以功能需求为导向,远近结合,既有创新,又具有可操作性。从被动的选择已有产品转变为主动引导设备研制,构建了以集成化智能设备、一体化业务系统及站内统一信息流为特征的智能变电站。

智能终端 intelligent terminal

一种智能组件。与一次设备采用电缆连接,与保护、测控等二次设备采用光纤连接,实现对一次设备(如:断路器、刀闸、主变等)的测量、控制等功能。

智能单元 smart unit

智能组件的一个功能单元。传统一次设备的智能化接口,通过电缆或光缆与一次设备直连,具备网络接口与变电站网络连接,实现对开关设备、变压器等一次设备的信号采集、控制等功能。

智能组件 intelligent component

由若干智能电子装置集合组成,承担与宿主设备相关的测量、控制和监测等基本功能。在满足相关标准要求时,还可承担计量、保护等功能。

智能电子装置 intelligent electronic device (IED)

一种带有处理器,具有以下全部或部分功能的装置:(1)采集或处理数据;(2)接收或发送数据;(3)接收或发送控制指令;(4)执行控制指令。如具有智能特征的变压器有载分接开关的控制器、具有自诊断功能的现场局部放电监测仪等。

测量单元 measurement unit

实现对一次设备各类信息采集功能的元件，是智能组件的组成部分。

控制单元 control unit

接收、执行指令，反馈执行信息，实现对一次设备控制功能的元件，是智能组件的组成部分。

保护单元 protection unit

实现对一次设备保护功能的元件，是智能组件的组成部分。

计量单元 metering unit

实现电能量计量功能的元件，是智能组件的组成部分。

状态监测单元 detecting unit

实现对一次设备状态监测功能的元件，是智能组件的组成部分。

合并单元 merging unit

用以对来自二次转换器的电流或电压数据进行时间相关组合的物理单元。合并单元可以是互感器的一个组成件，也可以是一个分立单元。

电子式互感器 electronic instrument transformer

一种装置，由连接到传输系统和二次转换器的一个或多个电流或电压传感器组成，用于传输正比于被测量的量，供给测量仪器、仪表和继电保护或控制装置。

电子式电流互感器 electronic current transformer;ECT

一种电子式互感器，在正常适用条件下，其二次转换器的输出实质上正比于一次电流，且相位差在联结方向正确时接近于已知相位角。

电子式电压互感器 electronic voltage transformer;EVT

一种电子式互感器，在正常适用条件下，其二次电压实质上正比于一次电压，且相位差在联结方向正确时接近于已知相位角。

电子式电流电压互感器 electronic current & voltage transformer;ECVT

一种电子式互感器，由电子式电流互感器和电子式电压互感器组合而成。

智能隔离断路器 intelligent disconnecting circuit breaker

是触头处于分闸位置时满足隔离开关要求的断路器，其断路器端口的绝缘水平满足隔离开关绝缘水平的要求。智能隔离断路器可以优化断路器和隔离开关的检修策略，同时可以简化变电站设计，减少变电站内电力设备数量。

智能变压器 intelligent transformer

是指一个能够在智能系统环境下，通过网络与其他设备或系统进行交互的变压器。配置内置或外置的各类传感器和执行器，在智能组件的管理下，保证变压器在安全、可靠、经济的条件下运行。

智能 GIS intelligent gas insulated switchgear

是具有相关测量、控制、计量和保护功能的数字化一次设备，可实现“自我参量检测、就地综合评估、实时状态预报”等自我诊断功能。

设备状态监测 on－Line monitoring of equipment

通过传感器、计算机、通信网络等技术，获取设备的各种特征参量并结合专家系统分析，及早发现设备潜在故障。

状态检修 condition－based maintenance

状态检修是企业以安全、可靠性、环境、成本为基础，通过设备状态评价、风险评估、检修决策，达到运行安全可靠、检修成本合理的一种检修策略。

制造报文规范 MMS manufacturing message specification

是ISO/IEC9506标准所定义的一套用于工业控制系统的通信协议。MMS规范了工业领域具有通信能力的智能传感器、智能电子设备（IED）、智能控制设备的通信行为，使出自不同制造商的设备之间具有互操作性（Interoperation）.

面向变电站事件通用对象服务 GOOSE generic object oriented substation event

是一种面向通用对象的变电站事件，主要用于实现在多个具有保护功能的IED之间实现保护功能的闭锁和跳闸，它具有高传输成功概率。

GOOSE **压板** GOOSE isolator

实现保护装置动作的跳合闸信号传输，用于解决信号选择性发送问题，对于发送方，GOOSE在判断发送压板投入后，再检测数据是否发生变化，从而决定是否启动新一轮发送流程；对于接收方，GOOSE在判断接收压板投入后，再将数据送给保护元件和跳闸元件，收到GOOSE元件传过来的数据后，保护元件和跳闸元件会首先检查GOOSE元件送过来的链路状态信息，然后再对GOOSE数据进行相应处理，或清零，或置1。

互操作性 interoperability

来自相同或不同制造商的两个以上智能电子设备交换信息、使用信息以正确执行规定功能的能力。

互换性 interchangeability

利用相同通信接口，替换同一厂家或不同厂家的装置，能提供相同功能，并对系统的其他部分没有影响。

一致性测试 conformance test

检验通信信道上数据流与标准条件的一致性，涉及访问组织、格式、位序列时间同步、定时、信号格式和电平、对错误的反应等。执行一致性测试，证明与标准特定描述部分相一致。一致性测试应由通过 ISO9001 验证的组织或系统集成者进行。

顺序控制 sequence control

发出整批指令，由系统根据设备状态信息变化情况判断每步操作是否到位，确认到位后自动执行下一指令，直至执行完所有指令。

交换机 switch

一种有源的网络元件。交换机连接两个或多个子网，子网本身可由数个网段通过转发器连接而成。

站域控制 substation area control

通过对变电站内信息的分布协同利用或集中处理判断，实现站内自动控制功能的装置或系统。

站域保护 substation area protection

一种基于变电站统一采集的实时信息，以集中分析或分布协同方式判定故障，自动调整动作决策的继电保护。

分布式保护 distributed protection

分布式保护面向间隔，由若干单元装置组成，功能分布实现。

就地安装保护 locally installed protection

在一次配电装置场地内紧邻被保护设备安装的维电保护设备。

采样值 Sampled value SV

采样值数字化传输信息，基于发布/订阅机制，交换采样数据集中的采样值的相关模型对象和服务，以及这些模型对象和服务到 ISO/IEC8802－3 之间的映射。

软压板 virtual isolator

通过装置的软件实现保护功能或自动功能等投退的压板。该压板投退状态应被保存并掉电保持,可查看户通过通信上送,装置应支持单个软压板的投退命令。

SV软压板 SV virtual isolator

即数据接收压板。按M投入状态控制本端是否接收处理采样数据,正常不进行操作,但是主变保护等跨间隔保护中单间隔MU投入压板需要在单间隔检修时操作。

虚拟局域网 virtual local area network: VLAN

是一种将局域网设备从逻辑上划分成一个个网段,从而实现虚拟工作组的新数据交换技术,主要应用于交换机之中。

ED能力描述文件 IED Capability description;ICD文件

由装置厂商提供给系统集成厂商,该文件描述IED提供的基本数据模型及服务,但不包含IED实例名称和通信参数。

系统规格文件 System Specification Description;SSD文件

应全站唯一,该文件描述变电站一次系统结构以及相关联的逻辑节点,含在SCD文件中。

全站系统配置文件 Substation Configuration Description;SCD文件

应全站唯一,该文件描述所有IED的实例配置和通信参数、IFD之间的通信配置以及变电站一次系统结构,由系统集成厂商完成,SCD文件应包含版本修改信息,明确描述修改时间、修改版本号等内容。

IED实例配置文件 Configured IED Description: CID文件

每个装置有一个,由装置厂商根据SCD文件中本IED相关配置生成。

监测功能组 monitoring function group

当有一个以上IED用于监测时,宜设监测功能组。监测功能组设一个IED承担全部监测结果的综合分析,并与相关系统进行信息互动。

智能辅助系统 smart auxiliary system

立足于“控制与防止”将图像压缩处理技术、流媒体管理技术、数据(图像及视频)传输技术、图模识别技术、自动控制技术、智能报警技术,C/S(或B/S)浏览技术应用到变电站环境监测及安全监控领域,实现变电站安全监控、环境综合监测的数字化、智能化、网络化,以利于电网运行人员根据系统提供的信息,准确地掌握电网设备的实时运行数据,同时对电网设备和变电站周围环境进行图像监测以便及时地发现和预防外力和人为因素对变电所设备的破坏，提高电网的安全运行水平。

网络分析仪 network analyzer

完整地记录整个智能变电站中各智能单元之间的通信过程，重现事件的整个通信过程，为以后的事故分析提供依据。

设备状态可视化 equipment state visualization

采集主要一次设备(变压器、断路器等)状态信息，进行状态可视化展示并发送到上级系统，使得变电站中主设备的设备状态可以随时得到监视。

智能告警及分析决策 intelligent alarm and analysis decision

建立变电站故障信息的逻辑和推理模型，实现对故障告警信息的分类和过滤，对边站的运行状态进行在线实时分析和推理，自动报告变电站异常并提出故障处理指导意见。

故障信息综合分析决策 comprehensive analysis decision of fault information

发生电力系统事故或故障情况下，系统根据获取的各种信息，自动为值班人员提供一个事故分析报告并给出事故处理预案，便于迅速判定事故原因和应采取的措施，且可为人工分析直接提供相关数据信息。

经济运行及优化控制 economic operation and optimal control

根据变电站实时运行情况，运用数学模型算法综合利用变压器自动调压、无功补偿设备自动调节等手段，支持变电站及智能电网调度技术，支持系统安全经济运行及优化控制。

虚端子 virtual terminator

是一种虚拟端子，描述 IED 设备的 GOOSE、SV 输入、输出信号连接点的总称，用以标识过程层、间隔层及其之间联系的二次回路信号，等同于传统变电站的屏端子。虚端子联系是由全站 SCD 配置文件给出的。

IRIG - B 码对时 Inter Range Instrumentation Group time synchronization

一种编码对时方式。IRIG 码是美国靶场司令委员会制定的一种对时标准，广泛应用于军事、商业、工业等诸多领域，IRIG 码共有 6 种串行二进制时间码格式：IRIG - A、B、D、E、G、H，主要的区别是时间码的速率不同，最常用的是 IRIG - B 时间码格式。B 码是每秒一帧的时间串码，每个码元宽度为 10ms，一个时帧周期包括 100 个码元，其每秒钟输出一帧含有时间、日期和年份的时钟信息，这种对时比较准确，IRIG - B 作为一种新型的对时标准，可以实现多台设备的高精度对时，并且直接简单，抗干扰能力强。

简单网络时间协议对时 simple network time protocol(SNTP)time synchronization

一种网络对时方式。SNTP 是一个简化的网络传输协议(NTP)服务器和 NTP 客户端决策,它提供了全面访问国家时间和频率传播服务的机制,组织时间同步子网且为参加子网的每一个地方时钟调整时间,精确度一般可达 1～59ms,精度的大小取决于同步源和网络路径等特性,在 IFC61850 中规定的时间同步协议就是 SNTP。

IEEE1588 对时 IEEEl588 time synchronization

基于外部统一时钟源进行对时方式的一种,其有精准时间源的主时钟(Master)通过网络报文的方式与从时钟(Slave)进行时间同步,能够实现亚微秒级的对时精度。

秒脉冲对时 pulse per second(PPS)time synchronization

一种脉冲对时方式。利用 GPS 输出的每秒一个脉冲方式进行时间同步校准,获得与 UTC(协调世界时)同步的时间,上升沿的时间误差不大于 1us,是国内外 IED 用的对时方式。

UTC 时间 UTC time

协调世界时,又称世界统一时间、世界标准时间、国际协调时间,简称 UTC,目前智能变电站适用的 IEC61850 协议用的就是 UTC 时间,而非北京时间,其起始时刻为 1970 年 1 月 1 日 0 时 0 分 0 秒。

附录 2　近年智能变电站典型事件

1.330 千伏××变电站全停事件

【概述】(智能设备检修压板注意点)

××××年 10 月 19 日 330 千伏××变电站 30 千伏××一线发生异物短路 A 相接地故障，××一线两套保护闭锁，引起故障扩大，造成××变全停。

【事故原因分析】

经现场勘查和对保护动作记录等相关资料分析，本次停电事件原因为：

事件直接原因：330 千伏××一线＃1 塔 A 相异物短路接地。

事件扩大原因：××变 3320 合并单元“装置检修”压板投入，未将××一线两套保护装置中“开关 SV 接收”软压板退出，造成××一线两套装置保护闭镜，使故障扩大。

【暴露问题】

1. 智能站二次系统技术管理薄弱。运维单位对智能变电站设备特别是二次系统技术、运行管理重视不够，对智能站二次设备装置、原理、故障处置没有开展有效的技术培训，没有制定针对性的调试大纲和符合现场实际的典型安措，现场运行规程编制不完善，关键内容没有明确说明，现场检修、运维人员对智能变电站相关技术掌握不足，保护逻辑不清楚，对保护装置异常告警信息分析不到位，没能做出正确的判断。

2. 改造施工方案编制审核不严格。330 千伏××智能化改造工程施工方案没有开展深入的危险点分析，对保护装置可能存在的误动、拒动情况没有制定针对性措施，安全措施不完善，管理人员对施工方案审查不到位，工程组织、审核、批准存在流于形式、审核把关不严等问题。

3. 保护装置说明书及告警信息不准确。线路保护装置说明书、装置告警说明不全面、不准确、不统一，未点明重要告警信息(应点明“保护已闭锁”，现场告警信息为“SV 检修投入报警”“中 CT 检修不一致”)，技术交底不充分，容易造成现场故障分析判断和处置失误。

2.110千伏××智能变电站通信网络阻塞故障

【概述】(可在现场第三方工作管理注意点中引用)

110千伏××智能变电站二次网络调试期间发生的一起网络阻塞故障。××××年12月18日23:00左右,××变电站现场调试人员发现后台监控与间隔层设备的通信突然中断且不能自行恢复,进一步检查发现,间隔层和过程层各智能组件的通信口不响应,站内网络报文记录分析装置显示网络流量接近90%,整站网络通信呈状态。调试人员及厂家技术人员进行紧急分析处理,断开环网并重新启动交换机,23:05网络流量正常,各装置通信恢复正常,故障解除。

【事故原因分析】

分析整个异常过程可以确定,此次网络异常是外部计算机接入网络,并产生S政击引起的,原因是:

1)在异常出现之前,网络中未出现过SSDP报文,SSDP作为简单服务发现协议,本身存在漏洞而易成为网络攻击手段,通常被屏蔽,不是内网应有的报文。

2)在异常出现前,网络中从未存在过发出SSDP报文的该节点0MAC和IP,只能外网设备接入。

此次异常中SSDP报文的发送频率高(30us/次),完全不同于常规的报文信息发送,因此可以进一步认定为恶意攻击报文,很可能该节点遭受了病毒感染,而对其入的任何网络都进行攻击。经调查,确认该节点设备为网络交换机厂家技术人员的试笔记本电脑,并了解到其操作系统中过蠕虫病毒。

【暴露问题】

虽然此次网络阻塞是外部有害节点接入引起的,但此次网络异常故障也暴露出内二次网络相对薄弱、智能组件缺乏应对网络攻击的安全防范措施、外网设备接入需要规范等问题。

3.220千伏××智能变#2主变跳闸故障

【概述】(2.7智能变电站运维注意要点,软压板投退应与主设备保持一致)

220千伏××智能变电站于2013年7月建成并投运,该变电站为两台主变运行××××年4月12日11点19分,220千伏××智能变电站#2主变差动保护动作,跳开主变2702、802、3602开关。跳闸时,××智能变110千伏Ⅱ段母线所送892线所带的110千伏变电站备自投成功,894、896线充电运行,110

千伏没有损失负荷，35 千伏××线损失负荷约 3MW。

【事故原因分析】

通过调阅保护装置 SOE 变位信息，发现＃2 主变差动保护动作时，两套保护装置“低 1 分支电流”、“低 1 分支电压”SV 软压板在退出位置（低 1 分支即 3602 间隔，低 2 分支不用），造成低压侧采样数据异常。

故 220 千伏××智能变电站＃2 上变差动保护动作的直接原因是：由于＃2 主变两套保护装置的低 1 分支电流 SV 软压板在故障时刻未投入，低压侧外部故障时，低压侧电流未能正常采集，产生差流，导致＃2 主变差动保护没能躲过低压侧区外故障。

【暴露问题】

1. ××公司对智能变电站二次设备隐患排查不仔细，设备巡检不到位，致使隐患设备在未能有效监督管理的情况下继续在网运行。

2. 运维人员对智能变电站相关技术掌握不足，保护逻辑不清楚，在进行一次设备操作后，没有对相应的保护设备相关运行信息、后台系统的软压板状态进行核对，对继电保护设备的日常巡视和专业巡视不认真、流于形式，没有严格按照省调要求对主变保护的交流采样值、差流、定值进行检查，未发现保护装置的定值错误、电流、电压数据异常。

3. 智能变电站二次设备管理薄弱。运检部、调控中心对智能变电站二次设备特别是保护设备的专业管理、运行管理存在薄弱环节，没有细化生产管理要求和继电保护专业技术标准，督导力度不够。综合室、变电运检室对智能变电站二次设备装置、原理没有开展有效的技术培训，对运维人员的专业工作质量重视不够，设备安全管理把关不严。

4. 后台厂家未将主变保护“纵联差动差流启动动作”作为重要告警信息上传至调度后台，造成监控人员不能及时掌握现场保护装置实时信息，无法对保护装置异常告警信息进行分析。

附录3 智能站异常情况及其影响范围表

故障设备	关联设备	涉及的保护功能或装置	造成的影响
220kV第一套电压合并单元	220kV线路第一套合并单元	PCS-931的距离保护及零序方向过流保护	可能导致距离保护及零序保护的方向元件误动。而当PT断线时，PCS-931会自动投入零序过流和相过流元件
	主变高压侧第一套合并单元	第一套主变保护高后备复合电压闭锁方向过流保护	当高压侧PT断线，则退出方向元件，受其他侧复压元件控制
		第一套主变保护高后备零序方向过流保护	PT断线或异常时，退出零序方向元件
	220kV第一套母差保护	第一套母差的复压闭锁功能	可能导致母差保护的复压功能开放
220kV第二套电压合并单元	220kV线路第二套合并单元	PCS-902的纵联距离保护、距离保护及零序方向过流保护	可能导致距离保护及零序保护的方向元件误动。而当PT断线时，PCS-902会自动投入零序过流和相过流元件
	主变高压侧第二套合并单元	第二套主变保护高后备复合电压闭锁方向过流保护	同上
		第二套主变保护高后备零序方向过流保护	同上
	220kV第二套母差保护	第二套母差的复压开放功能	同上
220kV线路第一套（第二套）合并单元	220kV线路第一套（第二套）保护	主保护及后备保护	CT断线或PT断线。CT断线会闭锁差动（当“CT断线闭锁差动”整定为1时），当PT断线时，会自动投入零序过流和相过流元件

（续表）

故障设备	关联设备	涉及的保护功能或装置	造成的影响
220kV线路第一套（第二套）合并单元	220kV第一套（第二套）母差保护	母差保护	影响差流计算
主变高压侧第一套（第二套）合并单元	第一套（第二套）主变保护	差动保护及高后备保护	CT断线或PT断线，影响差流计算及高后备保护功能
	220kV第一套（第二套）母差保护	母差保护	影响差流计算
主变中压侧第一套（第二套）合并单元	第一套（第二套）主变保护	差动保护及中后备保护	CT断线或PT断线，影响差流计算及中后备保护功能
	110kV母差保护	母差保护	影响差流计算及低后备保护功能
主变低压侧第一套（第二套）合并单元	第一套（第二套）主变保护	差动保护及低后备保护	CT断线或PT断线，影响差流计算及低后备保护功能
220kV母联第一套（第二套）合并单元	220kV第一套（第二套）母联保护	充电过流保护	影响过流保护功能
	220kV第一套（第二套）母差保护	差动保护	影响小差电流计算
220kV第一套（第二套）线路智能终端	220kV第一套（第二套）线路保护	影响电压切换功能及线路保护正常出口	影响线路保护出口，可能造成保护拒动，扩大故障范围。当异常或故障的智能终端是第一套时，对于一次开关为“双跳圈、单合圈”设备，会影响重合闸功能
	220kV第一套（第二套）母差保护	拒动时启动母差失灵保护	两套智能终端在故障时拒动会启动母差失灵保护，跳开所在母线上的所有间隔，扩大事故范围

（续表）

故障设备	关联设备	涉及的保护功能或装置	造成的影响
2800 第一套(第二套)智能终端	220kV 第一套(第二套)母联保护	充电过流出口	影响过流保护正常出口,充电保护动作时跳两条母线
	2800 第一套(第二套)母差保护	母差保护出口	两套智能终端均故障时,母差保护动作会跳开两条母线上的所有间隔
主变高压侧第一套(第二套)智能终端	第一套(第二套)主变保护	主变保护高压侧的电压切换功能及出口跳闸	可能影响高压侧电压及差动保护、高后备保护出口
	220kV 第一套(第二套)母差保护	拒动时启动母差失灵保护	两套智能终端在故障时拒动会启动母差失灵保护,跳开所在母线上的所有间隔,扩大事故范围
主变中压侧第一套(第二套)智能终端	第一套(第二套)主变保护	主变保护中压侧的电压切换功能及出口跳闸	可能影响中压侧电压及差动保护、中后备保护出口
主变低压侧第一套(第二套)智能终端	第一套(第二套)主变保护	主变保护低压侧出口跳闸	影响差动保护、低后备保护出口
本体智能终端	主变非电量保护	影响非电量跳闸	非电量保护动作时,不能正常跳三侧开关,扩大事故后果
220kV 线路保护、220kV 母差保护、主变保护		双重化配置的 220kV 保护装置单套异常或故障时,使得保护失去双重化。同时故障时,则使得被保护对象失去保护	

（续表）

故障设备	关联设备	涉及的保护功能或装置	造成的影响
GPS 同步异常			会影响全站设备的对时功能，而对于直采的合并单元，装置报“同步异常”不会对采样及逻辑计算有影响，对经过交换机传输的位置信号可能有影响
过程层交换机	合并单元、测控装置、母差保护	电压切换、失灵保护	由于合并单元从 GOOSE＋SV 网取本间隔单元的刀闸位置，会影响合并单元的电压切换。同时，第一（二）套保护动作时启动失灵（主变保护还有解复压），开出量也经过过程层网络传输，因而会影响第一（二）套母差保护的失灵保护功能，另外，也会影响测控功能以及本间隔合并单元、智能终端的告警信息上送。而 110kV 的间隔层交换机只有一台，且没有启失灵及发远跳开入（或其他保护停信开入），其余同 220kV 间隔层 A 网交换机类似
中心交换机	故障录波及网分装置、母差保护	故录及网分功能，失灵保护，远跳及停信功能（110kV 线路没有）	影响故录及网分装置对全站遥信遥测量及网络情况的监视，同时也会影响母差保护的失灵开入，以及差动保护动作时的远跳及停信开入
站控层交换机	后台及监控		影响后台及监控的信号及告警信息
一体化电源故障	直流部分	充电机、监控模块、绝缘模块、蓄电池	当某个充电机故障时，会由其余的充电模块完成整流输出的功能。当所有的 7 个充电模块均坏时，会由蓄电池短时带全站控制负荷。当监控模块或绝缘模块故障时，会影响直流装置与后台的通讯以及监控

（续表）

故障设备	关联设备	涉及的保护功能或装置	造成的影响
一体化电源故障	交流部分	进线的断路器以及联络断路器故障	影响站用电互投
	UPS部分	逆变电源模块	影响逆变负载
	通信电源部分	通信电源模块，通信监控模块	影响通信设备

附录4 智能站继电保护运行状态描述表

保护类型	保护功能状态	装置状态
线路高频保护	跳闸	投入装置交直流电源，投入收、发讯机直流电源，通道完好，投入保护功能软压板，投入GOOSE出口软压板，保护装置检修状态硬压板置于退出位置
	信号	投入装置交直流电源，投入收、发迅机直流电源，退出主保护功能软压板，投入GOOSE出口软压板，保护装置检修状态硬压板置于退出位置
	停用	投入装置交直流电源，退出收、发迅机直流电源，退出主保护功能软压板，投入GOOSE出口软压板，保护装置检修状态硬压板置于退出位置
	装置停用	退出装置交直流电源，退出收、发讯机直流电源，退出保护功能软压板，退出GOOSE出口软压板，保护装置检修状态硬压板置于投入位置
线路光纤保护	跳闸	投入装置交直流电源，投入光纤接口装置直流电源，通道完好，投入保护功能软压板，投入GOOSE出口软压板，保护装置检修状态硬压板置于退出位置
	信号	投入装置交直流电源，投入光纤接口装置直流电源，退出主保护功能软压板，投入GOOSE出口软压板，保护装置检修状态硬压板置于退出位置
	停用	投入装置交直流电源，退出光纤接口装置直流电源，退出主保护功能软压板，投入GOOSE出口软压板，保护装置检修状态硬压板置于退出位置
	装置停用	退出装置交直流电源，退出光纤接口装置直流电源，退出保护功能软压板，退出GOOSE出口软压板，保护装置检修状态硬压板置于投入位置
线路光纤纵差保护	跳闸	投入装置交直流电源，投入保护功能软压板，投入GOOSE出口软压板，保护装置检修状态硬压板置于退出位置
	信号	投入装置交直流电源，退出主保护功能软压板，投入GOOSE出口软压板，保护装置检修状态硬压板置于退出位置

(续表)

保护类型	保护功能状态	装置状态
线路光纤纵差保护	装置停用	退出装置交直流电源,退出保护功能软压板,退出GOOSE出口软压板,保护装置检修状态硬压板置于投入位置
母差保护	跳闸	投入装置交直流电源,投入相关间隔功能软压板,投入相关间隔GOOSE出口软压板,保护装置检修状态硬压板置于退出位置
	停用	退出装置交直流电源,退出相关间隔功能软压板,退出相关间隔GOOSE出口软压板,保护装置检修状态硬压板置于投入位置
母联(分段)独立过流保护	跳闸	投入装置交直流电源,投入保护功能软压板,投入GOOSE出口软压板,保护装置检修状态硬压板置于退出位置
	停用	退出装置交直流电源,退出保护功能软压板,退出GOOSE出口软压板,保护装置检修状态硬压板置于投入位置
智能终端装置	跳闸	投入装置直流电源,投入跳、合闸出口硬压板,智能终端检修状态硬压板置于退出位置
	停用	退出装置直流电源,退出跳、合闸出口硬压板,智能终端检修状态硬压板置于投入位置
合并单元装置	投入	投入装置直流电源,装置运行正常,合并单元检修状态硬压板置于退出位置
	停用	退出装置直流电源,合并单元检修状态硬压板置于投入位置
变压器电气量保护	跳闸	投入装置交直流电源,投入差动及各侧后备保护功能软压板,投入GOOSE出口软压板,保护装置检修状态硬压板置于退出位置
	信号	投入装置交直流电源,投入差动及各侧后备保护功能软压板,退出GOOSE出口软压板,保护装置检修状态硬压板置于退出位置
	停用	退出装置交直流电源,退出差动及各侧后备保护功能软压板,退出GOOSE出口软压板,保护装置检修状态硬压板置于投入位置
	差动保护投跳闸	投入装置交直流电源,投入差动保护功能软压板,投入GOOSE出口软压板,保护装置检修状态硬压板置于退出位置
	差动保护投信号	投入装置交直流电源,退出差动保护功能软压板,投入GOOSE出口软压板,保护装置检修状态硬压板置于退出位置
	某侧后备保护投跳闸	投入装置交直流电源,投入某侧后备保护功能软压板,投入GOOSE出口软压板,保护装置检修状态硬压板置于退出位置
	某侧后备保护投信号	投入装置交直流电源,退出某侧后备保护功能软压板,投入GOOSE出口软压板,保护装置检修状态硬压板置于退出位置

补充说明：

某间隔(一次设备)保护投入运行应满足：继电保护装置、智能终端在“跳闸”状态，合并单元在“投入”状态，过程层网络及交换机运行正常。

“装置停用”状态下，其他与该装置有信息交互的装置均应退出相应的开入、开出软压板，以免引起异常告警。

除线路纵联保护装置外，一般省调调度只下令“跳闸”和“停用”状态，在停用期间允许现场根据具体情况将保护装置置“信号”状态。

附录5　智能站软压板列表

所有软压板名称罗列如下表，未做特别说明的，应保持与调度下达的整定定值单一致。列表中，各软压板置“1”或“投入”表示该功能启用，置“0”或“退出”表示该功能停用。当一次设备检修对外停电且一、二次无站内工作时，可不退出任一软压板。

A.1　220kV 主变保护 PRS－778－D

1. 功能软压板

主变保护 PRS－778－D 功能软压板				
序号	装置内名称	规范名称	默认值	说明
1	远方修改定值	软远方修改定值	退出	
2	远方切换定值区	软远方切换定值区	退出	
3	远方控制压板	软允许远方控制	投入	
4	主保护投/退	软主保护	投入	停用主变差动保护时，此压板退出
5	高压侧后备保护投/退	软高压侧后备保护	投入	
6	高压侧电压投/退	软高压侧电压	投入	
7	中压侧后备保护投/退	软中压侧后备保护	投入	
8	中压侧电压投/退	软中压侧电压	投入	
9	低1分支保护投/退	软低压侧后备保护	投入	

（续表）

主变保护 PRS-778-D功能软压板				
10	低1分支电压投/退	软低压侧电压	投入	
11	低2分支保护投/退	备用	退出	
12	低2分支电压投/退	备用	退出	
13	低电抗器保护投/退	软低电抗器保护	退出	
14	公共绕组保护投/退	软公共绕组保护	投入	

2. GOOSE 软压板

主变保护 PRS-778-D GOOSE 软压板				
序号	装置内名称	规范名称	默认值	说明
1	跳高压侧1	软高压侧2801跳闸出口	投入	高压侧断路器，当此间隔检修或合并单元退出/置检修时退出
2	跳高压侧2	软启动母差失灵出口	投入	此压板属失灵启动开出，启动对应套母差保护失灵，当此间隔检修或合并单元退出/置检修时退出
3	跳高压侧3	软母差解复压出口	投入	解除对应套母差失灵保护复压闭锁逻辑，当此间隔检修或合并单元退出/置检修时退出
4	跳高压侧4	备用	退出	
5	跳高压侧5	备用	退出	
6	跳高压侧6	备用	退出	
7	跳高压侧7	备用	退出	
8	跳高压侧8	备用	退出	
9	跳中压侧1	软中压侧901出口	投入	中压侧断路器，当此间隔检修或合并单元退出/置检修时退出
10	跳中压侧2	备用	退出	

（续表）

主变保护 PRS-778-D GOOSE 软压板				
序号	装置内名称	规范名称	默认值	说明
11	跳中压侧 3	备用	退出	
12	跳中压侧 4	备用	退出	
13	跳低压侧 1 分支 1	软低压侧 301 跳闸出口	投入	低压侧断路器，当此间隔检修或合并单元退出/置检修时退出
14	跳低压侧 1 分支 2	备用	退出	
15	跳低压侧 2 分支 1	备用	退出	
16	跳低压侧 2 分支 2	备用	退出	
17	跳高压侧分段(桥开关)1	备用	退出	
18	跳高压侧分段(桥开关)2	备用	退出	
19	跳中压侧分段 1	备用	退出	
20	跳中压侧分段 2	备用	退出	
21	跳高压侧母联	备用	退出	
22	跳中压侧母联	备用	退出	
23	闭锁中压侧备自投	备用	退出	
24	跳闸备用	备用	退出	
25	跳低压侧 1 分支分段 1	软低压侧 300 跳闸出口	退出	
26	跳低压侧 1 分支分段 2	备用	退出	
27	跳低压侧 2 分支分段 1	备用	退出	
28	跳低压侧 2 分支分段 2	备用	退出	

（续表）

主变保护 PRS-778-D GOOSE 软压板				
序号	装置内名称	规范名称	默认值	说明
29	闭锁低压侧1分支备自投1	备用	退出	
30	闭锁低压侧1分支备自投2	备用	退出	
31	闭锁低压侧2分支备自投1	备用	退出	
32	闭锁低压侧2分支备自投2	备用	退出	
33	启动风冷	备用	退出	
34	闭锁有载调压	软闭锁有载调压	退出	

3. SV 接收软压板

主变保护 PRS-778-D SV 接收软压板				
序号	装置内名称	规范名称	默认值	说明
1	高1分支电流SV投/退	软高压侧电流SV接收	投入	220kV侧断路器，当此间隔检修或合并单元退出/置检修时退出
2	高2分支(桥侧)电流SV投/退	备用	退出	
3	中压侧电流SV投/退	软中压侧电流SV接收	投入	110kV侧断路器，当此间隔检修或合并单元退出/置检修时退出
4	低1分支电流SV投/退	软低压侧电流SV接收	投入	当主变检修时退出
5	低2分支电流SV投/退	备用	退出	
6	低电抗器电流SV投/退	备用	退出	
7	公共绕组电流SV投/退	软公共绕组电流SV接收	投入	

（续表）

主变保护 PRS－778－D SV 接收软压板				
序号	装置内名称	规范名称	默认值	说明
8	高压侧电压 SV 投/退	软高压侧电压 SV 接收	投入	220kV 侧母线电压合并单元异常退出时，此压板应退出
9	中压侧电压 SV 投/退	软中压侧电压 SV 接收	投入	110kV 侧母线电压合并单元异常退出时，此压板应退出
10	低 1 分支电压 SV 投/退	软低压侧电压 SV 接收	投入	
11	低 2 分支电压 SV 投/退	备用	退出	

A.2 220kV 母差保护 WMH800B/G

1. 功能软压板

220kV 母差保护 WMH800B/G 功能软压板保护功能软压板				
序号	装置内名称	规范名称	默认值	说明
1	差动保护软压板	软差动保护	投入	整套装置的差动保护功能，退出则差动功能不启动
2	失灵保护软压板	软失灵保护	投入	整套装置的失灵保护功能，退出则失灵功能不启动
3	母线Ⅰ－Ⅱ互联软压板	软母线Ⅰ－Ⅱ互联运行	退出	母线互联时投入，依照实际互连方式投退
4	母线Ⅱ－Ⅲ互联软压板	软母线Ⅱ－Ⅲ互联运行	退出	母线互联时投入，依照实际互连方式投退
5	母线Ⅰ－Ⅲ互联软压板	软母线Ⅰ－Ⅲ互联运行	投入	母线互联时投入，依照实际互连方式投退
6	母线Ⅰ－Ⅱ分裂软压板	软母线Ⅰ－Ⅱ分裂运行	退出	母线分裂运行时投入，依照实际分裂方式投退
7	母线Ⅱ－Ⅲ分裂软压板	软母线Ⅱ－Ⅲ分裂运行	退出	母线分裂运行时投入，依照实际分裂方式投退
8	母线Ⅰ－Ⅲ分裂软压板	软母线Ⅰ－Ⅲ分裂运行	退出	母线分裂运行时投入，依照实际分裂方式投退

（续表）

220kV 母差保护 WMH800B/G 功能软压板保护功能软压板				
序号	装置内名称	规范名称	默认值	说明
9	远方修改定值	软远方修改定值	退出	
10	远方切换定值区	软远方切换定值区	退出	
11	远方控制软压板	软允许远方控制	投入	
220kV 母差保护 WMH800B/G 功能软压板刀闸强制投入软压板 各支路Ⅰ、Ⅱ母刀闸软压板“投”表示强制合，“退”表示强制分				
序号	装置内名称	规范名称	默认值	说明
1	2800 刀闸强制投退	备用	退	
2	2800－Ⅰ母刀闸	备用	退	
3	2800－Ⅱ母刀闸	备用	退	
4	0002 刀闸强制投退	备用	退	
5	0002－Ⅰ母刀闸	备用	退	
6	0002－Ⅱ母刀闸	备用	退	
7	0003 刀闸强制投退	备用	退	
8	0003－Ⅰ母刀闸	备用	退	
9	0003－Ⅱ母刀闸	备用	退	
10	0004 刀闸强制投退	备用	退	
11	0004－Ⅰ母刀闸	备用	退	
12	0004－Ⅱ母刀闸	备用	退	
13	0005 刀闸强制投退	备用	退	
14	0005－Ⅰ母刀闸	备用	退	
15	0005－Ⅱ母刀闸	备用	退	

（续表）

220kV母差保护WMH800B/G功能软压板刀闸强制投入软压板 各支路Ⅰ、Ⅱ母刀闸软压板“投”表示强制合，“退”表示强制分				
序号	装置内名称	规范名称	默认值	说明
16	2D38刀闸强制投退	软2D38间隔允许刀闸强制	退	2D38间隔刀闸强制功能总控制，退出时，刀闸强制功能退出
17	2D38－Ⅰ母刀闸	软2D381刀闸强制合位	退	2D381刀闸强制，仅当二次设备上有工作，需进行检修调试时投入
18	2D38－Ⅱ母刀闸	软2D382刀闸强制合位	退	2D382刀闸强制，仅当二次设备上有工作，需进行检修调试时投入
19	2D90刀闸强制投退	软2D90间隔允许刀闸强制	退	2D90间隔刀闸强制功能总控制，退出时，刀闸强制功能退出
20	2D90－Ⅰ母刀闸	软2D901刀闸强制合位	退	2D901刀闸强制，仅当二次设备上有工作，需进行检修调试时投入
21	2D90－Ⅱ母刀闸	软2D902刀闸强制合位	退	2D902刀闸强制，仅当二次设备上有工作，需进行检修调试时投入
22	4D87刀闸强制投退	软4D87间隔允许刀闸强制	退	4D87间隔刀闸强制功能总控制，退出时，刀闸强制功能退出
23	4D87－Ⅰ母刀闸	软4D871刀闸强制合位	退	4D871刀闸强制，仅当二次设备上有工作，需进行检修调试时投入
24	4D87－Ⅱ母刀闸	软4D872刀闸强制合位	退	4D872刀闸强制，仅当二次设备上有工作，需进行检修调试时投入
25	2D91刀闸强制投退	软2D91间隔允许刀闸强制	退	2D91间隔刀闸强制功能总控制，退出时，刀闸强制功能退出
26	2D91－Ⅰ母刀闸	软2D911刀闸强制合位	退	2D91刀闸强制，仅当二次设备上有工作，需进行检修调试时投入
27	2D91－Ⅱ母刀闸	软2D912刀闸强制合位	退	2D91刀闸强制，仅当二次设备上有工作，需进行检修调试时投入
28	0010刀闸强制投退	备用	退	
29	0010－Ⅰ母刀闸	备用	退	
30	0010－Ⅱ母刀闸	备用	退	

（续表）

220kV 母差保护 WMH800B/G 功能软压板刀闸强制投入软压板 各支路Ⅰ、Ⅱ母刀闸软压板“投”表示强制合，“退”表示强制分				
序号	装置内名称	规范名称	默认值	说明
31	0011 刀闸强制投退	备用	退	
32	0011－Ⅰ母刀闸	备用	退	
33	0011－Ⅱ母刀闸	备用	退	
34	0012 刀闸强制投退	备用	退	
35	0012－Ⅰ母刀闸	备用	退	
36	0012－Ⅱ母刀闸	备用	退	
37	0013 刀闸强制投退	备用	退	
38	0013－Ⅰ母刀闸	备用	退	
39	0013－Ⅱ母刀闸	备用	退	
40	2801 刀闸强制投退	软 2801 间隔允许刀闸强制	退	2801 间隔刀闸强制功能总控制，退出时，刀闸强制功能退出
41	2801－Ⅰ母刀闸	软 28011 刀闸强制合位	退	28011 刀闸强制，仅当二次设备上有工作，需进行检修调试时投入
42	2801－Ⅱ母刀闸	软 28012 刀闸强制合位	退	28012 刀闸强制，仅当二次设备上有工作，需进行检修调试时投入
43	2802 刀闸强制投退	软 2802 间隔允许刀闸强制	退	2802 间隔刀闸强制功能总控制，退出时，刀闸强制功能退出
44	2802－Ⅰ母刀闸	软 28021 刀闸强制合位	退	28021 刀闸强制，仅当二次设备上有工作，需进行检修调试时投入
45	2802－Ⅱ母刀闸	软 28022 刀闸强制合位	退	28022 刀闸强制，仅当二次设备上有工作，需进行检修调试时投入
46	0016 刀闸强制投退	备用	退	
47	0016－Ⅰ母刀闸	备用	退	

（续表）

220kV母差保护WMH800B/G功能软压板刀闸强制投入软压板 各支路Ⅰ、Ⅱ母刀闸软压板“投”表示强制合，“退”表示强制分				
序号	装置内名称	规范名称	默认值	说明
48	0016－Ⅱ母刀闸	备用	退	
49	0017刀闸强制投退	备用	退	
50	0017－Ⅰ母刀闸	备用	退	
51	0017－Ⅱ母刀闸	备用	退	
52	0018刀闸强制投退	备用	退	
53	0018－Ⅰ母刀闸	备用	退	
54	0018－Ⅱ母刀闸	备用	退	
55	0019刀闸强制投退	备用	退	
56	0019－Ⅰ母刀闸	备用	退	
57	0019－Ⅱ母刀闸	备用	退	
58	0020刀闸强制投退	备用	退	
59	0020－Ⅰ母刀闸	备用	退	
60	0020－Ⅱ母刀闸	备用	退	
61	0021刀闸强制投退	备用	退	
62	0021－Ⅰ母刀闸	备用	退	
63	0021－Ⅱ母刀闸	备用	退	
64	0022刀闸强制投退	备用	退	
65	0022－Ⅰ母刀闸	备用	退	
66	0022－Ⅱ母刀闸	备用	退	
67	0023刀闸强制投退	备用	退	

（续表）

220kV 母差保护 WMH800B/G 功能软压板刀闸强制投入软压板 各支路Ⅰ、Ⅱ母刀闸软压板“投”表示强制合，“退”表示强制分				
序号	装置内名称	规范名称	默认值	说明
68	0023－Ⅰ母刀闸	备用	退	
69	0023－Ⅱ母刀闸	备用	退	
70	0024 刀闸强制投退	备用	退	
71	0024－Ⅰ母刀闸	备用	退	
72	0024－Ⅱ母刀闸	备用	退	

2. SV 接收软压板

220kV 母差保护 WMH800B/G SV 软压板元件投入软压板				
序号	装置内名称	规范名称	默认值	说明
1	2800 元件投入	软母联 2800 电流 SV 接收	投	2800 间隔，当此间隔检修或合并单元退出/置检修时退出
2	0002 元件投入	备用	退	
3	0003 元件投入	备用	退	
4	0004 元件投入	备用	退	
5	0005 元件投入	备用	退	
6	2D38 元件投入	软宁吴 2D38 电流 SV 接收	投	2D38 间隔，当此间隔检修或合并单元退出/置检修时退出
7	2D90 元件投入	软雄吴 2D90 电流 SV 接收	投	2D90 间隔，当此间隔检修或合并单元退出/置检修时退出
8	4D87 元件投入	软徽吴 4D87 电流 SV 接收	投	4D87 间隔，当此间隔检修或合并单元退出/置检修时退出
9	2D91 元件投入	软吴潜 2D91 电流 SV 接收	投	2D91 间隔，当此间隔检修或合并单元退出/置检修时退出
10	0010 元件投入	备用	退	
11	0011 元件投入	备用	退	
12	0012 元件投入	备用	退	

（续表）

220kV 母差保护 WMH800B/G SV 软压板元件投入软压板				
序号	装置内名称	规范名称	默认值	说明
13	0013 元件投入	备用	退	
14	2801 元件投入	软＃1 主变 2801 电流 SV 接收	投	2801 间隔，当此间隔检修或合并单元退出/置检修时退出
15	2802 元件投入	软＃1 主变 2802 电流 SV 接收	投	2802 间隔，当此间隔检修或合并单元退出/置检修时退出
16	0016 元件投入	备用	退	
17	0017 元件投入	备用	退	
18	0018 元件投入	备用	退	
19	0019 元件投入	备用	退	
20	0020 元件投入	备用	退	
21	0021 元件投入	备用	退	
22	0022 元件投入	备用	退	
23	0023 元件投入	备用	退	
24	0024 元件投入	备用	退	

3. GOOSE 软压板

220kV 母差保护 WMH800B/G GOOSE 软压板断路器失灵开入软压板				
序号	装置内名称	规范名称	默认值	说明
1	0001 失灵开入软压板	软母联 2800 启动失灵开入	投	2800 间隔，当此间隔检修或合并单元退出/置检修时退出
2	0002 失灵开入软压板	备用	退	
3	0003 失灵开入软压板	备用	退	
4	0004 失灵开入软压板	备用	退	
5	0005 失灵开入软压板	备用	退	

(续表)

220kV 母差保护 WMH800B/G GOOSE 软压板断路器失灵开入软压板				
序号	装置内名称	规范名称	默认值	说明
6	2D38 失灵开入软压板	软宁吴 2D38 启动失灵开入	投	2D38 间隔,当此间隔检修或合并单元退出/置检修时退出
7	2D90 失灵开入软压板	软雄吴 2D90 启动失灵开入	投	2D90 间隔,当此间隔检修或合并单元退出/置检修时退出
8	4D87 失灵开入软压板	软徽吴 4D87 启动失灵开入	投	4D87 间隔,当此间隔检修或合并单元退出/置检修时退出
9	2D91 失灵开入软压板	软吴潜 2D91 启动失灵开入	投	2D91 间隔,当此间隔检修或合并单元退出/置检修时退出
10	0010 失灵开入软压板	备用	退	
11	0011 失灵开入软压板	备用	退	
12	0012 失灵开入软压板	备用	退	
13	0013 失灵开入软压板	备用	退	
14	0014 失灵开入软压板	软#1主变 2801 启动失灵开入	投	2801 间隔,当此间隔检修或合并单元退出/置检修时退出
15	0015 失灵开入软压板	软#2主变 2802 启动失灵开入	投	2802 间隔,当此间隔检修或合并单元退出/置检修时退出
16	0016 失灵开入软压板	备用	退	
17	0017 失灵开入软压板	备用	退	
18	0018 失灵开入软压板	备用	退	
19	0019 失灵开入软压板	备用	退	

（续表）

220kV母差保护WMH800B/G GOOSE软压板断路器失灵开入软压板				
序号	装置内名称	规范名称	默认值	说明
20	0020失灵开入软压板	备用	退	
21	0021失灵开入软压板	备用	退	
22	0022失灵开入软压板	备用	退	
23	0023失灵开入软压板	备用	退	
24	0024失灵开入软压板	备用	退	
220kV母差保护WMH800B/G GOOSE软压板差动、失灵启动出口跳闸				
序号	装置内名称	规范名称	默认值	说明
1	2800出口软压板	软母联2800跳闸出口	投	2800间隔，当此间隔检修或合并单元退出/置检修时退出
2	0002出口软压板	备用	退	
3	0003出口软压板	备用	退	
4	0004出口软压板	备用	退	
5	0005出口软压板	备用	退	
6	2D38出口软压板	软宁吴2D38跳闸出口	投	2D38间隔，当此间隔检修或合并单元退出/置检修时退出
7	2D90出口软压板	软雄吴2D90跳闸出口	投	2D90间隔，当此间隔检修或合并单元退出/置检修时退出
8	4D87出口软压板	软徽吴4D87跳闸出口	投	4D87间隔，当此间隔检修或合并单元退出/置检修时退出
9	2D91出口软压板	软吴潜2D91跳闸出口	投	2D91间隔，当此间隔检修或合并单元退出/置检修时退出

（续表）

220kV 母差保护 WMH800B/G GOOSE 软压板差动、失灵启动出口跳闸				
序号	装置内名称	规范名称	默认值	说明
10	0010 出口软压板	备用	退	
11	0011 出口软压板	备用	退	
12	0012 出口软压板	备用	退	
13	0013 出口软压板	备用	退	
14	2801 出口软压板	软＃1 主变 2801 跳闸出口	投	2801 间隔，当此间隔检修或合并单元退出/置检修时退出
15	2802 出口软压板	软＃1 主变 2802 跳闸出口	投	2802 间隔，当此间隔检修或合并单元退出/置检修时退出
16	0016 出口软压板	备用	退	
17	0017 出口软压板	备用	退	
18	0018 出口软压板	备用	退	
19	0019 出口软压板	备用	退	
20	0020 出口软压板	备用	退	
21	0021 出口软压板	备用	退	
22	0022 出口软压板	备用	退	
23	0023 出口软压板	备用	退	
24	0024 出口软压板	备用	退	

(续表)

220kV 母差保护 WMH800B/G GOOSE 软压板差动、失灵启动出口跳闸				
序号	装置内名称	规范名称	默认值	说明
25	主变 1 备用出口软压板	备用	退	
26	主变 2 备用出口软压板	备用	退	
27	主变 3 备用出口软压板	备用	退	
28	主变 4 备用出口软压板	备用	退	
29	主变 1 失灵联跳软压板	备用	退	
30	主变 2 失灵联跳软压板	备用	退	
31	主变 3 失灵联跳软压板	软 #1 主变失灵联跳出口	投	#1 主变检修时退出
32	主变 4 失灵联跳软压板	软 #2 主变失灵联跳出口	投	#2 主变检修时退出
33	主变 1 差动直跳软压板	备用	退	
34	主变 2 差动直跳软压板	备用	退	
35	主变 3 差动直跳软压板	备用	退	
36	主变 4 差动直跳软压板	备用	退	
37	启分段 1 失灵软压板	备用	退	
38	启分段 2 失灵软压板	备用	退	

A.3 220kV 线路保护 PCS－931

1. 功能软压板

220kV 线路保护 PCS－931 功能软压板				
序号	装置内名称	规范名称	默认	说明
1	远方修改定值	软远方修改定值	0	
2	远方控制软压板	软允许远方控制	1	
3	远方切换定值区	软远方切换定值区	0	
4	通道1差动保护	软通道1差动保护	1	主保护压板
5	通道2差动保护	备用	0	本站保护均为单通道
6	停用重合闸	软停用重合闸	0	当需要停用整条线路重合闸时，置1；仅停用本套装置重合闸功能时，只需修改 GOOSE 重合压板，此压板不调整

2. SV 软压板

220kV 线路保护 PCS－931 SV 接收软压板				
序号	装置内名称	规范名称	默认	说明
1	电压电流 SV 链路接收软压板	软电压电流 SV 接收	1	当间隔设备检修或合并单元退出/置检修时，退出
2	备用接收软压板	备用	0	
3	备用接收软压板	备用	0	

3. GOOSE 软压板

220kV 线路保护 PCS－931 GOOSE 接收软压板				
序号	装置内名称	规范名称	默认	说明
1	智能终端断路器位置 GOOSE 链路 GOOSE 接收软压板	软断路器位置 GOOOSE 开入	1	
2	智能终端闭重 1GOOSE 链路 GOOSE 接收软压板	软智能终端闭重开入 2－1	1	
3	智能终端闭重 2GOOSE 链路 GOOSE 接收软压板	软智能终端闭重开入 2－2	1	
4	线路保护启母差失灵链路 GOOSE 接收软压板	软母差保护启动远跳开入	1	
5	备用 GOOSE 接收软压板	备用	0	
6	备用 GOOSE 接收软压板	备用	0	
7	备用 GOOSE 接收软压板	备用	0	
8	备用 GOOSE 接收软压板	备用	0	

220kV 线路保护 PCS－931 GOOSE 发送软压板				
序号	装置内名称	规范名称	默认	说明
1	跳开关 1 出口 GOOSE 发送软压板	软断路器跳闸出口	1	当间隔设备检修或合并单元退出/置检修时，退出

（续表）

220kV 线路保护 PCS-931 GOOSE 接收软压板				
序号	装置内名称	规范名称	默认	说明
2	重合闸 GOOSE 发送软压板	软重合闸出口	1	当仅停用本套重合闸功能时，退出
3	启开关1失灵 GOOSE 发送软压板	软断路器启动失灵出口	1	当间隔设备检修或合并单元退出/置检修时，退出
4	跳开关2备用出口 GOOSE 发送软压板	备用	0	
5	启开关2备用失灵 GOOSE 发送软压板	备用	0	
6	闭重 GOOSE 发送软压板	软闭锁重合闸出口	1	不需要装置闭重功能时，退出
7	远传及通道告警 GOOSE 发送软压板	软远传及通道告警 GOOSE 出口	1	
8	备用 GOOSE 发送软压板	备用	0	

A.4 220kV 线路保护 PCS-902

1. 功能软压板

220kV 线路保护 PCS-902 功能软压板				
序号	装置内名称	规范名称	默认	说明
1	远方修改定值	软远方修改定值	0	
2	远方控制软压板	软允许远方控制	1	
3	远方切换定值区	软远方切换定值区	0	
4	纵联保护	软纵联保护	1	主保护压板

续表

220kV 线路保护 PCS－902 功能软压板				
序号	装置内名称	规范名称	默认	说明
5	停用重合闸	软停用重合闸	0	当需要停用整条线路重合闸时，置1；仅停用本套装置重合闸功能时，只需修改 GOOSE 重合压板，此压板不调整

2. SV 软压板

220kV 线路保护 PCS－902 SV 接收软压板				
序号	装置内名称	规范名称	默认	说明
1	电流电压接收软压板	软电压电流 SV 接收	1	当间隔设备检修或合并单元退出/置检修时，退出

3. GOOSE 软压板

220kV 线路保护 PCS－902 GOOSE 软压板				
序号	装置内名称	规范名称	默认	说明
1	智能终端断路器位置 GOOSE 链路 GOOSE 接收软压板	软断路器位置开入	1	
2	智能终端闭重1GOOSE 链路 GOOSE 接收软压板	软智能终端闭重开入 2－1	1	
3	智能终端闭重2GOOSE 链路 GOOSE 接收软压板	软智能终端闭重开入 2－2	1	
4	线路保护启母差失灵链路 GOOSE 接收软压板	软母差保护停信开入	1	

（续表）

220kV 线路保护 PCS－902 GOOSE 软压板				
序号	装置内名称	规范名称	默认	说明
5	备用 GOOSE 接收软压板	备用	0	
6	备用 GOOSE 接收软压板	备用	0	
7	跳开关1出口 GOOSE 发送软压板	软断路器跳闸出口	1	当间隔设备检修或合并单元退出/置检修时，退出
8	启开关1失灵 GOOSE 发送软压板	软断路器启动失灵出口	1	当间隔设备检修或合并单元退出/置检修时，退出
9	重合闸 GOOSE 发送软压板	软重合闸出口	1	当仅停用本套重合闸功能时，退出

A.5 220kV 母联 2800 独立过流保护

本装置仅在 220kV 母线充电或 220kV 母差保护退出运行时使用，装置定值整定与功能投退需依照调度指令。其中，“零序过流”与“充电过流Ⅱ段”的“时间定值”一致且共用。

1. 功能软压板

220kV 母联 2800 独立过流保护 功能软压板				
序号	装置内名称	规范名称	默认值	说明
1	远方修改定值	软远方修改定值	退出	
2	远方切换定值区	软远方切换定值区	退出	
3	远方控制压板	软允许远方控制	退出	
4	充电过流Ⅰ段投/退	软充电过流Ⅰ段	退出	装置停用时退出

（续表）

220kV 母联 2800 独立过流保护 功能软压板				
序号	装置内名称	规范名称	默认值	说明
5	充电过流Ⅱ段投/退	软充电过流Ⅱ段	退出	装置停用时退出
6	同期功能投入	软同期功能	退出	
7	同期检无压投入	软同期检无压	退出	
8	同期检同期投入	软同期检同期	退出	

2. SV 软压板

220kV 母联 2800 独立过流保护 SV 软压板				
序号	装置内名称	规范名称	默认值	说明
1	保护电流 SV 接收软压板	软保护电流 SV 接收	投入	
2	Ⅰ母电压 SV 接收软压板	软Ⅰ母电压 SV 接收	投入	
3	Ⅱ母电压 SV 接收软压板	软Ⅱ母电压 SV 接收	投入	
4	测量电流 SV 接收软压板	软测量电流 SV 接收	投入	

3. GOOSE 软压板

220kV 母联 2800 独立过流保护 GOOSE 软压板				
序号	装置内名称	规范名称	默认	说明
1	保护出口软压板	软 2800 独立过流保护跳闸出口	退出	装置停用时退出
2	启动失灵软压板	软 2800 独立过流启动失灵出口	退出	装置停用时退出
3	遥控 01 软压板	备用		

（续表）

220kV 母联 2800 独立过流保护 GOOSE 软压板				
序号	装置内名称	规范名称	默认	说明
4	遥控 02 软压板	备用		
5	遥控 03 软压板	备用		
6	遥控 04 软压板	备用		
7	遥控 05 软压板	备用		
8	遥控 06 软压板	备用		
9	遥控 07 软压板	备用		
10	遥控 08 软压板	备用		
11	遥控 09 软压板	备用		
12	遥控 10 软压板	备用		
13	遥控 11 软压板	备用		
14	遥控 12 软压板	备用		
15	遥控 13 软压板	备用		
16	遥控 14 软压板	备用		
17	遥控 15 软压板	备用		
18	遥控 16 软压板	备用		
19	遥控 17 软压板	备用		
20	遥控 18 软压板	备用		
21	遥控 19 软压板	备用		
22	遥控 20 软压板	备用		
23	遥控 21 软压板	备用		
24	遥控 22 软压板	备用		
25	遥控 23 软压板	备用		
26	遥控 24 软压板	备用		
27	遥控 25 软压板	备用		
28	遥控 26 软压板	备用		
29	遥控 27 软压板	备用		
30	遥控 28 软压板	备用		

（续表）

220kV 母联 2800 独立过流保护 GOOSE 软压板				
序号	装置内名称	规范名称	默认	说明
31	遥控 29 软压板	备用		
32	遥控 30 软压板	备用		
33	遥控 31 软压板	备用		
34	遥控 32 软压板	备用		

A.6 110kV 母线差动保护 WMH800B/G

1. 功能软压板

110kV 母线差动保护 WMH800B/G　功能软压板保护功能				
序号	装置内名称	规范名称	默认	说明
1	差动保护软压板	软差动保护	投	整套装置的差动保护功能，退出则差动功能不启动
2	失灵保护软压板	软失灵保护	投	整套装置的失灵保护功能，退出则失灵功能不启动
3	母线Ⅰ-Ⅱ互联软压板	软母线Ⅰ-Ⅱ互联运行	退	母线互联时投入，依照实际互连方式投退
4	母线Ⅱ-Ⅲ互联软压板	软母线Ⅱ-Ⅲ互联运行	退	母线互联时投入，依照实际互连方式投退
5	母线Ⅰ-Ⅲ互联软压板	软母线Ⅰ-Ⅲ互联运行	退	母线互联时投入，依照实际互连方式投退
6	母线Ⅰ-Ⅱ分裂软压板	软母线Ⅰ-Ⅱ分裂运行	退	母线分裂运行时投入，依照实际分裂方式投退
7	母线Ⅱ-Ⅲ分裂软压板	软母线Ⅱ-Ⅲ分裂运行	退	母线分裂运行时投入，依照实际分裂方式投退
8	母线Ⅰ-Ⅲ分裂软压板	软母线Ⅰ-Ⅲ分裂运行	退	母线分裂运行时投入，依照实际分裂方式投退
9	远方修改定值	软远方修改定值	退	
10	远方切换定值区	软远方切换定值区	退	

（续表）

110kV母线差动保护WMH800B/G 功能软压板保护功能				
序号	装置内名称	规范名称	默认	说明
11	远方控制软压板	软允许远方控制	投	
110kV母线差动保护WMH800B/G功能软压板刀闸强制 各支路Ⅰ、Ⅱ母刀闸软压板“投”表示强制合，“退”表示强制分				
序号	装置内名称	规范名称	默认	说明
1	0001刀闸强制投退	软900间隔允许刀闸强制	退	
2	0001-Ⅰ母刀闸	软9001刀闸强制合位	退	
3	0001-Ⅱ母刀闸	软9002刀闸强制合位	退	
4	0002刀闸强制投退	软0002刀闸强制投退	退	
5	0002-Ⅰ母刀闸	软0002-Ⅰ母刀闸	退	
6	0002-Ⅱ母刀闸	软0002-Ⅱ母刀闸	退	
7	0003刀闸强制投退	软0003刀闸强制投退	退	
8	0003-Ⅰ母刀闸	软0003-Ⅰ母刀闸	退	
9	0003-Ⅱ母刀闸	软0003-Ⅱ母刀闸	退	
10	0004刀闸强制投退	软901间隔允许刀闸强制	退	901间隔刀闸强制功能总控制，退出时，刀闸强制功能退出
11	0004-Ⅰ母刀闸	软9011刀闸强制合位	退	9011刀闸强制，仅当二次设备上有工作，需进行检修调试时投入
12	0004-Ⅱ母刀闸	软9012刀闸强制合位	退	9012刀闸强制，仅当二次设备上有工作，需进行检修调试时投入
13	0005刀闸强制投退	软902间隔允许刀闸强制	退	902间隔刀闸强制功能总控制，退出时，刀闸强制功能退出

（续表）

110kV母线差动保护WMH800B/G功能软压板刀闸强制 各支路Ⅰ、Ⅱ母刀闸软压板“投”表示强制合，“退”表示强制分				
序号	装置内名称	规范名称	默认	说明
14	0005－Ⅰ母刀闸	软9021刀闸强制合位	退	9021刀闸强制，仅当二次设备上有工作，需进行检修调试时投入
15	0005－Ⅱ母刀闸	软9022刀闸强制合位	退	9022刀闸强制，仅当二次设备上有工作，需进行检修调试时投入
16	939刀闸强制投退	软939间隔允许刀闸强制	退	939间隔刀闸强制功能总控制，退出时，刀闸强制功能退出
17	939－Ⅰ母刀闸	软9391刀闸强制合位	退	9391刀闸强制，仅当二次设备上有工作，需进行检修调试时投入
18	939－Ⅱ母刀闸	软9392刀闸强制合位	退	9392刀闸强制，仅当二次设备上有工作，需进行检修调试时投入
19	0944刀闸强制投退	软944间隔允许刀闸强制	退	944间隔刀闸强制功能总控制，退出时，刀闸强制功能退出
20	0944－Ⅰ母刀闸	软9441刀闸强制合位	退	9441刀闸强制，仅当二次设备上有工作，需进行检修调试时投入
21	0944－Ⅱ母刀闸	软9442刀闸强制合位	退	9442刀闸强制，仅当二次设备上有工作，需进行检修调试时投入
22	946刀闸强制投退	软946间隔允许刀闸强制	退	946间隔刀闸强制功能总控制，退出时，刀闸强制功能退出
23	0946－Ⅰ母刀闸	软9461刀闸强制合位	退	9461刀闸强制，仅当二次设备上有工作，需进行检修调试时投入
24	0946－Ⅱ母刀闸	软9462刀闸强制合位	退	9462刀闸强制，仅当二次设备上有工作，需进行检修调试时投入
25	0919刀闸强制投退	软919间隔允许刀闸强制	退	919间隔刀闸强制功能总控制，退出时，刀闸强制功能退出
26	0919－Ⅰ母刀闸	软9191刀闸强制合位	退	9191刀闸强制，仅当二次设备上有工作，需进行检修调试时投入
27	0919－Ⅱ母刀闸	软9192刀闸强制合位	退	9192刀闸强制，仅当二次设备上有工作，需进行检修调试时投入

（续表）

110kV母线差动保护WMH800B/G功能软压板刀闸强制 各支路Ⅰ、Ⅱ母刀闸软压板“投”表示强制合，“退”表示强制分				
序号	装置内名称	规范名称	默认	说明
28	0010刀闸强制投退	备用	退	
29	0010-Ⅰ母刀闸	备用	退	
30	0010-Ⅱ母刀闸	备用	退	
31	0011刀闸强制投退	备用	退	
32	0011-Ⅰ母刀闸	备用	退	
33	0011-Ⅱ母刀闸	备用	退	
34	0012刀闸强制投退	备用	退	
35	0012-Ⅰ母刀闸	备用	退	
36	0012-Ⅱ母刀闸	备用	退	
37	0013刀闸强制投退	备用	退	
38	0013-Ⅰ母刀闸	备用	退	
39	0013-Ⅱ母刀闸	备用	退	
40	0014刀闸强制投退	备用	退	
41	0014-Ⅰ母刀闸	备用	退	
42	0014-Ⅱ母刀闸	备用	退	
43	0015刀闸强制投退	备用	退	
44	0015-Ⅰ母刀闸	备用	退	
45	0015-Ⅱ母刀闸	备用	退	
46	0016刀闸强制投退	备用	退	
47	0016-Ⅰ母刀闸	备用	退	
48	0016-Ⅱ母刀闸	备用	退	

（续表）

110kV 母线差动保护 WMH800B/G 功能软压板刀闸强制 各支路Ⅰ、Ⅱ母刀闸软压板“投”表示强制合，“退”表示强制分				
序号	装置内名称	规范名称	默认	说明
49	0017 刀闸强制投退	备用	退	
50	0017－Ⅰ母刀闸	备用	退	
51	0017－Ⅱ母刀闸	备用	退	
52	0018 刀闸强制投退	备用	退	
53	0018－Ⅰ母刀闸	备用	退	
54	0018－Ⅱ母刀闸	备用	退	
55	0019 刀闸强制投退	备用	退	
56	0019－Ⅰ母刀闸	备用	退	
57	0019－Ⅱ母刀闸	备用	退	
58	0020 刀闸强制投退	备用	退	
59	0020－Ⅰ母刀闸	备用	退	
60	0020－Ⅱ母刀闸	备用	退	
61	0021 刀闸强制投退	备用	退	
62	0021－Ⅰ母刀闸	备用	退	
63	0021－Ⅱ母刀闸	备用	退	
64	0022 刀闸强制投退	备用	退	
65	0022－Ⅰ母刀闸	备用	退	
66	0022－Ⅱ母刀闸	备用	退	
67	0023 刀闸强制投退	备用	退	
68	0023－Ⅰ母刀闸	备用	退	
69	0023－Ⅱ母刀闸	备用	退	

（续表）

110kV 母线差动保护 WMH800B/G 功能软压板刀闸强制 各支路Ⅰ、Ⅱ母刀闸软压板“投”表示强制合，“退”表示强制分				
序号	装置内名称	规范名称	默认	说明
70	0024 刀闸强制投退	备用	退	
71	0024-Ⅰ母刀闸	备用	退	
72	0024-Ⅱ母刀闸	备用	退	

2. SV 软压板

110kV 母线差动保护 WMH800B/G SV 软压板元件投入软压板				
序号	装置内名称	规范名称	默认	说明
1	0001 元件投入	软母联 900 电流 SV 接收	投	900 间隔，当此间隔检修或合并单元退出/置检修时退出
2	0002 元件投入	备用	退	
3	0003 元件投入	备用	退	
4	0004 元件投入	软♯1 主变 901 电流 SV 接收	投	901 间隔，当此间隔检修或合并单元退出/置检修时退出
5	0005 元件投入	软♯2 主变 902 电流 SV 接收	投	902 间隔，当此间隔检修或合并单元退出/置检修时退出
6	939 元件投入	软吴云 939 电流 SV 接收	投	939 间隔，当此间隔检修或合并单元退出/置检修时退出
7	0944 元件投入	软吴忠 944 电流 SV 接收	投	944 间隔，当此间隔检修或合并单元退出/置检修时退出
8	0946 元件投入	软吴忠 946 电流 SV 接收	投	946 间隔，当此间隔检修或合并单元退出/置检修时退出
9	0919 元件投入	软吴金 919 电流 SV 接收	投	919 间隔，当此间隔检修或合并单元退出/置检修时退出
10	0010 元件投入	备用	退	
11	0011 元件投入	备用	退	
12	0012 元件投入	备用	退	
13	0013 元件投入	备用	退	

（续表）

110kV 母线差动保护 WMH800B/G SV 软压板元件投入软压板				
序号	装置内名称	规范名称	默认	说明
14	0014 元件投入	备用	退	
15	0015 元件投入	备用	退	
16	0016 元件投入	备用	退	
17	0017 元件投入	备用	退	
18	0018 元件投入	备用	退	
19	0019 元件投入	备用	退	
20	0020 元件投入	备用	退	
21	0021 元件投入	备用	退	
22	0022 元件投入	备用	退	
23	0023 元件投入	备用	退	
24	0024 元件投入	备用	退	

3. GOOSE 软压板

110kV 母线差动保护 WMH800B/G GOOSE 软压板断路器失灵开入软压板				
序号	装置内名称	规范名称	默认	说明
1	0001 失灵开入软压板	备用	退	
2	0002 失灵开入软压板	备用	退	
3	0003 失灵开入软压板	备用	退	
4	0004 失灵开入软压板	备用	退	
5	0005 失灵开入软压板	备用	退	
6	939 失灵开入软压板	备用	退	
7	0944 失灵开入软压板	备用	退	

（续表）

110kV 母线差动保护 WMH800B/G GOOSE 软压板断路器失灵开入软压板				
序号	装置内名称	规范名称	默认	说明
8	0946 失灵开入软压板	备用	退	
9	0919 失灵开入软压板	备用	退	
10	0010 失灵开入软压板	备用	退	
11	0011 失灵开入软压板	备用	退	
12	0012 失灵开入软压板	备用	退	
13	0013 失灵开入软压板	备用	退	
14	0014 失灵开入软压板	备用	退	
15	0015 失灵开入软压板	备用	退	
16	0016 失灵开入软压板	备用	退	
17	0017 失灵开入软压板	备用	退	
18	0018 失灵开入软压板	备用	退	
19	0019 失灵开入软压板	备用	退	
20	0020 失灵开入软压板	备用	退	
21	0021 失灵开入软压板	备用	退	
22	0022 失灵开入软压板	备用	退	

（续表）

110kV 母线差动保护 WMH800B/G GOOSE 软压板断路器失灵开入软压板				
序号	装置内名称	规范名称	默认	说明
23	0023 失灵开入软压板	备用	退	
24	0024 失灵开入软压板	备用	退	
110kV 母线差动保护 WMH800B/G GOOSE 软压板差动、失灵启动出口跳闸				
序号	装置内名称	规范名称	默认	说明
1	0001 出口软压板	软母联 900 跳闸出口	投	900 间隔，当此间隔检修或合并单元退出/置检修时退出
2	0002 出口软压板	备用	退	
3	0003 出口软压板	备用	退	
4	0901 出口软压板	软＃1 主变 901 跳闸出口	投	901 间隔，当此间隔检修或合并单元退出/置检修时退出
5	0902 出口软压板	软＃2 主变 902 跳闸出口	投	902 间隔，当此间隔检修或合并单元退出/置检修时退出
6	0939 出口软压板	软吴云 939 跳闸出口	投	939 间隔，当此间隔检修或合并单元退出/置检修时退出
7	0944 出口软压板	软吴忠 944 跳闸出口	投	944 间隔，当此间隔检修或合并单元退出/置检修时退出
8	0946 出口软压板	软吴忠 946 跳闸出口	投	946 间隔，当此间隔检修或合并单元退出/置检修时退出
9	0919 出口软压板	软吴金 919 跳闸出口	投	919 间隔，当此间隔检修或合并单元退出/置检修时退出
10	0010 出口软压板	备用	退	
11	0011 出口软压板	备用	退	
12	0012 出口软压板	备用	退	

（续表）

110kV 母线差动保护 WMH800B/G GOOSE 软压板差动、失灵启动出口跳闸				
序号	装置内名称	规范名称	默认	说明
13	0013 出口软压板	备用	退	
14	0014 出口软压板	备用	退	
15	0015 出口软压板	备用	退	
16	0016 出口软压板	备用	退	
17	0017 出口软压板	备用	退	
18	0018 出口软压板	备用	退	
19	0019 出口软压板	备用	退	
20	0020 出口软压板	备用	退	
21	0021 出口软压板	备用	退	
22	0022 出口软压板	备用	退	
23	0023 出口软压板	备用	退	
24	0024 出口软压板	备用	退	
25	主变 1 备用出口软压板	备用	退	
26	主变 2 备用出口软压板	备用	退	
27	主变 3 备用出口软压板	备用	退	

（续表）

110kV母线差动保护WMH800B/G GOOSE软压板差动、失灵启动出口跳闸				
序号	装置内名称	规范名称	默认	说明
28	主变4备用出口软压板	备用	退	
29	主变1失灵联跳软压板	备用	退	
30	主变2失灵联跳软压板	备用	退	
31	主变3失灵联跳软压板	备用	退	
32	主变4失灵联跳软压板	备用	退	
33	主变1差动直跳软压板	备用	退	
34	主变2差动直跳软压板	备用	退	
35	主变3差动直跳软压板	备用	退	
36	主变4差动直跳软压板	备用	退	
37	启分段1失灵软压板	备用	退	
38	启分段2失灵软压板	备用	退	

A.7 110kV线路保护测控PRS-711-D

1. 功能软压板

110kV线路保护测控PRS-711-D功能软压板				
序号	装置内名称	规范名称	默认	说明
1	远方修改定值	软远方修改定值	退出	

（续表）

110kV线路保护测控 PRS-711-D 功能软压板				
序号	装置内名称	规范名称	默认	说明
2	远方切换定值区	软远方切换定值区	退出	
3	远方控制压板	软允许远方控制	投入	
4	备用	软备用	退出	
5	距离保护	软距离保护	投入	
6	零序过流保护	软零序过流保护	投入	
7	重合闸退出	软线路重合闸退出	投入	当停用线路重合闸时,置1
8	同期功能投入	软同期功能	退出	
9	同期检无压投入	软同期检无压	退出	
10	同期检同期投入	软同期检同期	退出	
11	备用	软备用	退出	
12	备用	软备用	退出	
13	备用	软备用	退出	
14	备用	软备用	退出	
15	备用	软备用	退出	

2. SV 软压板

110kV线路保护测控 PRS-711-D SV 软压板				
序号	装置内名称	规范名称	默认	说明
1	保护电流 SV 接收软压板	软保护电流 SV 接收	投入	当间隔设备检修或合并单元退出/置检修时,退出
2	保护电压 SV 接收软压板	软保护电压 SV 接收	投入	当间隔设备检修或合并单元退出/置检修时,退出
3	抽取电压 SV 接收软压板	备用	退出	
4	测量电流 SV 接收软压板	备用	退出	

3. GOOSE 软压板

110kV 线路保护测控 PRS-711-D GOOSE 软压板				
序号	装置内名称	规范名称	默认	说明
1	跳闸软压板	软断路器跳闸出口	投入	当间隔设备检修或合并单元退出/置检修时,退出
2	失灵软压板	备用	退出	
3	合闸软压板	软重合闸出口	投入	
4	闭锁相邻线软压板	备用	退出	
5	备用	备用	退出	
6	备用	备用	退出	
7	遥控 1 软压板	软断路器遥控软压板	投入	
8	遥控 2 软压板	软 1G 遥控软压板	投入	
9	遥控 3 软压板	软 2G 遥控软压板	投入	
10	遥控 4 软压板	软 3G 遥控软压板	投入	
11	遥控 5 软压板	备用		
12	遥控 6 软压板	软 GD1 遥控软压板	投入	
13	遥控 7 软压板	软 GD2 遥控软压板	投入	
14	遥控 8 软压板	软 GD3 遥控软压板	投入	
15	遥控 9 软压板	备用		
16	遥控 10 软压板	备用		
17	遥控 11 软压板	备用		
18	遥控 12 软压板	备用		
19	遥控 13 软压板	备用		

（续表）

110kV线路保护测控PRS－711－D GOOSE软压板				
序号	装置内名称	规范名称	默认	说明
20	遥控14软压板	备用		
21	遥控15软压板	备用		
22	遥控16软压板	备用		

A.8 110kV母联900独立过流保护

本装置仅在110kV母线充电或110kV母差保护退出运行时使用，装置定值整定与功能投退需依照调度指令。

1. 功能软压板

110kV母联900独立过流保护功能软压板				
序号	装置内名称	规范名称	默认	说明
1	远方修改定值	软远方修改定值	退出	
2	远方切换定值区	软远方切换定值区	退出	
3	远方控制压板	软允许远方控制	投入	
4	充电过流Ⅰ段投/退	软充电过流Ⅰ段	退出	装置停用时退出
5	充电过流Ⅱ段投/退	软充电过流Ⅱ段	退出	装置停用时退出
6	同期功能投入	软同期功能	退出	
7	同期检无压投入	软同期检无压	退出	
8	同期检同期投入	软同期检同期	退出	

2. SV软压板

110kV母联900独立过流保护SV软压板				
序号	装置内名称	规范名称	默认	说明
1	保护电流SV接收软压板	软保护电流SV接收	投入	

（续表）

110kV母联900独立过流保护SV软压板				
序号	装置内名称	规范名称	默认	说明
2	Ⅰ母电压SV接收软压板	软Ⅰ母电压SV接收	投入	
3	Ⅱ母电压SV接收软压板	软Ⅱ母电压SV接收	投入	
4	测量电流SV接收软压板	软测量电流SV接收	投入	

3. GOOSE软压板

110kV母联900独立过流保护GOOSE软压板				
序号	装置内名称	规范名称	默认	说明
1	保护出口软压板	软900独立过流保护跳闸出口	投入	装置停用时退出
2	启动失灵软压板	备用	退出	
3	遥控01软压板	备用	退出	
4	遥控02软压板	备用	退出	
5	遥控03软压板	备用	退出	
6	遥控04软压板	备用	退出	
7	遥控05软压板	备用	退出	
8	遥控06软压板	备用	退出	
9	遥控07软压板	备用	退出	
10	遥控08软压板	备用	退出	
11	遥控09软压板	备用	退出	
12	遥控10软压板	备用	退出	
13	遥控11软压板	备用	退出	
14	遥控12软压板	备用	退出	
15	遥控13软压板	备用	退出	

（续表）

110kV 母联 900 独立过流保护 GOOSE 软压板				
序号	装置内名称	规范名称	默认	说明
16	遥控 14 软压板	备用	退出	
17	遥控 15 软压板	备用	退出	
18	遥控 16 软压板	备用	退出	
19	遥控 17 软压板	备用	退出	
20	遥控 18 软压板	备用	退出	
21	遥控 19 软压板	备用	退出	
22	遥控 20 软压板	备用	退出	
23	遥控 21 软压板	备用	退出	
24	遥控 22 软压板	备用	退出	
25	遥控 23 软压板	备用	退出	
26	遥控 24 软压板	备用	退出	
27	遥控 25 软压板	备用	退出	
28	遥控 26 软压板	备用	退出	
29	遥控 27 软压板	备用	退出	
30	遥控 28 软压板	备用	退出	
31	遥控 29 软压板	备用	退出	
32	遥控 30 软压板	备用	退出	
33	遥控 31 软压板	备用	退出	
34	遥控 32 软压板	备用	退出	

附录6　巧用数字认知智能站

摘　要　智能变电站(以下简称智能站)作为智能电网的一个重要的支点,为了更好理解智能站,本文利用智能站和传统常规变电站的结构异同性和差异性对比,罗列出常见的智能设备一些基本概念性知识,通过简单的语言文字,灵活地利用数字的方式来对智能站知识巧记、巧学、巧用。

关键词　数字;认知;智能站

1　一项标准

这项标准即为IEC61850标准系列标准,中文名称为变电站通信网络和系统标准,它规定了变电站内智能电子设备,即IED之间的通信行为和相关的系统要求。

IEC61850标准的技术是无缝通信国际标准,目标是在全球变电站自动化系统技术领域实现"一个世界、一种技术、一个标准"。

2　两个网络

通常对智能变电站所述说的三层(下面介绍)两网中的两网,即指的是站控程网路和过程层网路,IEC61850标准规范标准提供用户三大服务(MMS、GOOSE、SMV),将它们映射到两网中可知,站控层网是MMS服务功能的网络化体现,GOOSE、SMV服务的网络化则组成过程层网路。

3　三层设备

智能变电站的体系结构依据IEC61850标准协议一般划分为过程层、间隔层和站控层,三个设备层。

(1)过程层

包括变压器、断路器隔离开关、电子式电流电压互感器以及合并单元、智能终端等附属的数字化设备,实时运行电气量的采集及检测,运行设备状态监测和操作控制命令执行。

(2)间隔层

一般是指保护、测控二次设备,通常实现一个间隔或一个电力主设备的保护和监控控制功能，还包括计量、备自投、安稳等其他自动化装置，这些设备通常采集过程层设备的数据，同时也有与站控层通信的通信接口。实施对一次设备保护控制功能和本间隔操作闭锁功能，汇总本间隔过程层的数据信息，对数据采集、统计运算及控制命令的发出具有优先级别的控制，装置均为工控级的嵌入式设计算机系统实现。

(3)站控层

包括自动化站级监视控制系统、站域控制、通信系统、对时系统，实现面向全站设备的监视、控制、告警及信息交互功能，完成数据采集和监视控制(SCADA)、操作闭锁以及同步相量采集、电能量采集、保护信息管理等相关功能，站控层功能宜高度集成，可在一台计算机或嵌入装置实现，也可分布在多台计算机或嵌入式装置中。

4 四做

(1)由“远”做“近”

对于断路器控制分合闸，传统变电站往往安装在断路器测控屏内，而智能站可使用智能终端对断路器手跳、手合回路，这是传统站与智能站对断路器控制明显的差异之处。

(2)由“长”做“短”

常规变电站长电缆，而智能站由少量的光缆代替了大量的电缆，缩短了电缆，延长了光缆，即“长光缆短电缆”，这是智能站一个显著的特点。光缆取代了电缆，节省了投资，降低了施工成本，在绿色环保、节能损耗以及安全运行等方面也体现了积极的效用。

(3)由“硬”做“软”

在智能站中除检修压板可采用硬压板外，保护装置功能和出口均采用软压板，因此软压板的投退只需要在保护装置中执行，同时满足远方操作的要求。

值得一提的是“检修状态”压板，投该压板保护装置将闭锁相关保护功能，对于线路保护投入“检修状态”压板，同时退出GOOSE出口软压板，GOOSE启动失灵软压板，对应的母差保护投入“检修状态”硬压板，同时退出全部间隔的GOOSE软板、GOOSE启动失灵软压板。一般情况下运维人员尽量不操作，若现场需要投停此压板，压板操作务必认真核对并填写在操作票中，同时填写好压板投切记录。

(4)由“繁”做“简”

智能设备具有体积小、重量轻，具有“节材、节地、节能、无污染、无噪音、减少运维工作”的特点，同时安全性能高，如传统互感器采用油绝缘方式，由于充油设备潜藏着易燃、易爆的可能，而电子互感器绝缘结构简单，可以不采用油绝缘，在结构设计上可避免这方面的危险。

5 五无现象

(1)无饱和现象

电子式互感器不用铁芯做耦合，因此消除了磁饱和及铁磁谐振现象而使互感器运行瞬间响应好，稳定性好，保证了系统运行的可靠性。

(2)无反送电现象

电子式互感器将高低压完全隔离，绝缘简单，由于常规站压变二次回路是电缆，PT 并列时特别要注意反充电问题，而智能站并列回路使用了光缆，则不存在反充电现象。

(3)无开路现象

在智能站中由于电流互感器二次回路采用的是光缆，避免了传统站二次发生开路的现象。

(4)无干扰现象

电力系统存在着大量电磁场，且十分复杂，而利用电磁耦合原理的互感器很难克服电磁干扰，电子互感器通过光纤信号传递信息，可抗电磁干扰。同时频率响应宽，动态范围大，满足精度计量和继电保护的需要，提升数字信号传输和处理无附加误差。

(5)无短路现象

常规站 PT 由于电压互感器内阻抗很小，若二次回路短路时，会出现很大的电流，将损坏二次设备甚至危及人身安全。因此电压互感器二次侧不允许短路，为消除常规站 PT 二次输出回路短路的危害，电子式电压互感器利用了光缆而不是电缆作为信号传输工具，实现了高低压的彻底隔离，运行中不存在电压互感器二次回路短路给设备和人身造成的危害，安全性和可靠性大大提高。

6 结语

智能站是采用先进、可靠、集成、低碳和环保的智能设备，以全站信息数字化、通信平台网络化、信息共享标准化为基本要求，自动完成信息采集、测量、控制、保护、计量和监测等基本功能。学习智能站需要一个循序渐进的过程，要善于归纳和总结，从陌生感到熟知度，对智能站知识不断总结和提炼，不断积累对智能站的学习和培训经验，真正懂得了解和掌握智能设备，提升智能站运维水平。

参考文献

国家电网公司基建部．智能变电站建设技术．北京：中国电力出版社，2011

孙才新．输变电设备状态在线监测与诊断技术现状和前景．中国电力，2005，2

Q/GDW 616—2011《基于DL/T860标准的变电设备在线监测装置应用规范》

Q/GDW 534—2010《变电设备在线监测系统技术导则》

Q/GDW 535—2010《变电设备在线监测装置通用技术规范》

Q/GDW 739—2012《变电设备在线监测I1接口网络通信规范》

Q/GDW 740—2012《变电设备在线监测I2接口网络通信规范》

Q/GDW 688—2012《智能变电站辅助控制系统设计技术规范》

Q/GDW 689—2012《智能变电站调试规范》

Q/GDW 168—2008《输变电设备状态检修试验规程》

DL/T 5155—2016《220kV～1000kV变电站站用电设计技术规程》

DL/T 5136—2012《火力发电厂、变电站二次接线设计技术规程》

DL/T 5044—2014《电力工程直流电源系统设计技术规程》

Q/GDW 393—2009《110(66)kV～220kV智能变电站设计规范》

Q/GDW 576—2010《站用交直流一体化电源系统技术规范》

DL/T 5491—2014 电力工程交流不间断电源系统设计技术规范

Q/GDW 11162—2014《变电站监控系统图形界面规范》

Q/GDW 678—2011《智能变电站一体化监控系统功能规范》

Q/GDW 679—2011《智能变电站一体化监控系统建设技术规范》

白忠敏等．电力工程直流系统设计手册(第二版)．北京：中国电力出版

社,2008

王芝茗．高度集成智能变电站技术．北京:中国电力出版社,2015

马全福．智能变电站运行与维护．北京:中国电力出版社,2012

刘宏新．智能变电站二次系统运行与维护．北京:中国电力出版社,2016

耿建风．智能变电站设计与应用．北京:中国电力出版社,2011